Dr. Rolf Meier

Systemisch-konstruktivistisches Einzel- und Teamcoaching im Management

Verlag Wissenschaft & Praxis

Bibliografische Information der Deutschen Nationalbibliothek

Die Deutsche Nationalbibliothek verzeichnet diese Publikation in der Deutschen Nationalbibliografie; detaillierte bibliografische Daten sind im Internet über http://dnb.d-nb.de abrufbar.

ISBN 978-3-89673-667-3

© Verlag Wissenschaft & Praxis
Dr. Brauner GmbH 2014
D-75447 Sternenfels, Nußbaumweg 6
Tel. +49 7045 930093 Fax +49 7045 930094
verlagwp@t-online.de www.verlagwp.de

© Einbandbild: sellingpix; guru3d – Fotolia.com

Druck und Bindung: Esser printSolutions GmbH, Bretten

Inhaltsverzeichnis

Seite

1 Standortbestimmung

Dieses Buch, das sich dem Thema Coaching im Management – also im Business – jedweder Ausprägung widmet, ist Repräsentant von handfesten Interessen. Es spiegelt die Interessen wider von ...

- der Einzelperson, die auf der Suche nach Entscheidungssicherheit ist;
- mehreren Personen als Gruppe oder Team, die Klarheit in ihrem Miteinander haben wollen.

Im Coaching handelt es sich immer nur um Personen – egal ob sie als Einzelne, Gruppe oder Team einen Veränderungswunsch haben. Im Coaching geht es nicht um betriebliche Funktionen, die gecoacht werden – wie der Projektleiter, die Leiterin Verkauf oder die Geschäftsführung. Im Coaching geht es um Menschen, die eine betriebliche Funktion innehaben.

Diese Personen sind als sichtbare oder unsichtbare Stakeholder am, im und durch das Coaching beteiligt.

Neben Personen sind aber auch Fakten des Kontextes der jeweiligen Situation beteiligt. Fakten, die den Gestaltungsraum einer Person, Gruppe oder eines Teams im thematischen Kontext einengen oder erweitern können – je nach Sicht- und Interpretationsweise der Person oder der Personen.

Zu den beteiligten Personen zählen hauptsächlich ...

- Kunden, die fachlich und persönlich durch die Führungskräfte und Mitarbeiter des Unternehmens respektvoll angenommen sein wollen;
- Mitarbeiter der Führungskräfte oder des Managements, die im Arbeitsalltag jetzt und in Zukunft erfolgreich sein wollen;
- Führungskräfte, die bestmöglich sich oder ihre betriebliche Funktion im oder außerhalb des Unternehmens vermarkten wollen – darin ist auch das Thema Mitarbeiterführung enthalten;
- Eigentümer und Unternehmensleitungen, die auf fachlich kompetente, selbstmotivierte Mitarbeiter und Führungskräfte für den Unternehmenserfolg angewiesen sind;
- Repräsentanten gesellschaftlicher Werte, Normen und Gesetze.

Schließlich und endlich ist es das Coaching selbst, das seine Kultur aus Haltung (Werte) und Handwerk (der Prozess als Methode) beachtet wissen will. Im Buch lesen Sie über die Kultur des Coachings auf der Grundlage des Selbstorganisierten Coachings – volkstümlich auch als www.hamburger-schule.com bekannt.

1.1 Die Interessen des Buches

Stakeholder sind in ihrer gesamten Vielfalt Ausdruck eines systemischen Verstehens und die individuelle Interpretation *der Welt* durch den Coachee, die Gruppe oder das Team ist das Bekenntnis zum Konstruktivismus.

Coaching will zwei Dinge absichtlich erreichen:

1. Durch das Coaching soll das aktuelle Thema des Coachees, der Gruppe oder des Teams in seinem/ihrem Sinne gelöst werden.
2. Das Coaching durch den Coach soll eine nachhaltige Selbstorganisation beim Coachee, der Gruppe oder dem Team auslösen.

Das Buch hat die pädagogische Intention: Sie, der Leser, sollen das selbstorganisierte Coaching auf der Basis der Theorie vom Selbstorganisierten Coaching ermessen und verstehen.

Das Buch hat die verkäuferische Intention: Sie, der Leser, sollen den beindruckenden USP dieses Coachingverständnisses zum Anlass nehmen, sich nur nach diesem Coachingverständnis coachen zu lassen und/ oder nach diesem Verständnis auf der Grundlage einer entsprechenden Coachausbildung selbst als Coach tätig sein.

Da dieses Buch Sie nicht coacht und Sie nicht zum Coach ausbilden kann und will, beschränkt es sich im Sinne der wohltuenden Volksweisheit *in der Kürze liegt die Würze* auf die *Essentials*. Essentials im Sinne von Grundsatz, Grundsätzen – also das, worauf es ankommt. Es ist die Statik des Themas, die alles zusammenhält und erklärt – aber viele Variationen, Differenzierungen und logische Ableitungen erlaubt und rechtfertigt. Denn Leben ist immer einmalig und damit individuell. Um den Wald vor lauter Bäumen erkennen zu können, braucht es Wissen und Erkenntnisse um den Wald, seine Struktur, seine Gesetzmäßigkeiten, seine Grundlagen und den Organisationsrahmen, warum er sich aus sich selbst heraus erhält.

Nichts anderes will dieses Buch zum Thema Coaching aufzeigen: die Grundlagen, die Gesetzmäßigkeiten, die Struktur, den Organisationsrahmen und die Kultur, in der Coaching immer wieder neu möglich ist.

Das Buch versucht, jeweils ein Thema auf einer Seite oder wenigen Seiten in seinen wesentlichen Inhalten und Bedeutungen darzustellen. Diese Verknappung beabsichtigt eine Fokussierung auf das Wesentliche – sie ersetzt also nicht das *lebenslange Lernen und Reflektieren* zum Thema Coaching.

Im Buch werden Sie faktisch und gefühlt Wiederholungen lesen, denken und interpretieren. Dies ist aus pädagogischer Intention gewollt. Lernen entsteht durch Wiederholen. Systemisches Lernen entsteht durch unterschiedliche Blickwinkel, Standpunkte und Interessen.

Ihr Lernen entsteht aber auch durch Ihre Deutung des Gelesenen. Das im Buch Geschriebene wird für Sie als Leser erst wahrnehmbar, wenn Sie es mit Ihrem Vorwissen in Verbindung bringen können.

Wenn Sie einige Textpassagen nicht gleich (intuitiv) annehmen und verstehen können, gibt es möglicherweise kein „Vorwissen" in Ihnen.

Wenn Sie sich nun bemühen zu verstehen, was die Textpassagen „wollen", fangen Sie an zu lernen.

1.2 Coaching legitimieren

Die Theorie vom Selbstorganisierten Coaching (S. 219ff) ist die Grundlage für das Verständnis von Coaching und die Legitimierung für das Realisieren von Veränderungsprozessen des Einzelnen, der Gruppe oder des Teams im methodischen Organisationsrahmen *Coaching*.

Das Coaching, das verändertes Verhalten (Handlungskompetenz) des Einzelnen, der Gruppe oder des Teams im Fokus hat, übersetzt Handlungskompetenz im Arbeitsleben (aber auch sonst) mit Führungsverhalten. Es ist die Selbstführung des Einzelnen oder die Eigenführung der Gruppe oder des Teams. Der Artikel *Führungsverständnis für den Führungsalltag* (S. 233ff) geht auf diese Thematik ein.

Die Krönung allen Coachens besteht in den Fragen: Wie entstehen Entscheidungen und wann sind Entscheidungen *stabil*? Der Grundlagentext *Motivationspsychologie* (S. 259ff) gibt grundsätzliche Einblicke zur motivalen Willensbildung. Der Artikel *Entscheidungsfindung aus neurowissenschaftlicher Sicht* (S. 249ff) gibt tiefe Einblicke über Voraussetzungen und Bedingungen unseres Gehirns zur Entscheidungsbildung.

Coaching im Management kann nur realistisch sein, wenn das typisch *Systemische* eines Unternehmens beachtet wird. Unternehmen sind im Wettbewerb mit anderen in ihren Märkten. Manager und Führungskräfte sind es gleichsam – egal ob in der Innen- oder Außenbetrachtung eines Unternehmens. Der Artikel *Marketing und Markenmanagement* (S. 289ff) will dieses systemische Denken einer Unternehmung in der Außen- und Innenbetrachtung aufzeigen.

Coaching ist Kommunikation – mit sich und mit anderen. Um Kommunikation im Kontext Coaching treffsicher und verstehbar zu machen, will der Beitrag *Begriffsdefinitionen* (S. 197ff) dazu beitragen, dass gleiches Fakten- und Bedeutungswissen den Beteiligten im Coaching zur Verfügung stehen.

Coaching ist immer einmaliges, individuelles und nicht wiederholbares Geschehen.

Coaching ist keine Wissenschaft oder eine *akademische Veranstaltung*.

Coaching ist pragmatisch und praktisch ausgerichtet.

Coaching gehört auch keiner Berufsgruppe oder *Interpreten* einer thematischen Berufsgruppe an.

Coaching ist ideologie- und romantikfrei zu betrachten.

Coaching ist das Angebot zur Selbsthilfe: intentions- und lösungsfrei.

Manche Inhalte des Buches greifen auf Texte der Internetseiten zurück:

    www.management-coachausbildung.de
    www.hamburger-schule.com
    www.qg-smc.de
    www.motivation-analytics.eu

Empfehlung: Bitte lesen Sie erst die angegebenen Texte der Seiten 219 bis 297.

Verwendete Grafiken stammen teilweise aus dem Buch:

    MEIER, ROLF/JANßEN, AXEL (2011): *CoachAusbildung – ein strategisches Curriculum,* 2. Aufl., Verlag Wissenschaft & Praxis, Dr. Brauner GmbH

Zum praktischen Verständnis finden Sie dokumentierte Einzel- und Teamcoachings auf:

    www.management-coachausbildung.de
    Rubrik: Buchleser-Login
    Kennwort: reiem-rd
    Passwort: Coachingpraxis

1.3 Der systemisch-konstruktivistische Coachingprozess

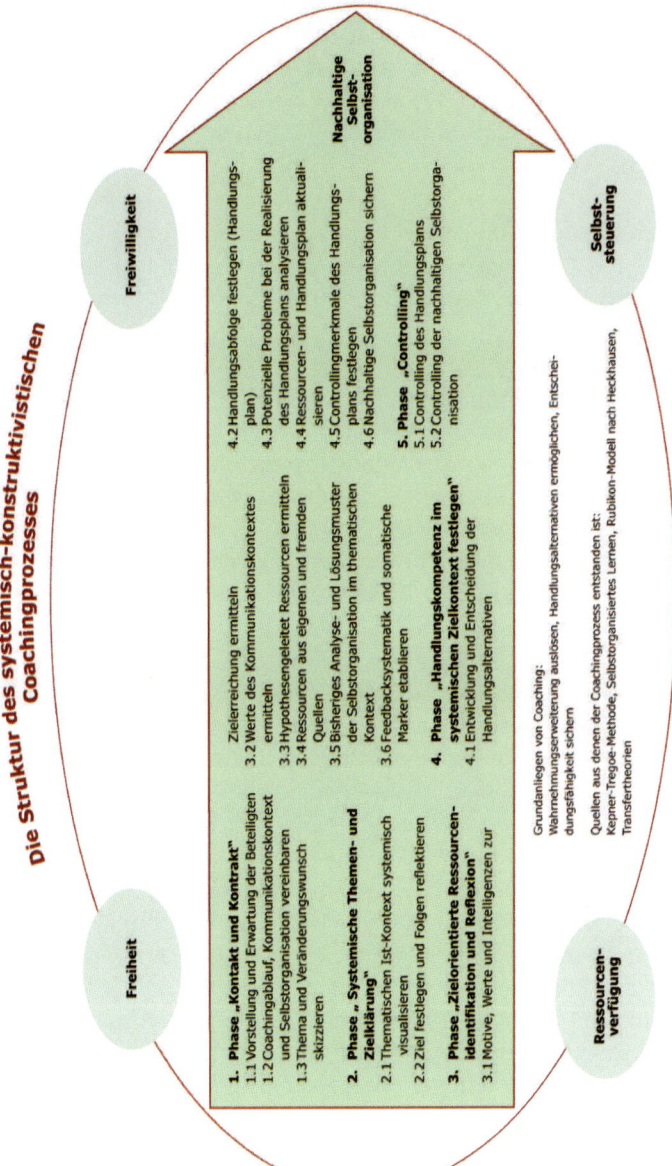

Die Struktur des systemisch-konstruktivistischen Coachingprozesses

Freiwilligkeit

Freiheit

Ressourcen-verfügung

Selbst-steuerung

Nachhaltige Selbst-organisation

1. Phase „Kontakt und Kontrakt"
1.1 Vorstellung und Erwartung der Beteiligten
1.2 Coachingablauf, Kommunikationskontext und Selbstorganisation vereinbaren
1.3 Thema und Veränderungswunsch skizzieren

2. Phase „ Systemische Themen- und Zielklärung"
2.1 Thematischen Ist-Kontext systemisch visualisieren
2.2 Ziel festlegen und Folgen reflektieren

3. Phase „Zielorientierte Ressourcen-identifikation und Reflexion"
3.1 Motive, Werte und Intelligenzen zur

Zielerreichung ermitteln
3.2 Werte des Kommunikationskontextes ermitteln
3.3 Hypothesengeleitet Ressourcen ermitteln
3.4 Ressourcen aus eigenen und fremden Quellen
3.5 Bisheriges Analyse- und Lösungsmuster der Selbstorganisation im thematischen Kontext
3.6 Feedbacksystematik und somatische Marker etablieren

4. Phase „Handlungskompetenz im systemischen Zielkontext festlegen"
4.1 Entwicklung und Entscheidung der Handlungsalternativen

4.2 Handlungsabfolge festlegen (Handlungs-plan)
4.3 Potenzielle Probleme bei der Realisierung des Handlungsplans analysieren
4.4 Ressourcen- und Handlungsplan aktuali-sieren
4.5 Controllingmerkmale des Handlungs-plans festlegen
4.6 Nachhaltige Selbstorganisation sichern

5. Phase „Controlling"
5.1 Controlling des Handlungsplans
5.2 Controlling der nachhaltigen Selbstorga-nisation

Grundanliegen von Coaching:
Wahrnehmungserweiterung auslösen, Handlungsalternativen ermöglichen, Entschei-dungsfähigkeit sichern

Quellen aus denen der Coachingprozess entstanden ist:
Kepner-Tregoe-Methode, Selbstorganisiertes Lernen, Rubikon-Modell nach Heckhausen, Transfertheorien

©2013, Dr. Rolf Meier, Axel Janßen

1.4 Die nachhaltige Selbstorganisation

Im Coaching will der Coach mittels des Coachingprozesses erreichen, dass der Coachee, die Gruppe oder das Team sich zu dem aktuell mitgebrachten *Thema* selbstständig selbst diagnostiziert, selbstständig Handlungsalternativen entwickelt und sich zukünftig ohne Beisein des Coachs mittels des Prozesses in ähnlichen Situationen selbst organisiert (nachhaltige Selbstorganisation).

Der Coach hat durch Initiativen (Interventionen) dafür zu sorgen, dass die differenzierten Wirkungserwartungen in den Coachingphasen Beachtung finden. Darin liegt die Verantwortung des Coachs als *Diener des Prozesses.*

Die nachhaltige Selbstorganisation beinhaltet, dass der Coachee, die Gruppe oder das Team grundsätzlich lernen soll, warum er/sie/es sich mittels des Prozesses selbst diagnostizieren und eigenständig für seine/ ihre Sollvorstellung von einem erfolgreichen Agieren in der Zukunft (Ziel) Handlungsalternativen entwickeln kann. Dieses festgelegte methodische Vorgehen (Prozess) ermöglicht es dem Coachee, der Gruppe oder dem Team sich grundsätzlich über diese Vorgehensweise in zukünftigen Situationen selbst zu organisieren (2: S. 23ff)

Die Nachhaltigkeit besteht aber auch darin, dass der Coachee, die Gruppe oder das Team erkennt, dass das aktuell zu bearbeitende konkrete Thema in einem grundsätzlichen abstrakten thematischen Zusammenhang verankert ist.

Beispiel – aktuell hat der Coachee einen Konflikt mit seinem Vorgesetzten und weiß nicht , wie er sich verhalten soll, um erfolgreich zu sein. In der visuellen Aufstellung bittet der Coach ihn, sein *Thema* in nur ein Wort bzw. Begriff zu packen. Der Coachee würde aus seiner induktiven Sicht eher sein Thema beschreiben mit: „Mein ungelöster Konflikt mit meinem Vorgesetzten." Mit der Bitte, sein Thema in nur einen Begriff zu packen, initiiert der Coach eine Generalisierung der thematischen Betrachtung oder deduktive Sichtweise. Seinem Thema wird sozusagen die situative Individualität durch diese grundsätzliche oder abstrakte Sichtweise genommen. Er kann künftig *jeden* Konflikt in jedem Kontext bearbeiten.

Für die konkrete Coachingsituation hat es den Vorteil, dass in einem Begriff keine Lösung sein darf. Seine allumfassende Wahlfreiheit für zukünftiges Handeln wird also grundsätzlich sichergestellt. Der andere Aspekt dieser Vorgehensweise hängt mit dem Erkennen der Übertragbarkeit seines jetzigen Analyse- und Lösungsverhalten in andere zukünftige Kontexte, die abstrakt formuliert das Thema *Konflikt* beinhalten. Wenn er z.b. in der Zukunft einen Konflikt mit seinen Mitarbeitern hat oder mit einem Freund usw., sollte er das Grundsätzliche einer Konfliktbearbeitung durch Coaching gelernt haben. Er kann dann in seiner konstruktivistischen Deutung dieses zukünftigen *Coachingthemas im Kontext* die Grundsätze des Coachings ohne den Coach transferieren.

Fazit – Wenn es dem Coachee unter Hilfestellung des Coachs gelingt, Ablauf, Logik und Sinnhaftigkeit des Coachingprozesses zu verstehen und er erkennt, dass er es in zukünftigen Situationen (Kontexten) nicht immer mit *neuen Konfliktthemen* zu tun hat, die immer mit einem neuen Coachingprozess zu bearbeiten sind, dann ist die nachhaltige Selbstorganisation erfolgreich initiiert worden. Der Coachee hat also aus einer situativen Problembetrachtung (induktives Vorgehen) ein grundsätzliches (deduktives) Vorgehen entwickelt: Er oder die Gruppe oder das Team haben gelernt.

2 Selbstständigkeit und Eigenständigkeit in der Führung

Jeder, der sich gedanklich und praktisch mit dem Thema Führung auseinandersetzt, wird mit der Tatsache der *Leitungsspanne* einer Führungskraft konfrontiert: „Wie viele Mitarbeiter kann eine Führungskraft führen, wenn Führung im betriebswirtschaftlichen Sinne *Wertschöpfung* erzeugen soll?" Die Wertschöpfung bezieht sich auf den Mitarbeiter, der über Handlungskompetenz für seine Aufgabenbewältigung verfügen soll.

Es handelt sich um die Grundeinsicht 3 der Führung *Führung und Zeit*. Sowohl die Führungskraft als auch der einzelne Mitarbeiter verfügen nur über ein begrenztes Zeitkontingent für die eigene Aufgabenbewältigung. Jede betriebliche Position im Unternehmen verlangt vom Stellen-, Funktions- oder Arbeitsplatzinhaber die Bearbeitung eines Sachthemas oder inhaltliche Initiativen zur Beeinflussung (Führung) von Mitarbeitern.

Bei der Betrachtung Führungskraft versus Mitarbeiter darf nicht außer Acht gelassen werden, dass Führungskräfte auch Mitarbeiter sind.

Die Leitungsspanne repräsentiert das quantitativ und qualitativ Machbare der konkreten Führung. Leitungsspannen sind unterschiedlich, weil die Inhalte und die Folgen deren Bearbeitung unterschiedlich komplex sind. Will eine Führungskraft sinnvoll und fördernd beeinflussen, benötigt sie nicht nur ausreichend Sach- und Fachverstand, sondern auch Zeit zur personalen Führung.

Mitarbeiter – egal welcher Hierarchiestufe – sind die überwiegende Zeit ihrer Arbeitszeit *führungslos*. Kein Führungssystem oder Führungsverständnis ist in der Lage, Mitarbeiter permanent zu führen. Permanente Fremdführung ist nicht möglich.

Diese *führungslose* Zeit muss oder soll der Mitarbeiter mit seiner ihm zugewiesenen Selbstständigkeit (Handlungskompetenz) durch Selbstführung füllen. Bei Gruppen oder Teams ist es die Eigenführung. Selbst- und Eigenführung ist die Führung ohne die Anwesenheit des traditionellen Chefs.

Das selbstorganisierte Coaching ist kein Führungsersatz, wohl aber eine Führungsergänzung. Coaching ist aber auch der Rahmen, in dem der Einzelne, die Gruppe oder das Team lernen und erkennen kann, wie durch geeignetes Verhalten der Ressourcenorganisation Selbstständigkeit möglich ist.

2.1 Unser Gehirn – das selbstorganisierende Wesen

„Die wesentlichen Komponenten des aktuellen neurowissenschaftlichen Wissens über die Arbeitsweise unseres Gehirns sind ...

- die Erkenntnis, dass das Gehirn als selbstorganisierender Erfahrungsspeicher arbeitet;
- das Wissen darüber, wie Gedächtnis auf neuronaler Ebene entsteht;
- die Kenntnisse über die Rolle von Gefühlen und körperlichen Signalen bei Bewertungs- und Entscheidungsprozessen und
- die Tatsache, dass das menschliche Gehirn zeitlebens lernfähig ist.

Das menschliche Gehirn wird in den Neurowissenschaften heutzutage als ein dynamisches, selbstorganisierendes System verstanden. Das Nervensystem, so ist man sich weitgehend einig, besitzt grundsätzlich kein *oberstes Wahrnehmungs- und Verhaltenssteuerungszentrum* (ROTH, 1996, S. 151). Auch die Vorstellung, dass einzelne Kompetenzen von isoliert arbeitenden Zentren gesteuert werden, ist in dieser Form nicht mehr haltbar. *Heute können wir mit Gewissheit sagen, dass keine einzelnen Zentren für Sehen oder Sprache oder auch Vernunft und Sozialverhalten existieren. Vielmehr gibt es Systeme, die aus mehreren untereinander verbundenen Gehirnabschnitten bestehen* sagt der Neurowissenschaftler DAMÁSIO (1994, S. 40). An anderer Stelle entwirft DAMASIO die eindrückliche Vorstellung vom Gehirn als einem *Supersystem von Systemen* (ebd., S. 59). Auch eine Metapher benutzt DAMASIO, um zu erläutern, wie das Gehirn aufgrund selbstorganisierender Prozesse Verhalten erzeugt: *Stellen Sie sich das Verhalten eines Organismus als die Darbietung eines Orchesterstückes vor, dessen Partitur während der Aufführung erfunden wird.* (2001, S. 110).

Nach welchen Regeln vollzieht sich die Selbstorganisation des Gehirns? Es geht, vereinfacht gesagt, darum, dass der Organismus, dem das Gehirn gehört, im Rahmen der gegebenen Verhältnisse gut überlebt. KOUKKOU und LEHMANN formulieren: *Das primäre organisierende und motivierende Prinzip und das primäre Ziel der dynamischen Beteiligung des Individuums an seinen Realitäten ist das Erhalten und/oder die Wiederherstellung der psychobiologischen Gesundheit (des psychobiologischen Wohlbefindens) innerhalb dieser Realitäten."* (1998b, S. 298) (2: S. 507)

2.2 Der Anfang und das Ende im Managementcoaching: Befindlichkeit!

Zugespitzt kann die Behauptung aufgestellt werden: Im Coaching geht es um Emotionen. Für ein ...

• Coaching im Management,
• Coaching mit Managern,
• Coaching mit Führungskräften einer Unternehmung,
• Coaching mit Leader im Management,
• Coaching mit Executives

ist dies möglicherweise eine überraschende, wenn nicht gar eine *irritierende* Feststellung.

Ist Unternehmensführung, Führung von unternehmerischen Einheiten, Führung von Mitarbeitern nicht eine Angelegenheit *kluger, intelligenter – ja intellektueller – Köpfe?* Ist Klugheit im Management nicht ausgezeichnet und/oder gleichgesetzt mit Analytik, Fachwissen, Berechenbarkeit, Zahlen-Daten-Fakten? Ist die Bilanz eines Unternehmens nichts anderes als ein Zahlenwerk, aufgestellt nach definierten Merkmalen?

Klugheit ist aber auch: Intuition besitzen, Empathie einsetzen, eine Vision besitzen – und nicht zuletzt, aber sehr bedeutsam: strategische und situative Deutung und Bewertung des Kontextes und seiner Entwicklung.

Vor 60 Jahren hieß es auch in der BWL: Das Management trifft irrationale Entscheidungen. Heute bekennen wir uns in der Unternehmensführung zu den emotionalen Anteilen von Entscheidungen.

Die Folgen (Befindlichkeiten) der gescheiterten Lösung mit der Beteiligte/ die Beteiligten in das Coaching gehen, resultieren aus den (falschen) Bewertungen von eingesetzten Ressourcen. Im Coaching sollen Motive, Werte, Intelligenzen und Fakten des Kontextes für eine Entscheidung bewertet werden, deren Folgen *psychobiologisches Wohlbefinden* auslösen sollen. So beginnt und endet jedes Coaching mit Befindlichkeit, weil jedes Coaching der Anfang einer Entscheidung und das Ende der bewertenden Folgen einer Entscheidung ist. Siehe auch die Kepner-Tregoe-Methode als die „Mutter aller modernen Methoden" im Management.

2.3 Die KEPNER-TREGOE-Methode

1. **Situations-/Ursachenanalyse**
   - Entscheidet welche Analyse für diese Situation angebracht ist
   - Vereinfacht und zergliedert die Situation
   - Legt Prioritäten fest
   (= erkennen und sichern)

2. **Problemanalyse**
   - Problem/Thema wird definiert und beschrieben
   - Mögliche Ursachen identifizieren
   - Ursachen werden auf Wahrscheinlichkeit geprüft
   (= Ursachen definieren)

3. **Entscheidungsanalyse**
   - Entscheidungssache definieren
   - Ziele festlegen
   - Ziele klassifizieren und gewichten
   - Alternativen suchen und bewerten
   - Vorläufige Maßnahmen
   - Abstellmaßnahmen
   - Anpassende Maßnahmen
   - Vorbeugende Maßnahmen
   - Eventualmaßnahmen
   - Nachteile der Alternativen bewerten
   - Entscheidung treffen
   (= Alternativen bewerten)

4. **Analyse potenzieller Probleme**
   - Kritische Bereiche erkennen und festlegen
   - Kritische Bereiche auf Probleme untersuchen
   - Probleme bewerten
   - Vorbeugende Maßnahmen treffen
   - Warn-Meldesystem einbauen
   (= Hindernisse erkennen)

2.4 Die Fakten des Kontextes

Glaubenssätze sind Meinungen und Ansichten, deren Grundlagen nicht in Frage gestellt werden. Es scheint offensichtlich, das vielfach die Ansicht (Glaubenssatz) vertreten wird, dass es im Coaching nur und ausschließlich um die Befindlichkeit der einzelnen Person geht. Es kann der Eindruck entstehen, als wäre die Umwelt nur von zweitrangiger Bedeutung. Verschärft wird der Eindruck noch dadurch, dass nicht wenige Coachs oder Coachkulturen von der totalen Schutzbedürftigkeit des Coachees und der Personen in Gruppen und Teams ausgehen. Richtig ist, dass der Coach von sich aus keine Informationen aus dem Coaching preisgibt. Dies bezieht sich auf die personale Befindlichkeit und auf Daten, Fakten und Bewertungen der nichtöffentlichen Person oder Personen.

Im Arbeitskontext des Managements – natürlich auch der Führungskraft – gibt es eine Reihe von Bedingungen (Fakten), die die Selbstständigkeit des Managements und seiner Führungskräfte beeinflussen. Insofern ist das Management nicht absolut frei in seinen Entscheidungen und Handlungen.

Die Fakten des Kontextes sind für den einzelnen Positionsinhaber sehr unterschiedlich und können in der Wahrnehmung derselben Aufgabeninhalte von unterschiedlichen Personen für das eigene Tun und Lassen unterschiedlich gedeutet und bewertet werden.

Fakten des Kontextes gehören obligatorisch zum Coaching. Der Coach hat hier eine besondere Verantwortung. Er muss in der Vorbereitung des Coachings die Fakten des Kontextes zusammen mit dem/den Beteiligten eruieren, die im Zusammenhang mit dem Veränderungskontext des Coachees, der Gruppe oder des Teams stehen, und dafür Sorge tragen, dass die Fakten des Kontextes im Coaching berücksichtigt werden.

Die Fakten des Kontextes können aber auch Themen sein, die Anlass für das Coaching sind. Oft ergeben sich aus Jahresgesprächen oder Appraisals Themen für das Einzelcoaching. Bei Gruppen oder Teams ergeben sich die Themen aus der Gruppe oder dem Team heraus oder werden als Kritikinhalt von Stakeholdern an Gruppen oder Teams formuliert.

Coaching muss die Fakten des Kontextes akzeptieren und integrieren. Insofern sind Fakten des Kontextes immer lösungs- und ergebnisfreie Themen. Fakten des Kontextes, die im Sinne eines zu erbringenden Werkes (Werkvertrag), ergebnisgenau vorgegeben werden, sind für den Dienstleister Coach abzulehnen.

2.5 Die zwei strategischen Intentionen im Coaching

Coaching will wirken. Durch Coaching soll Wirkung erreicht werden. Coaching wird *für Wirkung* in Anspruch genommen oder zur Inanspruchnahme angeboten.

Die Wirksamkeit von Coaching wird sichtbar in erfolgreicher Handlungskompetenz. Aber wofür benötigen Mitarbeiter und Führungskräfte Handlungskompetenz? Die Handlungskompetenz wird immer sichtbar in den Ergebnissen der Aufgabenbearbeitung. Die 14 Führungsaufgaben reichen von der *Auseinandersetzung mit der Zukunft"* bis zum *Messen und Bewerten*.

Auseinandersetzen mit der Zukunft betrifft die Zukunftsfähigkeit des Mitarbeiters oder der Führungskraft aus eigener Kraft. Hier stellt sich die schlicht und gewollt unakademische Frage: „Weiß der Mitarbeiter oder die Führungskraft wohin er bzw. sie will?"

Coaching bezieht sich auf selbst- und/oder fremdinitiierte Veränderung mit gewollt ergebnisoffenem Ausgang. Coaching ist die Betrachtung von Zielen und Ergebnissen von Veränderung. Coaching ist der Klärungsprozess für: „Was will ich eigentlich erreicht haben?"

Daneben gibt es die zweite wichtige Intention für ein Coaching: „Wie mache ich, was ich will?"

Betriebswirtschaftlich betrachtet sind die Intentionen für Coaching die Fragen der Effektivität (Tue ich das Richtige?) und Effizienz (Tue ich das Richtige gut?)

Einerseits kann Coaching eine Zielfindung und Zielumsetzung als Veränderungscoaching beinhalten. Andererseits kann Coaching helfen, feststehende Ziele durch adäquate Ressourcenorganisation für entsprechende Handlungskompetenz zu erreichen (Umsetzungscoaching).

In der Kontakt- und Kontraktphase sollte geklärt sein, welche Intention der Coachee, die Gruppe oder das Team hat, ein Coaching für sich zu nutzen.

2.6 Priming als Grundphänomen

Die Werte Freiheit, Freiwilligkeit, Ressourcenverfügung und Selbststeuerung, aber auch die Rahmenbedingungen des Coachings durch die konsequente Beachtung des Systemischen und des Konstruktivismus, werfen
die Frage nach der Beeinflussung des Coachees, der Gruppe oder des
Teams durch den Coach und durch den Prozess auf.

Wortwahl, Tonalität, Wortabfolge, Mimik und Gestik u. dgl. haben einen
Einfluss auf den Coachee, die Gruppe oder das Team. Der Einfluss wird
nicht nur durch den *Sender der Kommunikation* ausgelöst, sondern vielmehr durch die konstruktivistische Deutung des *Kommunikationsempfän-
gers"*.

Der Sender der Kommunikation kann nicht die Deutung durch den Emp-
fänger bestimmen – wohl aber beeinflussen.

Priming ist eine Beeinflussung durch Kommunikationssignale der unterschiedlichsten Art.

Priming entsteht als eine Art *Vorbereitung auf das Eigentliche*: Durch eine
Vorbereitung auf das Eigentliche werden Ressourcen für das Eigentliche
aktiviert. Alles was nach der Vorbereitung an Signalen der Kommunikation gesendet wird, wird mit den aktivierten Ressourcen gedeutet.

Priming kann somit unerwünschte Perspektiven beim Coachee, der Gruppe oder dem Team auslösen, die gegen die Werte der Coachingkultur der
nachhhaltigen Selbstorganisation verstoßen.

Priming kann aber auch durch diese Vorbereitung den Coachee, die
Gruppe oder das Team unter Beachtung der Werte im Coaching, Freiheitsgrade in der Analyse, Bewertung und Konstruktion von Handlungsalternativen ermöglichen.

Erst durch die sprachliche, inhaltliche und körperliche Disziplin des
Coachs kann Priming bewusst als Wirkfaktor eingesetzt werden.

2.7 Coaching ist die Veränderung von Coachees, Gruppen oder Teams

Menschen verändern sich. Unternehmen verändern sich. Die Produktattraktivität verändert sich. Unternehmen können von sich aus keine Veränderung initiieren, weil sie juristische Hüllen sind. Die Veränderung von Unternehmen hat ihren Ursprung in der Veränderungsbereitschaft und dem Veränderungswillen eines oder mehrerer Menschen. Veränderungen werden auch initiiert durch die Marktteilnehmer in den vielfältigsten Bedeutungen. Im Management gilt die Erkenntnis: Das einzig Beständige ist der Wandel!

Allgemein gelten als Entwicklungsphasen eines Unternehmens:

• Pionierphase
• Differenzierungsphase
• Integrationsphase
• Auflösungsphase

Als Produktlebenszyklus gelten:

• Einführungsphase
• Wachstumsphase
• Reifephase
• Sättigungsphase

Die entwicklungspsychologischen Schulen können bildhaft und plakativ die Entwicklungsphasen des Verhaltens und Handelns von Menschen widerspiegeln:

• Habenichtsphase
• Erobererphase
• Kapitalistenphase
• Verschwenderphase

Menschen, Gruppen und Teams verändern sich, wenn durch die Veränderung ein besserer Zustand erreicht oder das (Über-)Leben gesichert wird. Diese Veränderung kann freiwillig und in Freiheit erfolgen, aber auch als Folge von Zwang in seinen vielfältigsten Varianten. Menschen initiieren Veränderungen bezüglich der Inhalte und der Strukturen. Erst wenn Menschen sich ändern, werden die Folgen der Veränderungen sichtbar:

- in den Entwicklungsphasen eines Unternehmens,
- in dem Produktlebenszyklus von Produkten,
- in wertegeleiteten Kulturen,
- und, und, und.

Im Coaching geht es um die Veränderung von Menschen und nicht von Produkten, Prozessen, Strukturen ...

2.8 Der USP des Selbstorganisierten Coachings

Es geht um die Eigenständigkeit und Zukunftsfähigkeit von Coaching in und mit einer kompromisslosen Exzellenz.

Ein ausgebildeter, zertifizierter und praktizierender Systemischer Management Coach kann sich im *überfüllten und differenzierungslosen* Coachingmarkt nur durch einen legitimierten USP abheben und sich damit gegenüber Wettbewerbern durchsetzen.

Andere am Markt gängigen Coachverständnisse bemühen vorhandene Verständnisse aus anderen thematischen Kontexten, die originär nicht für Coaching entwickelt wurden oder entstanden sind. Dies sind in der Regel therapeutische Ansätze und psychotherapeutische Quellen. Dazu zählen schwerpunktmäßig ...

- die Transaktionsanalyse (TA);
- das Neuro-Linguistische-Programmieren (NLP);
- die lösungsfokussierte Kurzzeittherapie nach DE SHAZER;
- systemische Ansätze aus der Familientherapie;
- das Fragecoaching nach WITHMORE;
- systemische Verständnisse aus Systemtheorien – hier schwerpunktmäßig die Systemtheorie des Soziologen NIKLAS LUHMAN;
- die personale Systemtheorie in Anlehnung an BATESON.

Die Theorie vom Selbstorganisierten Coaching ist nicht abhängig von diesen genannten anderen Erkenntniskontexten und Erkenntniszusammenhängen zu Coaching. Deshalb ist das Coachingverständnis kein Synonym für schon Vorhandenes. Der USP im Sinne der Theorie vom Selbstorganisierten Coaching besteht im innovativen Unikat der Konstruktion und Legitimation von Coaching. In diesem Coachingverständnis ist der systemisch-konstruktivistische Prozess der entscheidende Wirkfaktor mit seinen Werten und Anliegen, der den Verlauf des Coachings mittels seiner Prozeduren und seiner Ansprüche auf Durchführung in der Situation lenkt und steuert. Die Diagnose- und Lenkungsfähigkeiten des Prozesses bestimmen den Erfolg und damit die Qualität des situativen Coachings.

Die nachhaltige Selbstorganisation als Coachingkonzeption vollzieht den Paradigmawechsel, indem der Coach zum *Diener des Prozesses* wird.

Der Coachingprozess als festgelegtes methodisches Vorgehen und seine Handhabung durch jeden in dieser Methode ausgebildeten Coach machen den Coachingprozess zum Mittel der Wirkungserwartung von Coaching. Mit der nachhaltigen Selbstorganisation, die das Selbstcoaching beim Coachee auslösen soll, erhält die erlernbare Methode Coaching für das Selbstcoaching ohne Coach sein prioritäre Bedeutung. Es kommt auf die Methode Coaching und seine Selbstwahrnehmung durch den Coachee an und nicht mehr ausschließlich auf den Coach.

3 Coaching – der Organisationsrahmen für die nachhaltige Selbstorganisation

Lernen und Veränderung gehören zum Menschen wie Atmen und Ausdünsten. Menschen lernen und verändern sich seit ihrer Entstehung durch den Zeugungsakt ...

- im Mutterleib
- in der Familie
- im Freundeskreis
- im Kindergarten
- in der Schule
- in den Ferien
- in der Ausbildung
- im Studium
- ...

Die Liste ließe sich beliebig um alle Umgebungen (Kontexte) auflisten, in denen ein Mensch sich im Laufe seiner Entwicklung befindet und agiert. In den meisten Kontexten werden Menschen animiert, sich nach den Interessen bzw. Vorgaben der Umwelt in Gestalt von Erziehungsberechtigten (Werte), Ausbildern (Berufsbilder), Professoren (curriculare Studiengänge), Vorgesetzten (Arbeitsverträge), Richtern (Gesetze) usw. zu verhalten.

Die Kultivierung (Sozialisation) unserer biologischen Natur gleicht einem französischen Gärtner, der mit Einfluss (biegen) und Gewalt (schneiden) aus gewachsener Natur eine Kulturoase entstehen lässt.

Der Kontext *Coaching* bietet Selbstentwicklung des Einzelnen als freiwilligen Akt und bürgt mit seinen definierten Werten und Anliegen und dem legitimierten, festgelegten Rahmen ein Höchstmaß an Freiheit für das Erkennen und Tun der autonomen Selbstveränderung.

Coaching im Management bietet dem Einzelnen, der Gruppe oder dem Team die Möglichkeit der selbst- bzw. eigenverantwortlichen Kreation von Handlungskompetenz im Bezugsrahmen. Im Management ist Selbstständigkeit Ausdruck selbstbestimmten Handelns im Bezugskontext.

Damit bietet der Rahmen Coaching die Voraussetzung und Bedingung für selbstorganisierte Erfolge und Misserfolge des Einzelnen in seiner Zukunft.

3.1 Systemisch-konstruktivistisches Coaching

Coaching hat dafür vielfältige Interpretationen. Es kommt auf die Sicht an.

- Drastisch formuliert ist Coaching die Beschäftigung mit der gescheiterten Lösung des Coachees. Würde der Coachee wissen, was er wollte, und könnte er seine Fähigkeiten selbst angemessen einsetzen für sein Wollen, dann benötigte er keinen Coach. Coaching ist also Hilfe zur Selbsthilfe.
- Coaching ist die methodische Organisation von Veränderung. Veränderungen sind Synonyme für Lernprozesse. Im Coaching *lernt* der Coachee, sich in zukünftigen Situationen anders zu verhalten. Ein anderes Verhalten im Angehen zukünftigen Handelns. Der Coach hat die Prozessverantwortung als *Diener des Prozesses* – der Coachee hat die Verantwortung für die Lösungsentwicklung und deren praktische Umsetzung.
- Coaching beschäftigt sich immer mit Führung. Führung der eigenen Person (Selbstführung). Führung von anderen (Fremdführung). Führung mit anderen zusammen (Eigenführung). Coaching beschäftigt sich nur und ausschließlich mit der Veränderung des Coachees und den Auswirkungen der Veränderung des Coachees auf die Beteiligten in der Situation/dem Kontext des Coachees. Coaching beeinflusst nicht andere Personen oder Strukturen.
- Coaching beschäftigt sich immer mit der Entscheidungsentstehung im thematischen Kontext. Ein Coachee will in einem thematischen Kontext zukünftig kompetent handeln. Coaching untersucht Kompetenzbereiche nach Ressourcen für zukünftiges Handeln des Coachees.
- Coaching beschäftigt sich mit der biologischen und kulturellen Intimität des Coachees. Coaching bringt den Coachee in Kontakt mit seinen erlernten und ausgeprägten Werten und seinen angeborenen und erlebten Motiven und Begabungen.
- Coaching *erlaubt* dem Coachee, sein eigenes Scheitern im Bezugsrahmen zu organisieren.
- Coaching will *autoritäres* Verhalten im selbsterkannten Kontext.

3.2   Systemisches oder systemtheoretisches Coaching?

Das Coachingverständnis, basierend auf der Theorie vom Selbstorgani-sierten Coaching, ist praktisches Tun als Ausdruck einer bewussten hand-werklichen Tätigkeit (der Coachingprozess als methodisches Vorgehen) und eines professionellen Ethos, das den Coach in seinem Verhalten und seiner Haltung zum Coachee leitet. Coaching definiert sich als einen sich selbst dramaturgisierenden Prozess durch den Coachee.

Die Konzeption Coaching befindet sich in ihrer Anwendung immer und jeweils einmalig in einer konkreten Situation, die vom Coachee, einer Gruppe oder einem Team vorgegeben wird. Weder der Coach noch die Konzeption Coaching generieren konkrete Kontexte. Es geht immer um die *Einmaligkeit des Agierens* aller Beteiligten.

Coaching vollzieht sich immer in Umgebungen oder Kontexten. Kontext ist zu verstehen als ein uneingeschränktes Synonym für den Begriff Sys-tem – wobei System das Zusammengesetzte bedeutet.

Woraus das System zusammengesetzt ist, ist nicht vorherbestimmt und auch nicht festgelegt.

Wenn in der Konzeption Coaching von dem Zusammengesetzten als Übersetzung von System faktisch berichtet und möglicherweise ohne Le-gitimation der Konzeption Coaching von anderen gedeutet wird, hat die Konzeption Coaching keine konkreten Vorstellungen von möglichen oder tatsächlichen Inhalten des Systems. Die Konzeption Coaching beschreibt System abstrakt – konkret also: inhaltsleer.

Systemisch als Adjektiv von System folgt der vorangestellten Interpretati-on von System. Systemisch meint eine Betrachtungsweise und Interpreta-tionsweise, die sich nicht mit grundsätzlichen oder spezifischen Inhalten von Kontexten/Systemen identifiziert.

Unser systemisches Coaching signalisiert mit dem Adjektiv *systemisch*, dass es Zusammengesetztes im Blick hat. Wer aber hat das Zusammenge-setzte im Blick? Allein der Coachee, das Einzelmitglied, die Gruppen- oder Teammitglieder im Coaching haben das Recht festzustellen, was konkret das Zusammengesetzte darstellt. Da ja auch noch der Coach am Coaching beteiligt ist, kann hier selbstverständlich die Frage auftauchen: „Was hat er im Blick?" Bevor diese Frage beantwortet wird, muss noch eine weitere *systemische* Sicht auf das Zusammengesetzte angesprochen werden. Es ist der systemische Blickwinkel, der unter einer systemtheoretischen Haltung des Sehens von Zusammengesetztem/Systemen erfolgt.

Systemtheoretisch als Adjektiv von Systemtheorie

> Systemtheorien sind in den Wissenschaften beheimatet und haben dort die beschreibende Funktion der wissenschaftlichen, also wissenschaftstheoretisch legitimierten Auseinandersetzungen und Erkenntnisprozesse von Systemen. Theorien bedürfen immer einer Axiomatik. Das Axiom als nicht begründungsfähige grundsätzlich Annahme, dient der Theorie zu ihrer Daseinslegitimation. Jede Systemtheorie hat ihr spezifisches und bedeutungsgebendes Axiom – vielleicht wird eine Theorie auch durch mehr als ein Axiom legitimiert.

Ein systemischer Coach, der „systemisch" als ein aus der Systemtheorie hergeleitetes Verständnis hat, wird Systeme oder das System immer aus dem Erklärungswinkel der zugrunde liegenden Systemtheorie herleiten.

Wenn ein *systemtheoretisch* agierender Coach in *der Realität seines Coachingverständnisses* sich von den Inhalten und der Bedeutung einer Systemtheorie in seinem Handeln leiten lässt, wird er den Coachingprozess und damit den Coachee oder das Team mit der Sichtweise und den daraus abgeleiteten Anforderungen der Systemtheorie konfrontieren. Er will sozusagen sein Gegenüber (den Coachee) ermuntern oder sogar widerstandslos dazu animieren, das Zusammengesetzte/das System unter dem Blickwinkel der Theorie zu selektieren. Das Wort *autoritär* stammt aus dem Französischen und bedeutet *aus der Selbstermächtigung* zu agieren. Systemisch agierende Coachs, die systemisch aus der Systemtheorie ableiten, laufen Gefahr, autoritär zu handeln.

Die Konzeption Coaching als Ausdruck der Theorie vom Selbstorganisierten Coaching versteht ihr Handeln nicht aus einer Systemtheorie abgeleitet. Coaching ist keine akademische oder wissenschaftliche Veranstaltung. Coaching dient nicht als Legitimation einer Theorie.

Das Axiom 2 der Theorie vom Selbstorganisiertem Coaching lautet: Coaching muss der Komplexität der Lebens- und Erfahrungswelt des Coachees, der Gruppe oder des Teams gerecht werden. In diesem Sinne ist Coaching immer systemisch. In der Betrachtung systemisches oder systemtheoretisches Verständnis in der Konzeption Coaching könnte das Axiom ergänzt werden durch ... *und nicht systemtheoretisch.*

Ein systemisches Coaching aus der Sicht einer Systemtheorie hat klare Vorstellungen von Wirklichkeitsselektion. Als Beispiel gilt das systemische Coachingverständnis von KÖNIG und VOLLMER, die ihrem Coachingverständnis die *personale Systemtheorie* in der Tradition von GREGORY BATESON zugrunde legen (7: S. 20ff). Ihr Verständnis von einem sozialen System wird in sechs Merkmalen beschrieben:

- Das Verhalten eines sozialen Systems ist durch die einzelnen Personen beeinflusst.
- Das Verhalten eines sozialen Systems ist durch *subjektive Deutungen* der jeweiligen Personen beeinflusst.
- Das Verhalten eines sozialen Systems ist durch soziale Regeln bestimmt.
- Das Verhalten eines sozialen Systems ist durch immer wiederkehrende Verhaltensmuster, durch *Regelkreise,* beeinflusst.
- Das Verhalten eines sozialen Systems ist von der materiellen und sozialen Umwelt beeinflusst.
- Soziale Systeme sind durch die bisherige Entwicklung, ihre *Geschichte,* beeinflusst.

Im Verlauf ihres *Handbuchs systemisches Coaching* wird sehr konkret und anhand von Beispielen das Coachingverständnis im Sinne der personalen Systemtheorie demonstriert. Der im Buch als Beispielcoachee dienende Herr Berg muss sein System/seine Arbeitssituation unter diesen sechs Merkmalen selektieren. Über diese Selektion und deren Bedeutungsreflexion kommt Herr Berg zu neuen Lösungen in seiner systemtheoretisch geleiteten Sicht der Dinge und kann daraus und dafür Handlungen für zukünftiges Agieren im Arbeitsfeld ableiten.

Axiom 1 der Theorie vom Selbstorganisierten Coaching besagt, dass Coaching sich unter den verschiedensten Rahmenbedingungen vollzieht. Entscheidend ist die Beachtung der Werte Freiheit (der Coachee kann zwischen von ihm erkannten Alternativen entscheiden), Freiwilligkeit (der Coachee kann seine Veränderungsthematik und den Zeitpunkt der Veränderung selbst entscheiden), Ressourcenverfügung (der selbstständige Zugriff auf Ressourcen, die zur Selbstorganisation und Veränderungsrealisierung benötigt werden) und Selbststeuerung (der Coachee kann Veränderungsanforderungen selbst erkennen und selbst realisieren).

Der Coach im Verständnis der www.hamburger-schule.com würde massiv gegen das Axiom 1 verstoßen, würde er sein systemisches Coachingverständnis systemtheoretisch begründen. Ergänzt wird das Axiom 1 in diesem Verständnis durch das Axiom 10. Es besagt: Menschen orientieren sich innerhalb definierter und gedeuteter Kontexte an Werten, sowie durch das Axiom 8: Systemisches Denken und konstruktivistisches Denken sind nicht identisch, ergänzen sich aber. Jede Interpretation des Kontextes des Coachees ist einmalig, weil der Konstruktivismus die Einmaligkeit der Deutung eines Sachverhalts oder Gefühls aus der Realität der Autopoiese des Coachees ableitet.

Der Coach arbeitet nur mit dem systemischen Verständnis als abstrakt definiertes *Zusammengesetztes* und überlässt es dem Coachee, *das Zusammengesetzte* – also seine Umwelt/Kontext – als Synonym von System selbst zu identifizieren und zu deuten.

3.3 Coaching ist kein Synonym für ...

Wenn Sie in diesem Buch über Coaching lesen, dann ist Coaching kein Synonym für schon Bekanntes. Systemisch-konstruktivistisches Coaching als nachhaltige Selbstorganisation unterscheidet sich und hat ein Alleinstellungsmerkmal (USP) und ist nachweislich nicht identisch mit ...

- dem Berater, der über faktisch richtiges Wissen in einem Themenbereich verfügt, das er auch zur Deutung von thematischen Zusammenhängen nutzt. Seine Sprache (Intervention) orientiert sich an thematisch-faktisch richtigen Lösungen.
- dem Trainer, der Lernprozesse initiiert und organisiert, die sich an der richtigen Erkenntnis (Faktenwissen) und dem richtigen Anwenden von Wissen orientieren. Der Maßstab für *richtig* wird vom Trainer oder seinen Auftraggebern festgelegt.
- dem Supervisor, der mit dem Supervidierten dessen Arbeitsergebnisse controllt, die auf Fakten- und Methodenwissen von Verhalten basieren. Die Basis dafür ist eine am Arbeitsinhalt und den Arbeitsbedingungen orientierte Feedback-Systematik, die im Vorwege durch den Auftraggeber der zu leistenden Arbeit festgelegt wurde.
- dem Mentor, der dem Mentee eigene Lösungs- und Netzwerkerfahrungen im thematischen Kontext des Mentees anbietet. Er ist Reflektor auf Basis individueller *historischer* Erfahrungen.
- der Führungskraft, die Einfluss auf operatives Verhalten und Entscheidungen von Mitarbeitern nimmt, um in seiner gedeuteten Wahrnehmung der richtigen Umsetzung von Unternehmenszielen und Unternehmensstrategien Mitarbeiter und sich selbst erfolgreich zu machen.
- dem Mediator, der Streitparteien Lösungen zur Konfliktbefriedigung anbietet, die er nach Diagnose und Bewertung der Streitenden und ihren Situationen als wohl gemeinsam attraktive Lösung erachtet.

Im Coaching stellt der Coach einen mit dem Coachee im Vorwege vereinbarten *organisierenden Rahmen* (Coachingprozess) zur Verfügung, der dem Coachee konsequent garantiert, ohne direkte und/oder indirekte Beeinflussung durch Dritte seine Situation selbst analysieren zu können und aus der bewerteten Analyse eigene Lösungen zu generieren.

Dies hat dann zur Folge, dass ein Coach nicht berät, nicht trainiert, nicht *Richtigkeit* controllt, keinen Rat aus seiner Erfahrung gibt, keinen Einfluss auf Entscheidungen eines anderen zu seiner Anerkennung nimmt, keine vermutete oder denkbare Lösungen anbietet oder initiiert.

3.4 Das Deduktive und das Induktive im Coachingprozess

Dem Psychotherapeuten PAUL WATZLAWIK wird die Formulierung zugeschrieben *man kann nicht nicht kommunizieren.* Die doppelte Vernei-
nung ist aus der Mathematik bekannt und bedeutet auf WATZLAWIK angewendet: Kommunikation findet immer statt und zwar mit allen fünf Sinnen, verbal wie auch nonverbal, materiell wie immateriell. Damit ist ein
Grundsatz entstanden – vielleicht auch das Axiom für eine Kommunikati-
onstheorie.

Diesen Grundsatz in konkreten Kommunikationssituationen zu beachten,
kann hilfreich und nützlich sein. Wer seine Kommunikation – oder allgemein gesagt – wer aus Grundsätzen sein Handeln ableitet, geht deduktiv
vor. Dieser Grundsatz bietet Orientierung für möglichst erfolgreiches
Handeln.

Wer keine Grundsätze hat für sein Handeln, muss viele Einzelhandlun-
gen ausprobieren, um daraus Grundsätze zu entwickeln. Er geht induktiv
vor, weil aus vielen einzelnen Handlungen Systematiken erkennbar oder
ableitbar sind. Handlungen und Handeln, die nicht aus dem Grundsatz
entwickelt wurden, sind zufällig erfolgreich oder zufällig ...

Im Coachingprozess sind eine Reihe von deduktiven und induktiven Vorgehensweisen als Wirkfaktoren festgelegt.

Der gesamte Prozess ist deduktiv konstruiert. Er garantiert in seiner deduktiven Organisation der Wirkfaktoren jedem Coachee und jedem Veränderungsthema, die Lösungen des Coachees, der Gruppe oder des
Teams nicht direkt oder indirekt zu beeinflussen.

Dieser deduktiven Grundausrichtung der Coachingkultur von der nachhaltigen Selbstorganisation durch den Coachee, die Gruppe das Team hat
sich auch der Coach *zu unterwerfen.* Als Coach ist er der Diener des Prozesses.

HUMBERTO MATURANA (8: S. 56ff), chilenischer Biologe und Erkenntnisthe-
oretiker, hat formuliert: „Erkennen ist Tun und Tun ist Erkennen". In dieser Formulierung ist das deduktive und induktive Verhalten enthalten.

Im Coachingprozess ist dieses *Erkennen ist Tun und Tun ist Erkennen* ausschließlich dem Coachee, der Gruppe oder dem Team vorbehalten.

Maturana hat durch seine biologische Forschung den Begriff *Autopoiesis* geprägt und meint damit, dass *lebende Systeme* – wie der Mensch – sich selbst reproduzieren. Diese Reproduktion im Sinne der Selbsterhaltung führt dazu, dass diese Systeme äußere Reize nicht zwangsläufig als wertvoll zur Aufrechterhaltung ihres Daseins erkennen (akzeptieren).

In der konstruktivistischen Pädagogik formuliert HORST SIEBER (11: S. 117) dies so: „Der Mensch ist unbelehrbar aber lernfähig."

Im Prozessverlauf wird der Coachee, die Gruppe oder das Team sowohl deduktiv (Lösungen aus dem Grundsatz ableitend) als auch induktiv (aus dem Einzelfall individuelle Lösungen entwickeln) zur nachhaltigen Selbstorganisation geführt.

Der systemisch-konstruktivistische Coachingprozess mit seinem Reservoir an fixen und variablen Ressourcen, will im Sinne der Wirkungserwartung *mal* deduktiv und *mal* induktiv den Coachee, die Gruppe oder das Team veranlassen, sich mit dem Veränderungsthema zu beschäftigen.

Wirkungserwartungen des Coachingprozesses

Abstrakte, deduktive Ebene

1. Vereinbarung auf den Coaching-ansatz	2. Wille zur konkreten Selbstveränderung und bewußte Akzeptanz von selbsterkannten Folgen	3. Ressourcen-identifikation und Reflexion der bisherigen Selbstorganisation	4. Handlungs-kompetenz im systemischen Realisierungskontext festlegen	5. Sicherung der nachhaltigen Handlungskompetenz

Wahrnehmungserweiterung auslösen

Handlungsalternativen ermöglichen

Entscheidungsfähigkeit sichern

nachhaltige Selbstorganisation

Konkrete, induktive Ebene

©2013, Axel Janßen, Dr. Rolf Meier

3.5 Das zentrale Thema im Coaching: die Entscheidung

Im Coaching geht es um die Folgen einer zukünftigen neuen Handlung des Coachees, der Gruppe oder des Teams. Diese Entscheidung für eine neue Handlung wird im Coaching durch den Coachee kreiert und soll schon in der Entstehung, aber insbesondere in der Anwendung und den damit verbundenen Folgen dieser Handlung erfolgreich sein.

Für zukünftiges erfolgreiches Handeln in einer komplexen und letzlich nicht überschaubaren *Welt* kann niemand seine zukünftigen Handlungen *im Hier und Jetzt* ohne einen objektiven Maßstab für erfolgreiches Handeln kreieren. Es ist einfach so: Den objektiven Maßstab gibt es nicht. Es gibt zwar fachliche Orientierungen, die aber garantieren keinen Erfolg.

Es gibt aber einen subjektiven Maßstab und der hat den Namen *psychobiologisches Wohlbefinden*. Aus den Neurowissenschaften wissen wir, dass alle Entscheidungen, die in unserem Gehirn entstehen und *rausgehen,* nach dem angenehmen Gefühl überprüft werden, die mit einer akzeptierten Entscheidung in Verbindung stehen.

So ist das eigentliche zentrale Thema im Coaching die Emotion des Coachees. Emotion als Ausdruck der ...
- Motive,
- Bedürfnisse,
- Gefühle,
- Werte,
- Norme,
- Begabunge,
- Somatischen Marker,
- Motivation.

Natürlich fließen in Entscheidungen ...
- Faktenwissen,
- Wissen und Erfahrung mit Methoden,
- Wissen und Erfahrung aus privaten sowie beruflichen Situationen ein.

Letzlich unterliegt dies alles der Bewertung und Interpretation des Coachees mit seinen subjektiven Möglichkeiten und Erfolgseinschätzungen.

Der Mensch ist eben keine Mechanik oder logisch definierte Figur wie z.B. in der Mathematik oder in einer Software.

3.6 Das Kompetenzmodell

Der Einzelne, die Gruppe oder das Team fragen Coachingdienste nach, weil er/sie/es – aus welchen Gründen auch immer – eine Veränderung im Sinne gewollter Folgen nicht selbst auf der Basis der vorhandenen und bewerteten Ressourcen organisieren können.

Das Kompetenzmodell beschreibt, aus welchen grundsätzlichen Bereichen menschliche Ressourcenbestände bestehen, um durch die Verwendung einzelner Ressourcen eine Entscheidung für gewolltes Handeln zu kreieren. Dies gilt für den Einzelnen, die Gruppe und das Team.

Handlungskompetenz entsteht aus der Organisation von Ressourcen. Jeder, egal ob Einzelner, Mitglied einer Gruppe oder eines Teams, greift im wahrsten Sinne des Wortes in den strukturierten Ressourcenpool der Kompetenzen:

- Die persönliche Kompetenz besteht aus den Ressourcen Motive, Werte und Intelligenzen.
- Die sozio-kommunikative Kompetenz besteht aus Fähigkeiten und Fertigkeiten, die für das verbale und nonverbale Kommunizieren benötigt werden.
- Die fachlich-methodische Kompetenz besteht aus Ressourcen des Faktenwissens, dessen fachspezifischer Deutung und *richtigen* Anwendung des Faktenwissens im thematischen Kontext.
- Im Bereich der Feldkompetenz sind alle Ressourcen zu finden, die Wissen und Reflexion des Wissens aus Branchen und thematischen Kontexten darstellen.

Die bisherigen Handlungen des Einzelnen, des Gruppenmitglieds oder der Teammitglieder waren nicht erfolgreich. Damit wurden die vorhandenen oder benötigten Ressourcen nicht adäquat in Anspruch genommen und kombiniert. Dies ist die IST-Kompetenz im Sinne des Kompetenzmodells.

Der Coachingprozess soll den Einzelnen oder das Mitglied einer Gruppe, eines Teams befähigen, eine SOLL-Kompetenz im Sinne des Kompetenzmodells für zukünftiges Handeln zu entwickeln.

Das Kompetenzmodell ist das Strukturangebot zur Ressourcensuche.

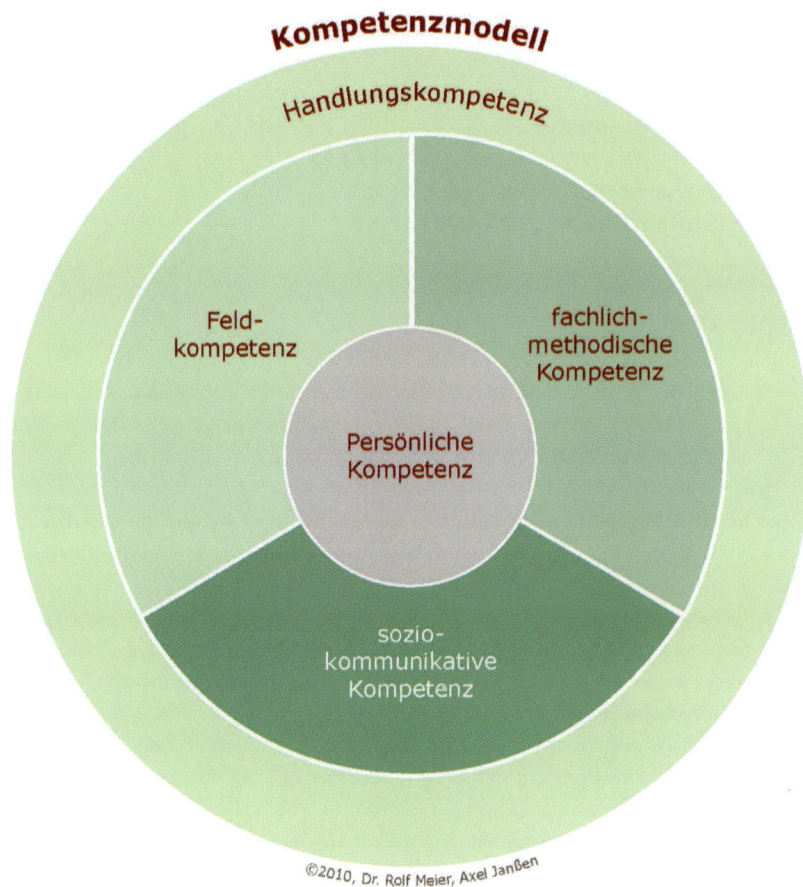

3.7 Kompetenzbereiche von Coach und Coachee, Gruppe und Team

Kompetenz ist die Bezeichnung für Fähigkeiten und Fertigkeiten des Einzelnen, der Gruppe oder des Teams zum Erkennen und Bewältigen von Aufgaben. Kompetenz ist in diesem Sinne ein weiter gefasster Begriff als Qualifikation. Kompetenz meint immer einen kontextuellen Bezug und kann in Abstufungen benannt werden:

- faktisch richtiges Wissen,
- kontextbezogenes Anwenden von Wissen,
- Reflexion systemischen Agierens und
- konstruktivistischer Kontexttransfer.

Diese Kompetenzgrade beziehen sich auf die Grundstrukturen des Kompetenzmodells:

- Persönliche Kompetenz zu besitzen bedeutet, in einem Kontext, eigene Motive, Werte und Intelligenzen identifiziert zu haben und sich selbst in seinem Verhalten einschätzen zu können.
- Fachlich-methodische Kompetenz beschreibt die fachlichen Kenntnisse und Fertigkeiten in einem Kontext sowie die ergebnisorientierte Organisation von Arbeitsabläufen im kontextuellen Bezug.
- Sozio-kommunikative Kompetenz beschreibt die kontextbezogenen Fähigkeiten und Fertigkeiten, um selbstgesteuert mit eigenen und *anderen* Motiven, Werten und Intelligenzen einen sozialen Kontext der Verständigung zu organisieren.
- Feldkompetenz umfasst die Verfügbarkeit über reflektierte branchen-, themenspezifische und kulturelle Erfahrungen in einem Kontext.
- Handlungskompetenz ist Ausdruck der Selbstorganisation der benötigten Ressourcen aus den vier Kompetenzbereichen zum situativen Tun im Bezugskontext.

Der Einzelne, die Gruppe oder das Team wollen kompetentes Handeln mittels einer ausreichenden Ressourcenverfügung in ihrem Veränderungskontext. Der Coach benötigt Handlungskompetenz für die Realisierung seiner Haltungs- und Prozessverantwortung als Dienstleister im Kontext Coaching.

3.8 Das IST-SOLL-Kompetenzmodell

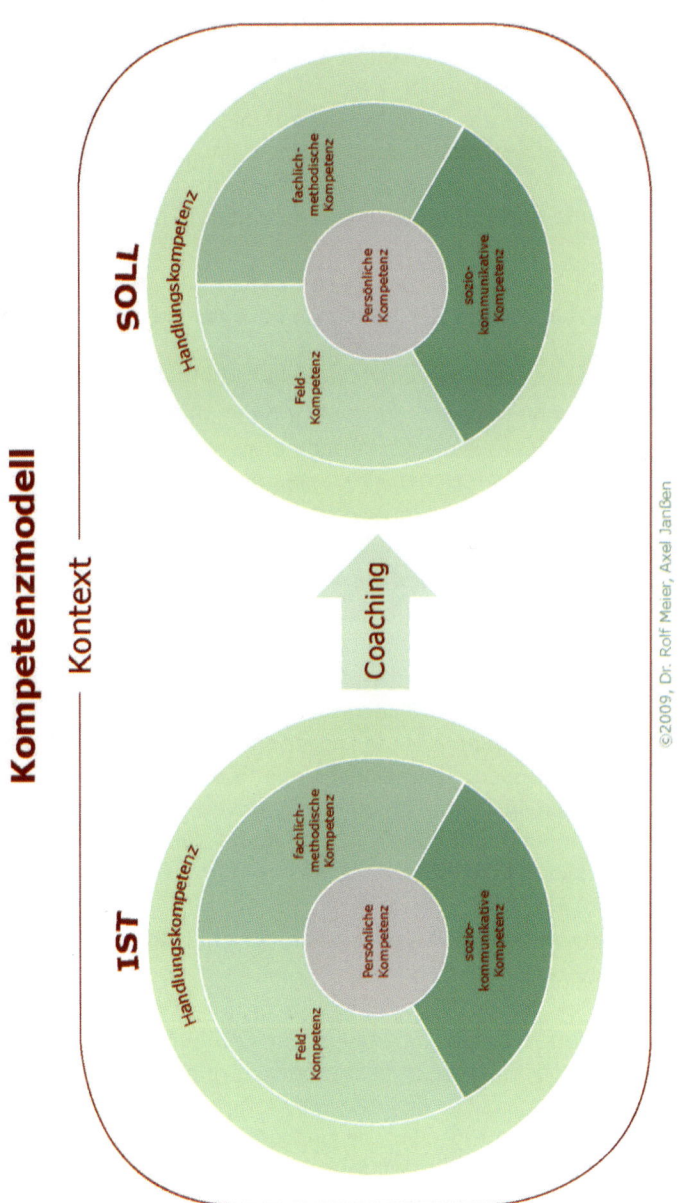

3.9 Entscheidungen sind immer emotional

Management ist Ausdruck von oder Teil von Unternehmensführung. Dabei spielt die Größe, Differenzierung und Branche, in denen sich eine Unternehmung befindet, oder welche Rechtsform eine Unternehmung hat, keine entscheidende Rolle. Management als Synonym von Führung und Beeinflussung von Strukturen, Märkten und Menschen steht immer unter der Frage der *Machbarkeit*. Das Machbare ist sehr differenziert in seiner Entstehung und Legitimierung zu betrachten.

Anhänger einer eher mathematisch-naturwissenschaftlichen Betrachtung der Welt und damit auch der Unternehmenswelt, werden zu rationalen Erklärungen und Entscheidungen neigen.

Anhänger einer eher systemisch-evolutionären Betrachtung und Bewertung der Welt und damit der Unternehmenswelt werden eher der Unberechenbarkeit von dynamischen Prozessen das Wort reden.

Der Wunsch nach rationalen Entscheidungen ist verständlich, weil durch solche Entscheidungen Sicherheit ermöglicht wird. Welcher Mensch, welche Führungskraft, welcher Manager, welcher Unternehmer und welches Unternehmen möchte nicht erfolgreich sein – ermöglicht durch rationale Entscheidungen?

Der systemisch-konstruktivistische Ansatz im Verstehen und Beeinflussen von Einzelnen, Gruppen, Teams oder Organisations- und Unternehmenseinheiten orientiert sich nicht an einer objektiven Wirklichkeit und Wahrheit, sondern an der individuellen und damit subjektiven Konstruktion von Wirklichkeit.

Entscheidung = Ausdruck des psychobiologischen Befindens des Einzelnen, der Gruppe oder des Teams.

Anders formuliert: Da dem Einzelnen, der Gruppe oder dem Team kein Maßstab (Feedbacksystematik) für die oder für eine *richtige* Entscheidung zur Verfügung steht, ist der Einzelne, die Gruppe oder das Team auf die eigenen Potenziale und Ressourcen und deren kontextabhängige Bewertungen angewiesen. Im wahrsten Sinne des Wortes: Entscheidungen sind autoritär, weil sie einem emotionalen Selbstbezug entsprechen.

3.9.1 Die Motive

Die Neurowissenschaften lehren uns, dass Entscheidungen ein psychobiologisches Wohlbefinden auslösen sollen, damit es dem Menschen *gut* geht. Der Mensch als biologisches und kulturelles Wesen möchte mit der gefällten Entscheidung angenehm leben. Im Grunde geht es um die Folgen der Entscheidung, die der Psychologe HEINZ HECKHAUSEN und seine Schüler im Rubikon-Modell beschrieben haben. Eine zukünftige Situation muss hoch attraktiv sein, sonst wird ein Mensch sie nicht anstreben, erreichen, sich anstrengen und disziplinieren wollen. Oder kurz gesagt: Veränderungen sind Ausdruck hoch attraktiver Kontexte, in denen sich Motive befriedigen können.

Dabei können Veränderungen durch Angebote der Befriedigung von Motiven, aber auch durch die Suche der Motive nach attraktiven Kontexten ausgelöst werden.

Die Psychologie unterscheidet gerne nach ...
- intrinsischen Motiven – Strebungen, die von *innen* kommen und das Verhalten initiieren. Sie gelten als angeboren;
- extrinsischen Motiven – im Sinne von Werten, die einen Auslöser-Einfluss aber auch einen Beeinflussungs-Einfluss auf das Verhalten des Menschen haben. Diese extrinsischen Motive (Werte) gelten als gelernt. Werte sind Orientierung für attraktives Verhalten. Die identitätsbestimmenden Werte eines Menschen werden in den ersten Lebensjahren (6. bis 8. Lebensjahr) gelernt und gelten als dauerhaft stabil.

In der wissenschaftlichen Psychologie gilt es als unbestritten, dass es drei grundsätzlich angeborene Motive gibt. Diese sogenannten *big three* sind ...
- das Anschluss- oder Zugehörigkeitsmotiv,
- das Machtmotiv,
- das Leistungsmotiv.

Die drei Motive gehen auf den Psychologen DAVID MACCLELLAND zurück und sind die Erkenntnis- und Deutungsgrundlage für alle weiteren psychologischen Forschungen im Bereich *Motive*.

In diesem Zusammenhang ist die Frage interessant, wenn es denn nur drei Grundmotive gibt, wie kann dann die in diesem Coachingverständnis präferierte und verwendete MotivationsPotenzialAnalyse MPA Aussagen zu 26 Einzelmotiven machen?

Motiv ist definiert als unspezifischer Beweggrund für ein Verhalten. Das Motiv ist da und sucht sich Kontexte, in denen es sich befriedigen kann. Kontexte sind aber immer real-spezifisch mit einem konkreten Themeninhalt. Das Motiv wird im Alltag nur anhand konkreter Themenzuordnung erkennbar. Deshalb wird das konkrete Motiv auch als Bedürfnis bezeichnet – als der spezifische Beweggrund für ein Verhalten.

Die 26 Motive sind thematische Konkretisierungen der *big three*. Sie sind schlicht gesagt aus den *big three* abgeleitet und im wissenschaftlichen Kontext durch entsprechende Verfahren legitimiert.

Motive sind angeboren und verfestigen sich im Laufe des Lebens. Motive sind aber in jedem Menschen nicht gleich stark in ihrer Intensität verankert – Motive *interessieren* sich nicht für jeden thematischen Kontext.

Menschen können sich nur für etwas interessieren, was sie kennen und entsprechend ihren Intelligenzen/Begabungen intellektuell angemessen durchdringen und emotional angemessen attraktiv finden. Bedürfnisse als konkrete Motive können nur entstehen, wenn der Mensch *Themenkenntnisse* hat und diese Themen als attraktiv bewertet.

Es geht um den Wert des Motivs, um den Wert des Bedürfnisses, um den Wert des Wertes und um das Ausmaß der Begabung, damit mit der Beschäftigung eines Themas und seinen Beschäftigungsfolgen das sprichwörtliche psychobiologische Wohlbefinden entsteht. Platt formuliert: Was mich nicht anmacht – interessiert mich eben nicht.

Die drei Motive Macht, Leistung und Anschluss müssen für den Einzelnen in seiner Ausstattung mit Wissen, Erfahrung und Begabung spezifisch konstruktivistisch erlebbar und begehrlich sein.

Die 26 Motive der MPA orientieren sich an den *big three* in der Konkretisierung zur Arbeits- und Berufswelt. Alle Themen im Rechtskonstrukt Un-

ternehmen sind Ausdruck von Führung, Strukturen und betriebswirtschaftlicher Wertschöpfung (siehe auch: www.motivations-analytics.eu).

3.9.2 Motivkategorien, Motive und Definitionen

Auswirkung	Vorsicht	Streben nach Gewissheit von Folgen
	Wagnis	Streben nach Nervenkitzel
Beziehung	Distanz	Streben nach emotionalem Abstand zu anderen
	Kontakt	Streben nach emotionaler Nähe zu anderen
Einordnung	Natürlichkeit	Streben nach bodenständigem Verhalten
	Status	Streben nach öffentlicher Achtung der eigenen Person
Freiheit	Mitentscheidung	Streben nach gemeinschaftlichen Entscheidungen
	Selbstentscheidung	Streben nach Selbstbestimmung
Grundsatz	Auslegung	Streben nach zweckorientierter Interpretation von Regeln und Normen
	Prinzip	Streben nach Orientierung an vorhandenen Regeln und Normen
Komplexität	Erkenntnis	Streben nach dem Verstehen von Zusammenhängen und Hintergründen
	Pragmatik	Streben nach direktem Handeln
Körper	Aktivität	Streben nach körperlicher Bewegung
	Ruhe	Streben nach körperlicher Entspannung
Offenheit	Abwechslung	Streben nach neuen Erfahrungen
	Routine	Streben nach geordnetem Vorgehen
Struktur	Flexibilität	Streben nach flexiblem Vorgehen
	Ordnung	Streben nach geordnetem Vorgehen
Unterstützung	Selbstlosigkeit	Streben danach für andere da zu sein
	Selbstorientierung	Streben nach eigenen Vorteilen
Verantwortung	Durchführung	Streben nach der Umsetzung von Vorgaben
	Einfluss	Streben nach Verantwortung und Gestaltung
Wertschätzung	Fremdanerkennung	Streben nach persönlicher Rückmeldung von anderen
	Selbstanerkennung	Streben nach persönlicher Rückmeldung durch sich selbst
Wettbewerb	Balance	Streben nach dem Ausgleich von Interessen
	Dominanz	Streben nach dem Gewinnen

3.9.3 Die Werte (und Normen)

Werte oder Wertiges werden im allgemeinen Sprachgebrauch als etwas Bedeutsames für Inhalte, Themen oder Situationen verwendet.

Wertvoll können Moral, Sitte, Ethik aber auch Kunst, Wissenschaften, Objekte und vieles mehr sein. Was von Wert ist, unterliegt der konstruktivistischen Deutung des Einzelnen.

Werte sind und werden gelernt. Die grundsätzliche Werteüberzeugung soll mit 6 bis 8 Jahren der menschlichen Entwicklung abgeschlossen sein und ist in der Regel überdauernd stabil. Menschen handeln nach ihren Wertüberzeugungen in den jeweiligen Lebenssituationen.

Vom Motiv zum Wert

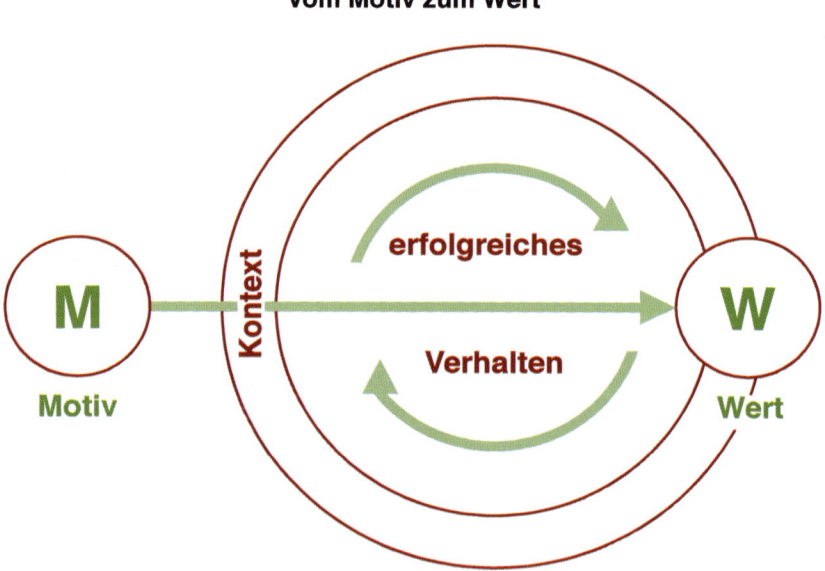

Werte können zu Glaubenssätzen werden, weil der Sinn des Wertehandelns nicht überprüft oder infrage gestellt wird. Sind Werte in allen Lebenssituationen Maßstab für das Handeln, können sie auch als geschützte Werte bezeichnet werden. Der Wert für das Handeln ist wichtiger als die Folgen des Handelns.

Das Selbsterleben des Einzelnen erfolgt durch seine gedeutete Selbstwahrnehmung. Insofern sind Werte identitätsstiftend, aber auch identitätsbildend. Die Bindung an eigene wertvolle Werte ist Ausdruck und Erlebnis der eigenen Identität. Je stärker der einzelnen Person die Wertigkeit der eigenen Identität bewusst und wertvoll ist, je stabiler wird sie im Entschluss der Verhaltens- und Handlungsbeharrung aber auch der Verhaltens- und Handlungsveränderung sein.

Werte und deren bewertende Verwendung in kontextabhängigen Entscheidungen sind zwingend im Coaching zu erheben, da sonst der Einzelne nicht erkennen kann, aus welcher Werthaltung seine Entscheidungen entstehen.

Werte sind Orientierung für attraktives Verhalten.

Die nachfolgenden zwei Wertelisten sind ein Angebot für den Einzelnen im Coaching, um seine (gefühlten) Werte sprachfähig für sich und die Umwelt zu machen.

3.9.4 Betriebswirtschaftlich-wertschöpfende Werte

Aktivität	Gewinn	Qualität
Arbeitszufriedenheit	Gewinnorientierung	Realismus
Ausdauer	Gewissheit	Rentabilität
Begeisterung	Handeln	Ressourcen
Beruf	Investition	Risiko
Betriebsergebnis	Konkurrenzorientierung	Risikobereitschaft
Bewegung	Kosten	Robustheit
Bilanz	Kreativität	ROI
Bonität	Kundenorientierung	Sachorientierung
Cash Flow	Leistung	Selbstverantwortung
Controlling	Leistungsbereitschaft	Sieg
Deckungsbeitrag	Lieferantenorientierung	Strategie
Dienstleister	Liquidität	Struktur
Disziplin	Markt	Systematik
Durchsetzungsvermögen	Mitarbeiter	Unternehmertum
Effektivität	Mobilität	Verantwortung
Effizienz	Mut	Wachstum
Ehrgeiz	Nachhaltigkeit	Wahrheit
Eigenverantwortung	Nutzen	Wertschöpfung
Einfluss	Pflichtbewusstsein	Wettbewerb
Einnahmen	Pragmatismus	Wirtschaftlichkeit
Erfolg	Preis	Zielorientierung
Ergebnisorientierung	Produkt	Zukunft
Ertrag	Produktivität	Zusammenhänge
Genauigkeit	Prozessorientierung	Zweck
Geschäftsprozesse		

3.9.5 Psychologisch-menschliche Werte

Abgrenzung	Entscheidungsfähigkeit	Konsens
Abstand	Entwicklung	Loyalität
Achtsamkeit	Empathie	Materielle Sicherheit
Achtung	Erholung	Menschlichkeit
Ästhetik	Fairness	Mitgefühl
Akzeptanz	Familienleben	Motivation
Anerkennung	Flexibilität	Mobilität
Anpassungsfähigkeit	Freiraum	Nähe
Ansehen	Freizeit	Respekt
Aufmerksamkeit	Freundschaft	Ruhe
Ausgeglichenheit	Fürsorge	Sensibilität
Autarkie	Geduld	Sinn
Authentizität	Gemeinsamkeit	Sozialer Ausgleich
Balance	Gemeinschaft	Standhaftigkeit
Beachtung	Gerechtigkeit	Teamorientierung
Bestätigung	Gesundheit	Toleranz
Bequemlichkeit	Gleichheit	Unterstützung
Bildung	Harmonie	Verbindlichkeit
Bodenständigkeit	Helfen	Verlässlichkeit
Demut	Hilfsbereitschaft	Vertrauen
Dialog	Ideale	Verständnis
Distanz	Individualität	Wahrheit
Ehrlichkeit	Innovation	Wertschätzung
Eigennutzen	Integrität	Wirkung
Eigentum	Initiative	Würde
Ehrlichkeit	Karriereorientierung	Zugehörigkeit
Einfluss	Kompetenz	Zufriedenheit
Einklang	Komplexität	

3.9.6 Talente, Begabungen und Befähigungen

Motive treiben an. Motivation ist die Energie, die in einem Motiv verankert ist. Motive können nur in der konkreten Handlungssituation erkannt
werden. Das Motiv ist spezifisch – konkret erlebbar geworden.

Manches wird gerne getan und anderes wird nicht *freudig* vollbracht.

Werte beeinflussen unser Handeln, unabhängig davon, ob es die eigenen
Werte sind, die uns zu wertvollem Handeln mahnen, oder die Werte
Dritter, die in Form von Geboten oder Verboten unser Handeln beeinflussen. Dazwischen gibt aber auch noch ein Handeln, weil es der Einzelne
besonders gut kann. Die besondere Begabung, das besondere Talent, die
besondere Befähigung. Begabungen, Befähigungen und Talente sind immer komplex, weil sie für die erfolgreiche Bewältigung von Aufgaben stehen.

Die Intelligenzen von GARDNER sind nicht als Intelligenz im Sinne eines
Intelligenzquotienten oder Ausdruck eines durchgeführten Intelligenztes-
tes zu verstehen.

Die Intelligenzen nach GARDNER beschreiben einfach Talente, Begabungen und besondere Befähigungen.

Jeder verfügt über Intelligenzen und jeder spürt oder weiß aus Erfahrung,
dass bestimmte Begabungen, Talente und Befähigungen in spezifischen
thematischen Kontexten besonders gern in Anspruch genommen werden.

Motive, Werte und Intelligenzen in diesem Sinne werden emotional von
jedem Menschen bei sich wahrgenommen. Bestimmte Motive, bestimmte
Werte und bestimmte Intelligenzen lösen einfach individuell psychobiologisches Wohlbefinden aus.

Intelligenzen sind der Person zugeordnet, so wie identitätsstiftenden Werte der Person und die unverwechselbaren Motive.

Die Entscheidungsbildung in Veränderungskontexten wird von diesem
Dreiklang der persönlichen Kompetenz maßgeblich beeinflusst – in welche förderliche oder hinderliche Richtung auch immer.

3.9.7 Die Intelligenzen nach GARDNER

Logisch-mathematische Intelligenz
- Probleme analytisch angehen
- Situationen auf Muster und Regelmäßigkeiten hin untersuchen
- logische und numerische Muster wahrnehmen und
- voneinander unterscheiden
- mit Ketten langer Schlussfolgerungen umgehen

Sprachliche Intelligenz
- ein Gespür für Sprache entwickeln und treffsicher einsetzen
- die eigenen Gedanken ausdrücken
- das Sprechen anderer verstehen

Musikalische Intelligenz
- Rhythmen produzieren
- Tonhöhen und Klangqualitäten erkennen
- musikalischen Ausdruck schätzen
- Musik komponieren

Räumliche Intelligenz
- räumliche Zusammenhänge erkennen und gedanklich umformen
- im Kopf komplizierte Objekte rotieren lassen

Körperlich-kinästhetische Intelligenz
- den eigenen Körper und seine Körperteile beherrschen, kontrollieren und koordinieren
- geschickter mit Gegenständen und Objekten umgehen
- Gespür für Bewegungsabläufe entwickeln

Intrapersonale Intelligenz
- seine Impulse kontrollieren
- eigene Grenzen kennen
- die eigenen Gefühle kennen und klug mit ihnen umgehen
- das eigene Wissen, die eigenen Stärken und Schwächen erkennen

Interpersonale Intelligenz
- andere Menschen und deren Beweggründe ihres Verhaltens verstehen
- Stimmungslagen anderer erfassen und einfühlsam mit ihnen kommunizieren
- sich für die Gedanken und Gefühle seiner Mitmenschen interessieren

Naturalistische Intelligenz
- Lebendiges beobachten, unterscheiden und klassifizieren
- Sensibilität für größere Zusammenhänge entwickeln

3.10 Veränderungen verstehen und gestalten

Coaching ist kein Selbstzweck. Coaching verfolgt konkrete Interessen im Dienst des Coachees, der Gruppe oder des Teams.

Die Ausgangslage im Coaching ist bestimmt durch die gescheiterte Lösung oder die gescheiterten Lösungsversuche des Coachees, der Gruppe oder des Teams. Das Interesse der *Hilfesuchenden* ist aber die potenzielle erfolgreiche Lösung in einer zukünftigen thematischen Konstellation, nämlich kompetent handeln können.

Die drei Anliegen im Coaching ...
- Wahrnehmungserweiterung auslösen,
- Handlungsalternativen ermöglichen,
- Entscheidungsfähigkeit sichern

sind Interessen des Prozesses, um Handlungskompetenz zu generieren.

Die Wahrnehmungserweiterung ist gemessen am bisherigen Analyse- und Lösungsverhalten des Coachees, der Gruppe oder des Teams von fundamentaler Bedeutung, weil dem Coachee, der Gruppe oder dem Team nur die andere/neue Sicht der Dinge kreative Erkenntnisse ermöglicht.

Handlungsalternativen sind Ausdruck und Repräsentanten von Zukunft. Die alternative Handlung – die neue, bisher nicht gedachte und zukünftig angewandte Handlung – ermöglicht, die gescheiterte Lösung nicht mehr zu nutzen.

Die „Krone" im Coaching ist die Entscheidung selbst – wie sie entsteht und wie sie wirkt.

Lernt der Coachee, die Gruppe oder das Team, wie Entscheidungen grundsätzlich im Einzelnen entstehen – ist die nachhaltige Selbstorganisation unter qualitativer Realisierung in der Zukunft erst möglich.

3.11 Handlungskompetenz im thematischen Kontext

Der Einzelne, die Gruppe oder das Team erwartet eine konkrete Wirkung durch ein Coaching: Handlungskompetenz in einem Thema/in einem realen Bezug (Kontext).

Im systemischen Verständnis handelt der Einzelne, die Gruppe oder das Team nicht isoliert, sondern immer in einer spezifischen Interaktion mit den anderen Merkmalen des Kontextes. Im Sinne einer grundsätzlichen Betrachtung der Merkmale eines Kontextes können den Merkmalen Motive und Werte zugeordnet werden. Der Kontext selbst als Organisations- oder Kulturrahmen ist durch das spezifische Thema und seinen Werten festgelegt.

Handlungskompetenz entsteht nur, wenn der Einzelne, die Gruppe oder das Team die eigenen Interessen mit den Interessen der Merkmale des Kontextes und dem Kontext selbst koordiniert.

Die koordinierten Interessen aller Beteiligten als Motive, Werte und Kontextanforderungen *übersetzt*, ermöglichen Verhalten. Im Coaching geht es um die bewusste Koordination der Motive und Werte im thematischen Kontext.

Das MVWK-Modell ermöglicht die Begründung für Verhalten, ermöglicht aber auch die bewusste Konstruktion im Coaching für erwünschtes zukünftiges Verhalten.

Die verschiedenen Ausprägungen des MVWK-Modells sollen zum Verständnis von Handlungskompetenz beitragen: Phase 1 (Kontakt und Kontrakt), der Ressourcensuche: Phase 3 (zielorientierte Ressourcensuche und Reflexion), der Entwicklung von Handlungsalternativen: Phase 4 (Handlungskompetenz im systemischen Zielkontext festlegen) und der Befähigung zur nachhaltigen Selbstorganisation: Phase 5 (Controlling).

Das MVWK-Modell, das Kompetenzmodell und das JoHari-Fenster sind bedingt durch ihren jeweils hohen themenunabhängigen Abstraktionsgrad und grundsätzlich einsetzbar im Coachingprozess zur Wahrnehmungserweiterung, für Perspektivwechsel und zur Ressourcensuche.

3.12 Das MVWK-Modell

MVWK-Modell
Motiv-Verhalten-Wert-Kontext

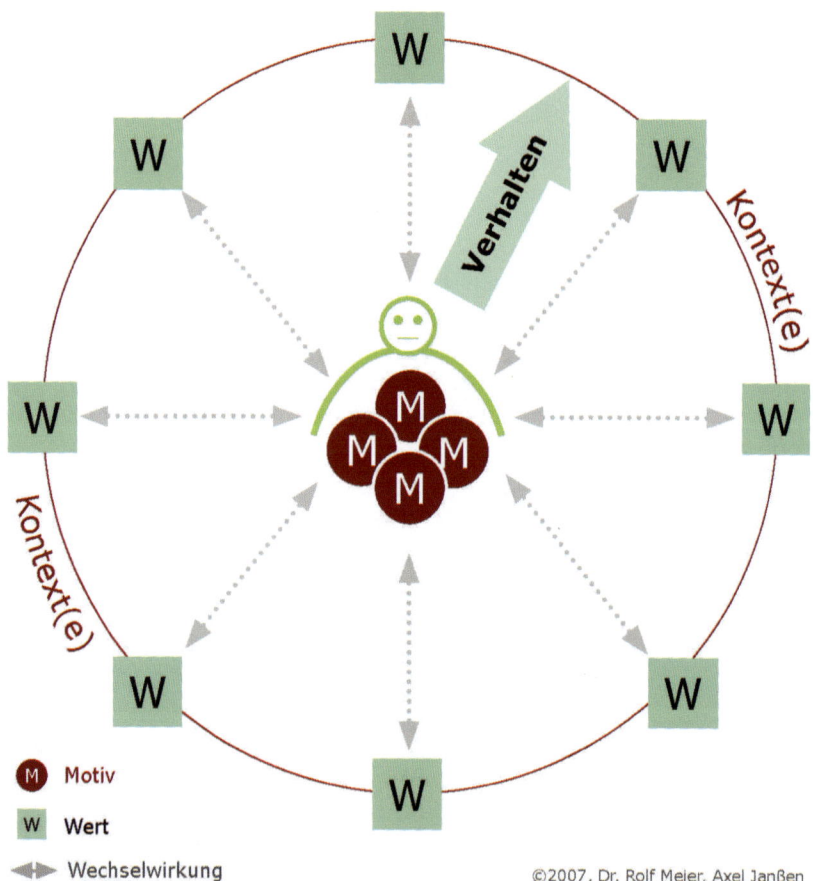

©2007, Dr. Rolf Meier, Axel Janßen

3.13 Die Einflüsse auf Verhalten und Handlung im Coaching

Coaching erfolgt weder im Geheimen noch in einer Art Isolation. Die Coachingsituation als Kontext ist komplex (aber nicht kompliziert), differenziert (aber überschaubar) und anspruchsvoll (aber nicht beängstigend).

Coaching erfolgt zwischen Menschen, die ihre Vorlieben und Abneigungen in sich tragen (intrapersonell) und miteinander agieren müssen (interpersonell).

Unbeschadet des Veränderungsthemas des Einzelnen, der Gruppe oder des Teams sind bewusst und unbewusst die *Stakeholder* der Teilnehmer am Coachingprozess beteiligt: Kunden, Lieferanten, Vorgesetzte, Eigentümer usw.

In einem systemisch-konstruktivistischen Einzel-, Gruppen- oder Teamcoachig im Management ist tatsächlich das System der Beteiligten mit seinem Konstruktivismus präsent.

Die drei Modelle der Wahrnehmungserweiterung ...
• St. Galler Management-Modell
• Zehn-Felder-Modell
• TZI-Modell
geben einen guten Anhaltspunkt für die Einflüsse im Kontext Coaching. Sie sind in aller Regel als Fakten des Kontextes zu erkennen und zu bewerten.

In diesem Sinne ist Coaching immer eine *Veranstaltung von vielen* und nicht nur der am Coaching direkt Beteiligten. Systemisch denken – politisch handeln lautet die achte Grundeinsicht der Führung. Coaching ist unter dem Gesichtspunkt des Einzelcoachings ein Kontext der Selbstführung und unter dem Gesichtspunkt des Gruppen- oder Teamcoachings ein Kontext der Eigenführung.

Aus dem Wissen der Neurowissenschaften, dass Menschen wohl mehr als fünf Dinge/Themen nicht gleichzeitig und gleichrangig beobachten und bewerten können, kommt der sinnvollen Komplexitätsreduzierung der Themen im Kontext eine hohe Bedeutung zu. Die einzelnen Phasen des Prozesses müssen überschaubar sein. Dies gelingt umso eher, wenn das Primat der Emotion und nicht das Primat der Intellektualität im Coaching Vorrang hat und behält. Trotz aller differenzierten Einflüsse auf das Coachinggeschehen darf nicht vergessen werden, dass es um die Befriedung von Emotionen geht und die sind bekanntermaßen keine *akademische Veranstaltung*.

3.13.1 Vier Werte als Orientierung für die Haltung des Coachs

Der Anspruch an Führungskräfte und Mitarbeiter in allen hierarchischen Ebenen eines Unternehmens ist die Erfolgswirksamkeit ihres Handelns. Es ist die Handlungskompetenz, die freiwillig und aus eigener Kraft entsteht oder die Handlungskompetenz, die auf Vorgaben von Anweisungen und Richtlinien und konkreten Weisungen Dritter entsteht.

Umgangssprachlich ist es die selbstständige Führungskraft, der selbstständige Manager oder der selbstständige Mitarbeiter. Handlungskompetenz oder kompetentes Handeln gelten als Synonym für Selbtstständigkeit.

Im Arbeits- und Führungsalltag sind sich die Beteiligten oft nicht im Klaren darüber, dass sowohl Führungskraft, als auch Manager und Mitarbeiter keine technischen Systeme sind, die für logisches und objektives Handeln im Kontext programmierbar sind.

Nicht alles ist im Vorwege im operativen und strategischen Arbeitsalltag regelbar – weil auch nicht alles im Vorwege denkbar ist. Führungskräfte, Manager und Mitarbeiter haben immer einen Spielraum an Bewertungen und Entscheidungen.

Im Arbeitsalltag mag es manchmal sein, dass diese Freiheitsgrade von den Beteiligten nicht gesehen oder beachtet werden.

Die hier vertretene und propagierte Coachingkultur will ganz bewusst die Rahmenbedingungen für die Selbstständigkeit des Einzelnen, der Gruppe oder des Teams in den Mittelpunkt stellen – ja sogar behaupten, dass ohne diese Coaching- und Führungskultur auf der Basis der vier Werte ...
- Freiheit,
- Freiwilligkeit,
- Ressourcenverfügung und
- Selbststeuerung

die gewünschte oder gewollte Selbstständigkeit des Managers, der Führungskraft oder des Mitarbeiters nicht möglich ist – egal über welches Ausmaß von Selbstständigkeit in den individuellen Arbeitskontexten diskutiert wird.

Das Coachingverständnis des Selbstorganisierten Coachings verlangt im Sinne der Wirkungserwartungen des Prozesses die zweifelsfreie Einhaltung der vier Werte durch den Coach – zugunsten des Einzelnen, der Gruppe oder des Teams.

Werte sind Anhalt oder Orientierung für attraktives Verhalten.

3.13.2 Die drei Anliegen im Coaching

Ein Einzelner, eine Gruppe oder ein Team sucht den Kontakt zu einem Coach, weil er oder sie nach eigener Einschätzung über keine adäquate Handlungskompetenz in einem thematischen Kontext verfügen. Sie kommen mit der gescheiterten Lösung oder bemerken an sich, dass sie derzeit aus eigener Kraft nicht in der Lage sind, erfolgswirksame Lösungen zu kreieren.

Oft steht hinter diesem Unvermögen ein *Tunnelblick*, der den Einzelnen, die Gruppe oder das Team eine Blick auf *das große Ganze* verwehrt oder erschwert.

Die gescheiterte Lösung entsteht auch, weil der Einzelne, die Gruppe oder das Team eigene und sinnvolle fremde Resourcen nicht entdeckt, besitzt oder falsch in der Verwendung bewertet.

Die gescheiterte Lösung entsteht auch beim Einzelnen, der Gruppe oder dem Team, weil Ressourcen als gleichwertig empfunden werden. Es sind die inneren Konflikte, die eine prioritäre Ressourcenverwendung unmöglich machen.

Die gescheiterte Lösung entsteht auch, weil der Einzelne, die Gruppe oder das Team zwar über alle Ressourcen verfügt, für eine gewünschte Kompetenz im Handeln – das eigene Zutrauen in die eigene Lösungen aber *unterentwickelt* ist.

Mit seinen Anliegen in den unterschiedlichsten Prozessphasen ...
- Wahrnehmungserweiterung auslösen
- Handlungsalternativen auslösen
- Entscheidungsfähigkeit sichern

will der Prozess die gescheiterte Lösung (Ist-Kompetenz) in eine erfolgswirksame Lösung (Soll-Kompetenz) wandeln.

Die drei Anliegen korrespondieren immer mit den Fakten des Kontextes
und den fachlich zu bearbeitenden Kontextinhalten des Einzelnen, der
Gruppe oder des Teams.

Die drei Anliegen sind Wirkfaktoren des Coachingprozesses und nicht
des Coachs.

3.13.3 Das Handwerk des Coachs als Methode

Das Coachingverständnis des Selbstorganisierten Coachings beruht auf
Werten (Haltung) und dem Coachingprozess (Handwerk). Diese Unterteil-
ung hat ihren Ursprung in der sehr allgemeinen Definition von Coaching: Coaching ist Hilfe zur Selbsthilfe, sowie der daraus gewonnenen
Ableitung der Aufgabenzuweisung im Coaching: Der Coach ist verantwortlich für den Prozess – der Coachee ist verantwortlich für die Lösungsentwicklung und für die eigenverantwortliche Umsetzung seiner Lösung
in seinem Kontext.

Prozess ist ein schillernder und vielschichtiger Begriff. In der Coaching-
szene wird der Begriff sehr unterschiedlich verstanden und dementsprechend auch angewendet bzw. praktiziert.

- Ein Prozess kann ein Verlauf sein, der situativ entsteht (12: S. 19).
  Oft entscheidet der *Prozessowner* über den spezifischen Verlauf.
  Im Coaching ist der Coach der Owner des Prozesses. In diesem
  Verständnis verlaufen die Prozesse jedes Mal individuell. Der
  Lenkungsimpuls kommt aus dem Coach heraus, der die Situation
  bewertet und aus der Bewertung der Situation thematische Initiati-
  ven ergreift, die den Fortgang des Prozesses beeinflussen.
- Ein Prozess kann den Charakter einer Verlaufsorientierung haben.
  In diesem Prozessverständnis stehen dem Coach Orientierungs-

merkmale für den individuellen Prozessverlauf zur Verfügung (15: S. 22ff)

- Ein Prozess kann auch ein Ablauf sein, weil sich der Coach an gegebene Anforderungen, an einen Ablauf hält (10: S. 60ff). Er hat sozusagen Orientierungsmerkmale, an denen sich der Ablauf des Coachingprozesses messen soll. Auf die Anhaltspunkte für den Verlauf nimmt der Coach keinen Einfluss. Er hat aber die Möglichkeit, die Reihenfolge der Bearbeitung der Anhaltspunkte zu variieren. In einigen Coachingverständnissen gibt es eine feste Reihenfolge der zu bearbeitenden Anhaltspunkte für den Coachingablauf, allerdings kann der Coach zwischen den Anhaltspunkten seine Sicht der Dinge thematisieren.
- Ein Prozess kann auch eine Methode sein. Eine Methode ist ein festgelegter Ablauf, der durch den Coach nicht interpretierbar ist.

Der Prozess als Methode hat den Vorteil, dass es keine Abhängigkeiten von der Qualifikation des Coachs gibt. Zudem ist die Methode in einem thematischen Kontext kreiert worden, in dem sie ein Ergebnis *zwingend* ermöglichen soll. Der Prozess als Methode im Selbstorganisierten Coaching garantiert Ergebnis im Sinne des Einzelnen, der Gruppe oder des Teams – und nicht im Sinne des Coachs oder Dritter.

3.13.4 Die Haltung des Coachs im Coaching

Der Coachingprozess soll in seiner Anwendung und Handhabung ein Ergebnis – die Handlung des Coachees der Gruppe oder des Teams – generieren.

Über die Art und Weise dieser Anwendung und Handhabung entscheidet aber die Interessenlage der Beteiligten. Wessen Interessen finden sich im konkreten Coaching wieder: die des Coachs, des Coachees, der Gruppe, des Teams oder des eigentlichen Auftraggebers oder des Bezahlers der Coachingleistung?

Interessen zur Handhabung eines Coachingverlaufs sind Ausdruck von Werten. Das Interesse der Coachingkultur des selbstorganisierten Coachings hat sein Werteinteresse im Begriff *selbstorganisiert* bekundet. Es geht um die Interessen des Coachees, der sich ohne fremde Beeinflussung analytisch zur Kenntnis nehmen kann und für sich selbst aus den eigenen

Interessen und seinen Selbstwirksamkeitsüberzeugungen heraus in der Zukunft für seine Lösungen verantwortlich sein will.

- Der Wert Freiheit gewährleistet, dass im Coaching aus Alternativen ausgewählt werden kann. Lösungen und Resultate entstehen auch durch Ableitungen und logisches Schlussfolgern. Lineares Denken und Handeln ist Ausdruck von logischen Ableitungen. Laterales oder systemisches Denken und Handeln ermöglicht unterschiedliche Ergebnisse. Logische Ableitungen sind nicht Ausdruck von Freiheit.
- Der Wert Freiwilligkeit kennzeichnet das unbeeinflusste Bekenntnis zu einem Veränderungsthema.
- Der Wert Ressourcenverfügung bedeutet, dass der Coachee, die Gruppe oder das Team unbeeinflussten Zugriff auf materielle und immaterielle Werte hat.
- Der Wert Selbststeuerung bedeutet, dass der Coachee, die Gruppe, das Team ohne fremde Hilfe aus sich heraus das angestrebte Ergebnis seiner Veränderung selbst organisieren kann.

Die vier Werte dienen ausschließlich und allein dem Coachee, der Gruppe oder dem Team, nur durch sie können die in der Person/den Personen liegenden *Schätze* durch die Person(en) selbst gehoben, geordnet und motiviert realisiert werden.

3.14 Der Coachingprozess

Der Coachingprozess besteht aus fünf Phasen, wobei Teil 1 *Kontakt und Kontrakt* vor dem eigentlichen Coaching – Phase 2 bis 5 – erfolgt und die Phase 5 *Controlling und Abschluss* nach dem eigentlichen Coaching realisiert wird. Ohne die Phase 1 kann es keine Phase 5 geben. Alle Phasen hängen miteinander zusammen, beeinflussen sich – ja bedingen einander. Der Coach, der die Prozessverantwortung hat, kann als der Verantwortliche im Kontext *Coachingprozess* sehr deutlich die Merkmale des Kontextes und ihre Absichten der Interaktionen sowie deren Realisierung im Prozess erkennen und zur Geltung bringen.

Der Coachingprozess in seiner Intention, Legitimation und Struktur ist *deduktiv* konstruiert. Der Prozess selbst hat keine individuellen oder spezifischen Lösungsbedürfnisse. Der Prozess nimmt jedes Thema an und bietet jedem Thema dieselben – also nicht gleichen – Strukturen und Interventionen an, um analysiert, bewertet und zu neuen Lösungen geführt zu werden. Wenn der Prozess ein Mensch wäre, könnte auch zurecht argumentiert werden: Der Prozess kann durch seine Grundsätzlichkeit der Konstruktion nicht mit sich selbst assoziiert sein oder sich durch äußere Einwirkung assoziieren. Wobei assoziiert hier immer konkrete inhaltliche Bezüge meint, die – das Verhalten als Ausdruck der Verbundenheit zu sich selbst (selbsreferenziell) – Entscheidungen beeinflussen. Der Coachingprozess entscheidet nichts. Er will angewandt und genutzt werden. Dies hat der Coach zu gewährleisten. In dieser Gewährleistung durch den Coach steckt der Anspruch der Dissoziation an ihn. Er ist deshalb – überspitzt formuliert – *der Diener des Prozesses*. Der Prozess erwartet deshalb auch vom Coach als Diener des Prozesses eine grundsätzlich deduktive (dissoziierte) Haltung. Insofern gilt auch für den Coachee das Erkennen und die Identifikation dieser grundsätzlichen deduktiven Sicht- und Realisierungsweise – unbeschadet, ob deduktive Angebote des Prozesses zu induktivem Agieren beim Coachee führen.

Dieses Erkennen und Einhalten der Abwechslung zwischen deduktivem und induktivem Verhalten im Verlauf des Coachingprozesses ist ein wesentlicher Lernbereich für den Coachee, weil er damit nicht nur seine nachhaltige Selbstlernkonzeption bewusst selbst lernend entwickelt, sondern auch durch die Reflexion seines konkreten Coachings den Wirkungserfolg der Konstruktion Coaching an sich selbst verifizieren kann.

Der Coachingprozess auf der Basis der Theorie vom Selbstorganisierten Coaching gilt grundsätzlich für das Einzelcoaching wie für ein Gruppen- oder Teamcoaching. Erkennbare Differenzierungen in der Wahrnehmung des Prozessverlaufs ergeben sich allein aus der Bedingung: Einzelcoaching oder Mehrpersonencoaching. Coaching bezieht sich nie auf einen abstrakten Begriff, wie Gruppe oder Team. Coaching bezieht sich immer auf die einzelne Person, auf den Menschen, der im Team oder in der Gruppe aus guten Gründen öfter vorkommt. Der Unterschied im *Handling* des Prozesses ist allein der konsequenten Beachtung, Respektierung und Wertschätzung des Einzelnen geschuldet.

Die Struktur des systemisch-konstruktivistischen Coachingprozesses:

Phase 1 Kontakt und Kontrakt
    1.1 Vorstellung und Erwartung der Beteiligten
    1.2 Coachingablauf, Kommunikationskontext und Selbstorganisation vereinbaren
    1.3 Thema und Veränderungswunsch skizzieren

Phase 2 Systemische Themen- und Zielklärung
    2.1 Thematischen Ist-Kontext systemisch visualisieren
    2.2 Ziel festlegen und Folgen reflektieren

Phase 3 Zielorientierte Ressourcenidentifikation und Reflexion
    3.1 Motive, Werte und Intelligenzen zur Zielerreichung ermitteln
    3.2 Werte des Kommunikationskontextes ermitteln
    3.3 Hypothesengeleitete Ressourcen ermitteln
    3.4 Ressourcen aus eigenen und fremden Quellen
    3.5 Bisheriges Analyse- und Lösungsmuster der Selbstorganisation im thematischen Kontext
    3.6 Feedbacksystematik und Somatische Marker etablieren

Phase 4 Handlungskompetenz im systemischen Zielkontext festlegen
    4.1 Entwicklung und Entscheidung der Handlungsalternativen
    4.2 Handlungsabfolge festlegen (Handlungsplan)
    4.3 Potenzielle Probleme bei der Realisierung des Handlungsplans analysieren
    4.4 Ressourcen- und Handlungsplan aktualisieren
    4.5 Controllingmerkmale des Handlungsplans festlegen
    4.6 Nachhaltige Selbstorganisation sichern

Phase 5 Controlling
    5.1 Controlling des Handlungsplans
    5.2 Controlling der nachhaltigen Selbstorganisation

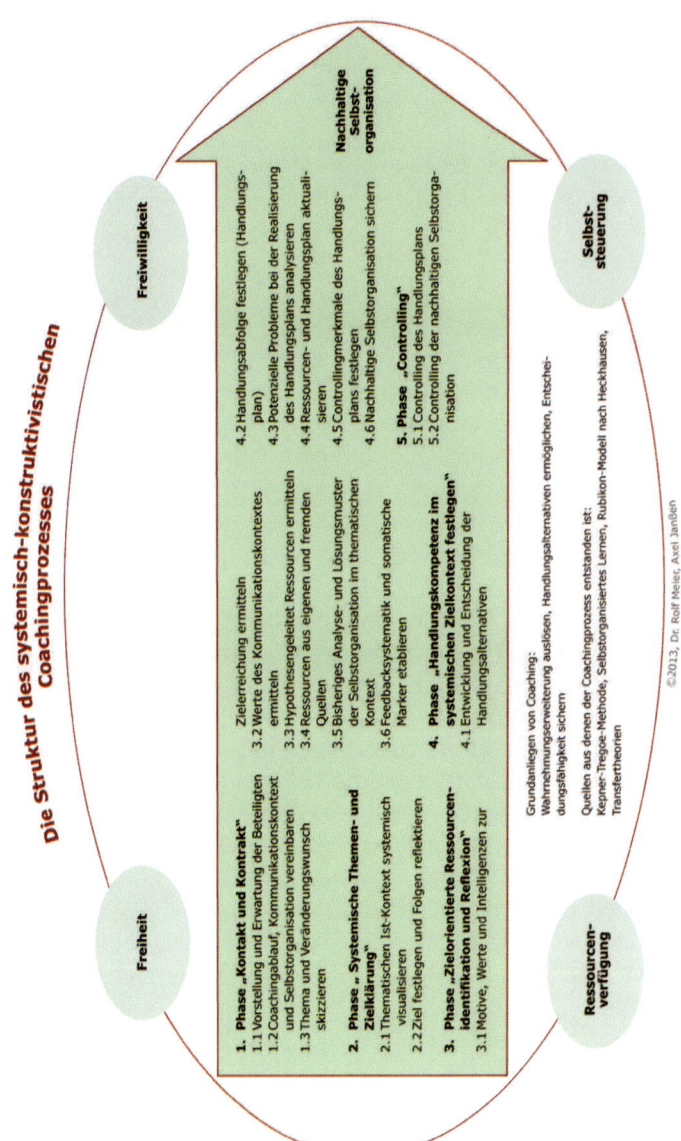

Die Struktur des systemisch-konstruktivistischen Coachingprozesses

Freiwilligkeit

Nachhaltige Selbstorganisation

Selbststeuerung

Freiheit

Ressourcenverfügung

1. Phase „Kontakt und Kontrakt"
1.1 Vorstellung und Erwartung der Beteiligten
1.2 Coachingablauf, Kommunikationskontext und Selbstorganisation vereinbaren
1.3 Thema und Veränderungswunsch skizzieren

2. Phase „Systemische Themen- und Zielklärung"
2.1 Thematischen Ist-Kontext systemisch visualisieren
2.2 Ziel festlegen und Folgen reflektieren

3. Phase „Zielorientierte Ressourcen-Identifikation und Reflexion"
3.1 Motive, Werte und Intelligenzen zur

Zielerreichung ermitteln
3.2 Werte des Kommunikationskontextes ermitteln
3.3 Hypothesengeleitet Ressourcen ermitteln
3.4 Ressourcen aus eigenen und fremden Quellen
3.5 Bisheriges Analyse- und Lösungsmuster der Selbstorganisation im thematischen Kontext
3.6 Feedbacksystematik und somatische Marker etablieren

4. Phase „Handlungskompetenz im systemischen Zielkontext festlegen"
4.1 Entwicklung und Entscheidung der Handlungsalternativen

4.2 Handlungsabfolge festlegen (Handlungsplan)
4.3 Potenzielle Probleme bei der Realisierung des Handlungsplans analysieren
4.4 Ressourcen- und Handlungsplan aktualisieren
4.5 Controllingmerkmale des Handlungsplans festlegen
4.6 Nachhaltige Selbstorganisation sichern

5. Phase „Controlling"
5.1 Controlling des Handlungsplans
5.2 Controlling der nachhaltigen Selbstorganisation

Grundanliegen von Coaching:
Wahrnehmungserweiterung auslösen, Handlungsalternativen ermöglichen, Entscheidungsfähigkeit sichern

Quellen aus denen der Coachingprozess entstanden ist:
Kepner-Tregoe-Methode, Selbstorganisiertes Lernen, Rubikon-Modell nach Heckhausen, Transfertheorien

©2013, Dr. Rolf Meier, Axel Janßen

3.15 Die Quellen des systemisch-konstruktivistischen Coachingprozesses

Der Begriff Prozess wird üblicherweise verwendet, wenn mit dem Begriff ein Verlauf, ein Ablauf, eine Abfolge aber auch ein Verfolgen einer Absicht gekennzeichnet werden soll. Der Coachingprozess im Verständnis des Selbstorganisierten Coachings ist ein feststehender Ablauf bzw. Verlauf. Feststehende Abläufe werden üblicherweise Methoden genannt. Der Coachingprozess ist eine Methode, die personenunabhängig ein Ergebnis generieren soll. Die nachhaltige Selbstorganisation im Sinne eines Selbstcoachings kann nur gelingen, wenn der Coachee im Grundsatz über dieselben Ressourcen verfügt wie der Coach.

Im Coaching geht es um die Veränderung einer Person oder mehrerer Personen. Diese Veränderung soll selbst- und eigenständig konzipiert sein. Wer dies tut, wird auch verstehen müssen, was er tut. Mit anderen Worten: Die Selbstveränderung ist immer mit der Auswahl und Bewertung der Veränderungsinhalte verbunden. Dies ist schlicht und einfach: lernen.

- Eine Quelle des Coachingprozesses ist in selbstorganisierten Lernabläufen der Pädagogik zu sehen (2: S. 370ff).
- Die amerikanischen Unternehmensberater KEPNER und TREGOE haben in einer Selbstanalyse festgestellt, dass ihr bewusstes Analysieren und daraus bewertendes Vorgehen für Lösungsansätze in einem immer wiederkehrenden Vierer-Schritt besteht (S. 25).
- Der Psychologe HEINZ HECKHAUSEN hat herausgefunden, dass Veränderungen nur dann eine große Chance zur Realisierung haben, wenn der Träger der Veränderungen einen festen und unerschütterlichen Willen hat, um das Ergebnis der Veränderung auch zu erreichen (S. 275).
- Aus den Transfertheorien wissen wir, dass Gelehrtes und Gelerntes immer in konkrete Anwendungssituationen *übertragen* werden muss. Das Transferieren ist aber abhängig von der Person (S. 213ff).

Der Coachigprozess als Methode ist aus diesen vier Quellen erwachsen. Er repräsentiert sie als Summe der Erkenntnisse aus den einzelnen Quellen.

3.16 Die Wirkungserwartungen im Coaching

Wer eine Schmerztablette einnimmt, hofft auf deren schmerzlindernde Wirkung. Bezieht sich das Hoffen auf die Ursachenbeseitigung des Schmerzes, auf die Schmerzbeseitigung oder auf beides?

Der Coachingprozess will auch Erwartungen an Wirkungen befriedigen. Als Prozess insgesamt will er ...
- die *Lösung* eines aktuellen Problems im Coaching,
- die Befähigung zum Selbstcoaching (nachhaltige Selbstorganisation) in vergleichbaren Themen in unterschiedlichen Kontexten.

Der Prozess hat darüber hinaus noch in den einzelnen Phasen und den Differenzierungen der Phasen Wirkinteresse. Ausführlich wird dies im Kapitel *Der konkrete Ablauf des Coachings – einzeln und im Team* beschrieben.

Die Tablette gegen Kopfschmerz ist ein Mittel, eine körperliche Beeinflussung, um den Schmerz zu lindern oder zu beseitigen. Das Mittel soll wirken.

Der Coachingprozess hat eine Reihe von Vorgehen und Anwendungen als Wirkmittel, die sowohl obligatorisch als auch als fest definierter *Mittelpool* anlassbezogen in vorgegebener Art und Weise zu nutzen sind. Siehe auch Kapitel *Ressourcen des Prozesses* in jedem Einzel-, Gruppen- oder Teamcoaching.

Die Konstruktion und Dramaturgie des Coachings auf der Basis der Theorie des Selbstorganisierten Coachings will, übertrieben formuliert, nichts dem Zufall überlassen, insbesondere nicht durch die Interpretation und Bewertung des Coachs.

Der Prozess als Methode mit seinen Wirkfaktoren soll auch vom Coachee, der Gruppe oder dem Team als geglückter Selbstversuch beabsichtigte Wirkung haben.

Wird der Einzelne, die Gruppe oder das Team nach dem Coaching durch einen Coach selbst zum Coach, gelten die gleichen Bedingungen der Coachingkultur.

3.17 Elevatorpitch und Coachingdefinition

Alltagsversion – Elevatorpitch
Ich möchte die Gelegenheit nutzen, Ihnen einen kurzen Überblick über ein Coaching bei mir zu geben. Was meinen Coaching-Ansatz auszeichnet, ist ein klarer Prozess, der auf den Werten Freiheit, Freiwilligkeit, Ressourcenverfügung und Selbststeuerung basiert.
Sie sind der Experte Ihres Themas. Deswegen liegt auch die Lösungsverantwortung bei Ihnen. Heute wissen Sie vielleicht noch nicht explizit, wie Sie Ihr Thema angehen sollen. Aber in den fünf Phasen des Coaching-Prozesses werden Sie Ihre eigene Lösung erarbeiten. Dafür sind die drei Coaching-Anliegen bedeutsam. Sie werden einen erweiterten Blick auf Ihre heutige Situation erhalten, neue Lösungswege entwickeln und sicherer Entscheidungen treffen können.
Im Coaching lösen Sie Ihr heutiges Thema und bekommen zugleich ein Werkzeug an die Hand, mit dem Sie in Zukunft ähnliche Veränderungswünsche selbstständig organisieren können.
Definition 1 –   Coaching ist ein methodisch geleiteter Selbstklärungsprozess, durch den eine zukünftige konkrete berufliche und/oder private Lebenssituation *in-der-Vorwegnahme* gedanklich gelöst und emotional gewollt wird.
Profi-Version
Meinem Coachingverständnis liegt ein systemisch-konstruktivistischer Coachingprozess zugrunde.
Durch diesen Prozess wird das Veränderungsthema des Coachees erfolgreich bearbeitet und eine nachhaltige Selbstorganisation ausgelöst.
Der Coachingprozess basiert auf den vier Werten Freiheit, Freiwilligkeit, Ressourcenverfügung sowie Selbststeuerung und verfolgt die folgenden drei Grundanliegen von Coaching:
• Wahrnehmungserweiterung auslösen
• Handlungsalternativen ermöglichen
• Entscheidungsfähigkeit sichern
Der gesamte Coachingprozess folgt einer klaren Struktur und verläuft in den folgenden fünf Phasen:
1. Kontakt und Kontrakt
2. Systemische Themen- und Zielklärung
3. Zielorientierte Ressourcenidentifikation und Reflexion
4. Handlungskompetenzen im systemischen Zielkontext festlegen

5. Controlling
Die Wirkungserwartung für den Gesamtprozess ist die Lösung des Themas und die nachhaltige Selbstorganisation des Coachees.

Definition 2 – Selbstorganisiertes Coaching beschreibt auf der Basis eines wertegeleiteten, empathisch-dramaturgischen Kontextes und mittels eines strukturierten Ablaufes, wie durch kreatives Selbst-Lernen die individuelle Entscheidungsfähigkeit als nachhaltige Selbstorganisation ausgelöst und gefördert wird.

3.18 Kreativität im Coaching

Kreativität entsteht aus einem motivalen starken Veränderungswunsch. Kreativität – definiert aus der Bedeutung *erschaffen* – meint, aus vorhandenen Ressourcen neue *Schöpfungen* zu ermöglichen.

Unser Gehirn ist für Kreativität bestens geeignet, muss es doch zum Überleben ständig *selbstgerichtete* Lösungen entwickeln. Unser Gehirn als selbstorganisierendes, lebendiges System kreiert die Lösungen aus sich selbst heraus. Es bedient sich seiner Ressourcen, indem es für zukünftige Situationen Lösungen erschafft.

Kreativität braucht als Grundlage den Veränderungsanlass, den emotionalen Vorteil der Veränderung, die Rahmenbedingungen, in denen neue Lösungen *willkommen* sind, und adäquate Ressourcen.

Kreativität kombiniert und verwandelt einzelne Ressourcen zu einer neuen, komplexen Identität, in der die einzelnen Ressourcen nicht mehr explizit wahrnehmbar sind.

Im Coachingprozess ist in diesem Sinne des Kreierens von Neuem an folgenden Abschnitten Kreativität des Einzelnen, der Gruppe oder des Teams gewollt erforderlich:

    Phase 2.1 – Der Übergang zwischen der Phase 3 der visuellen Aufstellung und der Zielformulierung
    Phase 2.2 – Bei der Betrachtung der Folgen des Ziels aus Sicht der Zielerreichungsmerkmale (Perspektivwechsel)
    Phase 4.1 – Bei der Entwicklung der Handlungsalternativen
    Phase 4.6 – Nachhaltige Selbstorganisation sichern

Der Einsatz von Kreativitätstechniken bzw. Kreativitätsmethoden, wie z.B. Brainstorming, Brainwriting oder Walt-Disney-Methode, kann den kreativen *Output* nicht nur beschleunigen, sondern auch erst ermöglichen. Kreativitätstechniken und -methoden sind besonders bei Gruppen- und Teamcoachings geeignet. Sie lösen Bewusstseins- und Wahrnehmungserweiterungen im Umgang mit Ressourcen für einen konkreten Lösungsanlass und seiner Lösung aus.

4 Die sechs Themenschwerpunkte des Management-Coachings

Die Kunden des Dienstleisters Coach kommen mit einem Bearbeitungs-/ Veränderungsthema aus einem spezifischen, individuell gedeuteten Bezugsrahmen. Dieser wird verbalisiert und so greifbar gemacht. Der Coachee, die Gruppe, das Team werden darin bestärkt, dass seine/ihre jeweilige Wahrnehmungswelt im Fokus steht und ausschlaggebend ist. Da zum Coaching auch die *Fakten des Kontextes* gehören und somit beachtet werden müssen, ist eine eindeutige Kontextfestlegung durch den Coachee, die Gruppe oder das Team nötig. Grundsätzlich sind darum folgende generelle Kontexte gegeben:

• beruflicher Kontext,
• privater Kontext,
• Lebenskontext.

Veränderungsthemen des Coachees haben immer einen thematischen Anlass in einem Schwerpunktkontext. Als systemischer Management-Coach wissen Sie um die Vernetzung *des Themas* in allen Kontextbereichen. Da immer eine Person mit ihrem persönlichen Thema zum Coach kommt, gilt es frühzeitig einen möglichen Tunnelblick im Sinne einer einseitig fokussierten Wahrnehmung auf das Thema aufzulösen. Die Wahrnehmung durch den Coachee, die Gruppe und das Team gilt immer dem Thema im kontextuellen Bezug.

Bearbeitungs- bzw. Veränderungsthemen von Führungskräften und Management können unbeschadet ...
• der betrieblichen Aufgabe, unterschiedlichen Funktionen und Intentionen,
• der juristischen Konstruktion dieser Berufswelt und
• der betriebswirtschaftlichen Grundausrichtung
in nachfolgende Grundthemen eingeordnet werden:

• Führung in all ihren Varianten,
• Konflikte mit sich und anderen,
• Work-Life-Balance,
• Visions- und Leitbildentwicklung,
• Selbstdarstellung und ihre Kommunikation,
• Veränderung in Organisationen und Marktstrukturen.

Ein Management, das Wissensdefizite hat, lässt sich beraten. Ein Management, das sich in der Auswahl von Lösungen *schwertut*, lässt sich coachen.

Jedes Thema, das dem Coach in der individuellen Sprache des Coachees, der Gruppe, des Teams zur Bearbeitung durch Coaching angeboten wird, kann in eines der sechs grundsätzlichen Themenbereich eingeordnet werden.

4.1 Beachtung allgemeiner kultureller Werte für Coaching in Haltung und Handlung

Die Kapitelüberschrift könnte auch lauten: Was kann der Coachee, die Gruppe, das Team und der Coach von FREIHERR ADOLPH FRANZ FRIEDRICH LUDWIG KNIGGE lernen?

FREIHERR ADOLPH KNIGGE hat sich in verschiedenen Disziplinen literarisch betätigt. Sein bekanntes und berühmtes Buch „Über den Umgang mit Menschen" erschien 1788. Es behandelt die beiden wichtigsten Themenfelder im Umgang mit Menschen:

- Taktgefühl und
- Höflichkeit.

Taktgefühl kann in unsere heutige Zeit übersetzt werden in ...
- Sensibilität für den anderen,
- Fingerspitzengefühl für das eigene situative Kommunikationsverhalten,
- respektvoller und wertschätzender Umgang mit anderen und
- Achtsamkeit mit sich selbst.

Höflichkeit kann in unserer heutigen Zeit interpretiert werden in ...
- Verhalten gegenüber anderen, das sich an Werten des gemeinsamen Kontextes orientiert und
- allgemeines Verhalten, das sich an sozialen Normen in einer Kultur orientiert.

Taktgefühl und Höflichkeit sind Teile der Umgangsformen im Miteinander und mit sich selbst.

Diese Umgangsformen sind Ausdruck von Werten in einer Gemeinschaft. Die kleinste Einheit so einer *Wertegemeinschaft für Umgangsformen* entsteht im Zweiergespräch. Egal ob unter Kollegen, Mitarbeitern und Führungskraft oder im Telefonat mit einem Kunden.

Im Coaching gilt es, die verschiedenen Wertewelten zu erkennen und daraus adäquates Verhalten und Werte beachtende Handlungen zu generieren.

Jede konkrete Handlung in Bezug auf eine oder mehrere Personen ist gleichzeitig *eingelagert* in das Verständnis der Gesamtkultur der Beteiligten.

4.2 Strukturelles und operatives Grundlagenwissen von Führung

Die wissenschaftliche Betriebswirtschaftslehre in Deutschland hat ihren Ursprung in der Leipziger Handelshochschule des späten 19. Jahrhunderts. Lange war der wissenschaftliche Untersuchungs- und Erkenntnisgegenstand der BWL thematisch fokussiert und linear in der Analyse und Bewertung. Der Mensch kam lange Zeit als betriebswirtschaftlicher Faktor nur eher am Rande der Betrachtung vor. Ab den 60er-Jahren änderte sich der Blickwinkel nun vermehrt auf den Mitarbeiter *Mensch* und dank der Forschung der St. Galler Universität auf das *System* Unternehmung.

Jedes Unternehmen ist bemüht, seine Einmaligkeit zu kommunizieren. So bleibt es bei fehlendem Standardisierungswillen der Beteiligten nicht aus, dass eine Vielzahl (und machmal auch Unzahl) von Begrifflichkeiten ein und dasselbe beinhalten. *Wording,* so scheint es manchmal, geht vor Klarheit und Stringenz.

Führungsausbildungen sind nicht einheitlich definiert, und ein Seminar für die Zielgruppe *Führungskräfte* ist deshalb noch lange kein Führungsseminar. Zudem sind viele Führungs- und Kommunikationsseminare eher *Benimm-Kurse.*

- Die acht Grundeinsichten der Führung dienen dazu, das Thema Führung in seiner abstrakten Vielfalt und Dimension zu erfassen. Führungskräfte der obersten und der oberen Führungsebenen in Unternehmen benötigen eine gedankliche Orientierung, die es ihnen erlaubt, jedwedes Unternehmen unter Führungsaspekten in *seiner Statik* zu verstehen – aber auch zu konstituieren.
- Die 14 Initiativpflichten der Führung einer Führungskraft sind abstrakt beschriebene Führungstätigkeiten nahe der operativen Ebene. Jede der 14 Initiativpflichten der Führung ist mit den Inhalten des thematischen Führungsbereiches zu füllen und zu besetzen. Siehe auch das Abstract *Führungswissen für den Führungsalltag.*

Führungswissen will Rahmenbedingungen für motiviertes und legitimiertes Handeln ermöglichen und Hebel für wirksames Führen sein. Führung endet nicht beim Mitarbeiter sondern beim zufriedenen Kunden.

4.2.1 Die acht Grundeinsichten des Führens

1. **Wie vieler Personen bedarf es, damit Sie von Führung reden?**
   - Selbstführung
   - Eigenführung
   - Fremdführung

2. **Führung als Überlaufsystem**
   - Aufgabenbereiche sind abgeleitet aus der „Urzelle"

3. **Führung und Zeit**
   - Zeitkapazität pro Mitarbeiter

4. **Führung und Situation**
   - Thematische Initiativen ergreifen

5. **Führung und Zusammenhalt**
   - Identifikation und Zukunftshoffnung

6. **Führung und Betriebswirtschaft**
   - Werteverzehr
   - Wertschöpfung

7. **Denk- und Handlungsstrategien der Führungskraft**
   - Vision
   - Mission
   - Ziel
   - Strategie
   - Maßnahme

8. **Politisch denken – systemisch handeln**
   - Jeden und alles im Handeln beachten

4.2.2 Die 14 Initiativpflichten des Führens

1. Auseinandersetzen mit der Zukunft

2. Motivation auslösen

3. Arbeitsabläufe planen

4. Führen mit Zielen

5. Entscheiden

6. Delegieren

7. Koordinieren

8. Organisieren und verbinden

9. Informieren und kommunizieren

10. Fördern und entwickeln

11. Mitarbeiterauswahl und -einsatz

12. Mitarbeiter-Schutz

13. Selbstentwicklung

14. Messen und bewerten

4.3 Führung als systemische, interaktive Kompetenz

Jeder Mitarbeiterplatz und jeder Arbeitsplatz eines Mitarbeiters, der als Führungskraft fungiert, ist im Sinne der zweiten Grundeinsicht der Führung *Führung als Überlaufsystem* aus der Urzelle *Geschäftsführung* abgeleitet.

Jedes Unternehmen – solange es nicht Monopolist ist – steht im Wettbewerb.

Aus Sicht des Marktes hat sich ein Unternehmen mit den vielfältigsten Themen einzeln aber auch mit ihren Interaktionen, Abhängigkeiten und deren Folgen auseinanderzusetzen.

Jeder von der Urzelle Geschäftsführung direkt oder indirekt abgeleitete Arbeitsplatz enthält in seinem Auftrag der konkreten Arbeitserledigung, die Komplexität und Vernetzung in seiner Dimension zu beachten und/ oder zu befolgen.

Alle Initiativen und Entscheidungen einer Führungskraft, die sich insbesondere bei den Mitarbeitern auswirken und auswirken sollen, sind unter dem Aspekt der Folgen zu bewerten. Mitarbeiter und Führungskräfte agieren und handeln nicht isoliert und losgelöst von der Umwelt.

Das St. Galler Management-Modell ist hier ein strukturierter Wegweiser in der Vielfalt der wesentlichen *Bestandteile* in der unternehmerischen Gesamtbetrachtung.

Die 22 Merkmale des Modells sind auf jeden Arbeitsplatz anwendbar, aber auch anzuwenden. Mit einem arbeitsplatznahen Wording im Sinne einer synonymhaften Übersetzung für den Mitarbeiter, die Gruppe oder dem Team, können die Beteiligten den systemischen Kontext erkennen und das eigene Handeln interagierend ausrichten. Die 22 Merkmale des Modells sind nicht zwingend an jedem Arbeitsplatz von Bedeutung. Würde jedem Arbeitsplatz *verordnet*, zwingend jedes Merkmal des Modells zu finden und zu bedienen, würde Führung zu systemtheoretischer Führung mutieren. Unternehmen gehorchen und entsprechen aber nicht *Systemtheorien*.

4.4 Management und seine vielfältigen Ausprägungen

Jeder wird die *ewigen Gesänge* der Generation kennen, vielleicht sogar mitsingen und der eine oder andere wird neue Lieder der Generationen komponieren.

Ja, *früher* war der Chef noch ein Chef – aber heute? Chefs sind ...
- Vorgesetzte
- Führungskräfte
- Teamleiter
- Projektleiter
- die erste oder die zweite oder die dritte Führungsebene
- Management
- Manager
- Leader
- Berichtsebene
- usw.

Es sind nicht nur viele Namen, Beziehungen und Begriffe mit und in vielen Bedeutungen. Je nachdem, wer was festlegt, bewertet oder erwartet, ist der Manager
- einmal der ideenlose Technokrat, der bürokratisch seine Aufgaben abarbeitet,

und einmal
- der kreative Leader, der Menschen begeistert und mitzieht und sein Geschäft meisterlich inszeniert, zum großen Beifall des staunenden Publikums.

Coaching im Management ist Coaching dieser Vielfalt an Möglichkeiten, Begrenzungen und Potenzialen. Im jedem Unternehmen herrscht eine andere Kultur des Miteinanders, in jedem Unternehmen werden Menschen in Positionen und Aufgabenstellungen unterschiedlich beschrieben.

Ideologen, Romantiker, Wissenschaftler und alle die anderen, die es gut meinen oder es *besser wissen,* was Management ist, obwohl sie es (wohl) nicht können, definieren Management von ihrem Blickwinkel aus. Als Coach bleiben Sie neutral und nur den Interessen der direkt Beteiligten zu Loyalität verpflichtet.

4.5 Grundthema 1 – „Führung in ihren Varianten"

Führung beschäftigt sich im Grundsatz mit der Initiierung, Bearbeitung und Umsetzung von Themen unter Beachtung betriebswirtschaftlicher, rechtlicher und ethischer Anforderungen und Bedingungen. Führung hat demnach zwei grundsätzliche Beeinflussungsbereiche:

*   Personen und
*   Strukturen.

Bei der Führung von Personen steht nicht der *glückliche Mitarbeiter* im Mittelpunkt, sondern die Wertschöpfungsfähigkeit des Mitarbeiters für den internen und/oder externen Kunden. Mitarbeiter sollten intrinsisch motiviert und mit auf entsprechenden Aufgaben bezogenen Fähigkeiten (Ressourcen) ihren Tätigkeiten nachgehen.

Bei der Führung von Strukturen geht es geht einerseits um ...
*   *rechtliche Organe* – und Organisationsstrukturen einer Unternehmung zur dauerhaften Aufrechterhaltung des Geschäftsbetriebes im Wettbewerb
und andererseits um ...
*   die Bereitstellung von Management-, Geschäfts- und Unterstützungsprozessen zur Be- und Abarbeitung der situativen Geschäftsvorfälle (9: S. 64-79).

Beide Führungsausprägungen orientieren sich an der gelingenden Wertschöpfung jedes Einzelnen, aber auch von Gruppen und Teams unter den betriebswirtschaftlichen Mindestanforderungen von Wirtschaftlichkeit, Produktivität und Liquidität.

Mitarbeiter und Führungskräfte – egal in welchem Bereich sie arbeiten oder welcher Hierarchiestufe sie zuzuordnen sind – werden immer und ausschließlich unter den Kontextanforderungen der thematischen Wertschöpfung für den Kunden ausgesucht, für den sie verantwortlich sein sollen.

Führung vollzieht sich also immer im strategischen Dreiklang von Aufgabeninhalt, Mitarbeiterqualifikation und Kundenzufriedenheit. Führung ist somit immer systemisch.

4.5.1 Die personale Führung von Einzelpersonen

Jeder Mitarbeiter – und bitte nicht vergessen: Auch Führungskräfte sind Mitarbeiter – ist schriftlich oder mündlich darüber informiert, welche Aufgaben in seinem Arbeitsbereich von ihm zu bearbeiten sind (Aufgabenprofil). Zur Aufgabenbeschreibung gehören in der Regel auch Hinweise auf Lang-, Mittel- und Kurzfristziele sowie zu verwendende Netzwerke innerhalb und außerhalb des Unternehmens und das Ausmaß von Entscheidungsbefugnissen.

Mit jeder Aufgabe sind bewusst oder unbewusst auch Anforderungen (Anforderungsprofil) beschrieben, denen der Positionsinhaber zu genügen hat.

Im Fähigkeitsprofil wird nun das Ausmaß der Anforderungserfüllung durch den Positionsinhaber beschrieben. Der selbstständige Mitarbeiter hat ausreichende Fähigkeiten im Sinne der Anforderungen.

Der unselbstständige Mitarbeiter genügt mit seinen Fähigkeiten einzelnen Aufgaben nicht, oder das Ausmaß der Fähigkeiten, gemessen an den Anforderungen, ist nicht ausreichend vorhanden.

Der verselbstständigte Mitarbeiter bearbeitet Aufgaben, die ihm nicht übertragen wurden.

Für die Führungskraft ist es im Sinne der wertschöpfenden Führung wichtig, diese Unterscheidung zu beachten.

Unselbstständige Mitarbeiter sind teuer, weil in der Regel die Arbeit zweimal bezahlt werden muss (Werteverzehr): Dem Mitarbeiter, der sie nicht bearbeitet und dem Mitarbeiter, der sie zusätzlich zu seinen Aufgaben erledigt. Problematisch ist der verselbstständigte Mitarbeiter (Organisationsterrorist), weil Führung nur reaktiv möglich ist.

Unbestritten ist der selbstständige Mitarbeiter der wertvollste Mitarbeiter im Sinne der Wertschöpfung – aber Vorsicht: Auch selbstständige Mitarbeiter sollen und wollen geführt werden.

4.5.2 Die Führung der Einzelperson in unterschiedlichen Organisationsstrukturen

Unternehmen waren, sind und werden immer gut *beraten* sein, wenn sie sich in ihrer Gesamtheit als Unternehmen aperiodisch überprüfen und infrage stellen, ob sie mit den Produkten, der Organisation, dem Personal und der Marktbearbeitung noch wettbewerbsfähig sind oder zukünftig sein werden.

Aber nicht nur diese vom Unternehmen angestoßenen *Häutungen* führen zu Veränderungen. Veränderungen werden im gleichen Maße durch den Markt (Kunden, Wettbewerber und Globalisierung) aber auch durch den nationalen und internationalen Gesetzgeber angestoßen.

Die Geschwindigkeit von notwendigen Veränderungen nimmt zu: Das einzig Beständige ist der Wandel. Übrigens eine Erkenntnis, die nicht neu ist. Veränderungen, Verknappung von fachlich versiertem Personal und Kostendruck lassen gewohnte und eingefahrene Bahnen nicht dauerhaft zu.

Mitarbeiter finden sich als Person in unterschiedlichen Strukturen wieder:

- als Inhaber eines individuellen Arbeitsplatzes,
- als Mitglied in einer Arbeitsgruppe,
- als Mitglied eines Teams.

Führungskräfte können nicht mehr überwiegend oder ausschließlich linear führen. Sie müssen sich in ihrem Führungshandeln unterschiedlicher Verhaltensweisen (Selbstorganisation von Ressourcen) fit machen und fit halten. Dieser systemische Aspekt der Führung und damit auch systemische Führungsleistung ist essenziell durch Coaching systemisch und systematisch analysierbar und durch entsprechend zu kreierende Handlungsalternativen im systemischen Zielkontext zu bearbeiten.

Die Anforderung an Führung, aber auch die berechtigten Erwartungen der Mitarbeiter an Führung werden komplexer, differenzierter, weil individueller. Führung nach dem Gießkannenprinzip geht nicht – schon lange nicht mehr.

4.5.3 Die personale Führung von Gruppen

Der Begriff *Gruppe* ist ein Ordnungsbegriff. Der Begriff bezeichnet eine feststehende Anzahl von Mitarbeitern mit den gleichen oder ähnlichen Arbeitsinhalten. Zwischen Mitarbeitern besteht jedoch keine Abhängigkeit im Sinne der wertschöpfenden Aufgabenbearbeitung. Beispiele hierzu:

- Eine Gruppe *Controlling* besteht aus Mitarbeitern, die jeder für sich mit Controllingaufgaben beschäftigt sind. In der Regel wird nicht jeder Mitarbeiter zu 100 % dieselben, sondern vergleichbare Aufgaben aus dem Themenkomplex *Controlling* erledigen.
- Eine Gruppe *Auftragsannahme Endabnehmer* besteht aus Mitarbeitern, die Aufträge von Endabnehmern nach einheitlichen Regeln bearbeiten. In Wahrheit ist ein Arbeitsplatz mehrfach dupliziert, um die Auftragsmenge verarbeiten zu können.

Wer unter diesen Bedingungen eine Gruppe pauschal führt, weil ...
- er die Arbeitsaufträge und Leistungsziele der Gruppe anhand von *gruppen-spezifischen* Controllingmerkmalen (Messen und Bewerten) nur als Gesamtleistungen überprüft, führt falsch;
- der Zusammenhalt einer Gruppe unter Führungsaspekten nur über Werte (Identifikation) geht, führt richtig;
- er einzeln und damit individuell auf der Basis von Aufgaben-, Anforderungs- und Fähigkeitsprofilen führt, führt richtig.

Im Unternehmen gibt es viele Gruppen – allerdings mit unterschiedlichen Begriffsbelegungen und Bedeutungen – so gibt es z. B. ...
- Gruppe, Gruppen- oder Abteilungsleiter oder Geschäftsführer.
- Abteilungsleiter oder Bereichsleiter oder Geschäftsführer sind auch Gruppenleiter. Hier wird der Gruppenbegriff als Ausdruck einer hierarchischen Position gesehen, während der Begriff *Gruppe Controlling* die inhaltliche Aufgabenbeschäftigung kennzeichnet.

4.5.4 Die personale Führung von Teams

Der Begriff *Team* ist auch ein Ordnungsbegriff und meint eine Gruppe von Mitarbeitern, die in einer besonderen Abhängigkeit zu- und untereinander stehen.

- Teams werden gebildet, wenn neue Aufgaben angepackt werden müssen, für die eine einzelne Person nicht über hin- und oder ausreichend differenzierte Kompetenzen verfügt. Die Abhängigkeit besteht in solchen Gruppen darin, dass erst durch das Zusammenführen der spezialisierten Kompetenzen Einzelner eine Gesamtkompetenz entsteht.
  Beispiel: Entwicklung neuer Produkte.
- Teams werden gebildet, wenn eine Aufgabe in ihrer Bearbeitung durch eine Person nicht möglich ist. Die Komplexität der Aufgabenbearbeitung nach Qualität und Quantität ist erst durch eine Vielzahl von unterschiedlich kompetenten Mitarbeitern möglich und/oder sinnvoll. Solche Arbeitsgruppen werden dann Teams genannt, wenn die einzelnen Mitarbeiter durch einen vorgegebenen Arbeitsablauf (Prozess) miteinander *unwiderruflich* verbunden sind.
  Beispiel: Fertigungsstraße im Automobilbau.

So wie der einzelne Mitarbeiter und jeder Mitarbeiter in einer Arbeitsgruppe als Grundlage für sein Handeln, aber auch für seine Führungskraft zum Führen, ein Aufgaben-, Anforderungs- und Fähigkeitsprofil benötigt – so ist dies auch für das Team in der Gesamtheit *und* für jeden einzelnen Mitarbeiter im Team erforderlich, um seinen Arbeitsbeitrag im Team und den Teamerfolg leisten und ermöglichen zu können.

- Teams können dauerhaft eingesetzt werden.
- Teams können anlassbezogen – also einmalig – gegründet werden.

Im Unternehmen sind mehr Positionsinhaber Teammitglied als es im ersten Begriffsangebot offenbar wird. Dazu zwei Beispiele:

- Eine Geschäftsführung oder ein Vorstand ist immer ein Team, weil die Aufgaben *der* Geschäftsführung oder *des* Vorstandes auf mehrere Fachspezialisten verteilt sind. Vorstand oder Geschäftsführung sind rechtlich ein Organ, das insgesamt konkrete Rechte und Pflichten hat.

* Betriebliche Teilfunktionen, die erst in der Summe ihrer individuellen Leistungen zu einer direkten Gesamtleistung werden, bilden konkret Teams.

4.5.5 Die strukturelle Führung als Gestaltung und Beeinflussung von hierarchischen Prozessen

Je höher eine Führungskraft in der Hierarchie angesiedelt ist, desto stärker wird sie sich mit grundsätzlichen Organisationsstrukturen des Aufbaus der Unternehmung beschäftigen. Je dichter eine Führungskraft am *operativen doing* angesiedelt ist, desto intensiver wird sie sich mit Prozessen (Arbeitsabläufen) beschäftigen.

> *Beides* – Die Aufbau- und die Ablauforganisation müssen *Hand in Hand* gehen und im wahrsten Sinne des Wortes *funktionieren*.

In der Betriebswirtschaftslehre gibt es den Satz: „Structure follows Strategy". Die Organisation eines Unternehmens muss dem strategischen Wollen oder der strategischen Identität des Unternehmens entsprechen.

> *Simpel auch gesagt* – Einfaches Geschäft = einfache Organisation. Differenziertes und komplexes Geschäft = differenzierte und komplexe Organisation.

Betrachtet man die am Markt funktionierenden Organisationsmodelle, ergeben sich zwei Grundausprägungen mit ihren vielen Varianten und Spielarten:

* Die funktionale Linienhierarchie
  ist eine Innenbetrachtung der Unternehmung. Sie ist überwiegend als Fremdkontrolle zu charakterisieren.
* Die Prozessorganisation
  stellt den Kunden in den Mittelpunkt und baut eher auf die Eigenverantwortung des Mitarbeiters, der Gruppe oder des Teams.

Alle Organisationsmodelle kommen ohne Hierarchie nicht aus. Mal ist sie sehr sparsam vertreten, wie bei der Prozessorganisation, mal ist sie intensiv vertreten, wie in der funktionalen Linienorganisation. In vielen Unternehmen sind beide Grundausprägungen der Organisationsmodelle anzutreffen. Aus Führungssicht gilt es, die Vielfalt der Möglichkeiten und die Vielfalt der Notwendigkeiten zu managen.

4.6 Grundthema 2 – „Konflikte mit anderen und mit sich"

Streit, Auseinandersetzung, Meinungsverschiedenheit, Konflikt, innere Unruhe ...

Unsere Sprache hat viele Begriffe, die die Suche nach der *richtigen* Lösung beschreiben. Es ist immer die Suche nach der kognitiven, eher faktischen Lösung oder der emotionalen Befriedigung einer eher das Wohlfühlen fördernden Lösung.

Im Alltag ist es die Suche nach einer Lösung mit der kognitiven und emotionalen Stabilität. Wie viel *Kognition* und wie viel *Emotion* und in welchem Verhältnis sie einer Lösung zugrunde liegen, ist abhängig von der Person oder den Personen. Beide Aspekte, *Ratio* und *Gefühl,* müssen in einem ausgewogenen Miteinander wahrgenommen werden – dann hat der Mensch/haben die Menschen die Chance auf den *Flow.* Dann ist er/ sind sie mindestens entspannt, vielleicht aber auch tolerant zu sich und anderen, bestenfalls überkommt ihn/sie ein Glücksgefühl.

Konflikte sind die intensivste Form der Auseinandersetzung, weil sie emotional sind, Abhängigkeiten aufzeigen und zumindest den ersten Anschein der Unversöhnlichkeit im Sinne der Unvereinbarkeit haben.

Unterschiede haben immer mit Werten zu tun. Werte sind Ausdruck der individuellen Bedeutungszuschreibung – Konstruktivismus pur. Die sogenannten fachlichen Auseinandersetzungen, fachlichen Meinungsverschiedenheit und fachlichen Konflikte sind nicht faktisch begründet – auch wenn es dem *ersten Anschein* nach so sein mag. Es sind die unterschiedlichen Deutungsmöglichkeiten und kontextbezogenen Interpretationen, die, auf welche Art und Weise (Konfliktlösungsmuster) auch immer, koordiniert werden müssen.

Diese Disharmonien im Arbeitsalltag treten vielfach auf, sind in vielen Fällen lösbar, sowohl in der Person als auch zwischen Personen, weil den *Streitwerten* eine Bedeutungsintensität zugewiesen wird, die mit der normalen Toleranz der Beteiligten *handhabbar* ist. Erst wenn in den Unterschieden wirklich wichtige identitätsstiftende Motive und Werte der jeweiligen Person und die wichtige Bedeutung der Folgen einer Einigung nicht (gefühlt) angemessen befriedigt werden, sind Unterschiede, insbesondere Konflikte, nicht schnell oder überhaupt nicht lösbar.

Konflikte in der Person oder Konflikte zwischen Personen sind nur lösbar, wenn es in der Person oder zwischen den Personen *Wertkonten* gibt, die grundsätzlich auf Dauer attraktiver sind, als der Wert des situativien Konfliktes.

Konfliktlösungsmuster nach Meier/Janßen

Anpassen

Erstarren

Flucht

Kampf

Unterordnung

Verstecken

Delegation an andere

Kompromiss

Konsens

4.7 Grundthema 3 – „Work-Life-Balance"

RICHARD DAVID PRECHT hat vor einigen Jahren ein vielbeachtetes Buch geschrieben mit dem Titel: „Wer bin ich und wenn ja, wie viele?"

Work-Life-Balance ist nicht allein und ausschließlich ein Synonym für eine austariertes Verhältnis von beruflichen und privaten Aktivitäten.

Im Coaching ist die private – ja fast intime – Person auf der Suche nach dem dauerhaften Zustand des Wohlbefindens als Person. Erst wenn dieser dauerhafte Zustand gefunden ist, kommt die Frage nach der Anschlussfähigkeit zu bestehenden Kontexten auf: Familie, Beruf, Unternehmen, Freundeskreis ...

Work-Life-Balance ist die Beschäftigung mit ...
- den zentralen, starken, angeborenen Motiven (intrinsisch),
- den identitätsstiftenden, gefühlsmäßig als geschützt empfundenen Werten,
- der zentralen Begabung (Intelligenzen nach GARDNER).

Diese drei Bereiche sind intellektuell auseinanderzuhalten, aber gefühlt erscheinen sie dem Coachee als Einheit, als dauerhaft verschmolzenes Phänomen des psychobiologischen Wohlbefindens.

Work-Life-Balance will nicht allein und ausschließlich herausfinden à la PRECHT: „Wer bin ich und wenn ja, wie viele?", sondern die Antwort auf die Frage entwickeln: „Wenn ich viele bin, wer will ich dauerhaft sein?"

Themen von Work-Life-Balance sind thematische Fragen nach dem Sinn des eigenen Lebens: die eigenen Spuren in die Zukunft.

In der Visionsentwicklung durch den Coachee und methodisch unterstützt durch ...
- Biografiearbeit oder
- Einsatz der Visionsbox oder
- der Visionsreise

gelangt der Coachee zu seiner Lösung – gefühlsmäßig erkannte und angestrebte Sinnhaftigkeit seines Lebens. Denn: Die Lösung liegt im Coachee."

4.8 Das Zehn-Felder-Modell

Modell der Einflüsse auf das psychobiologische Empfinden – Zehn-Felder-Modell

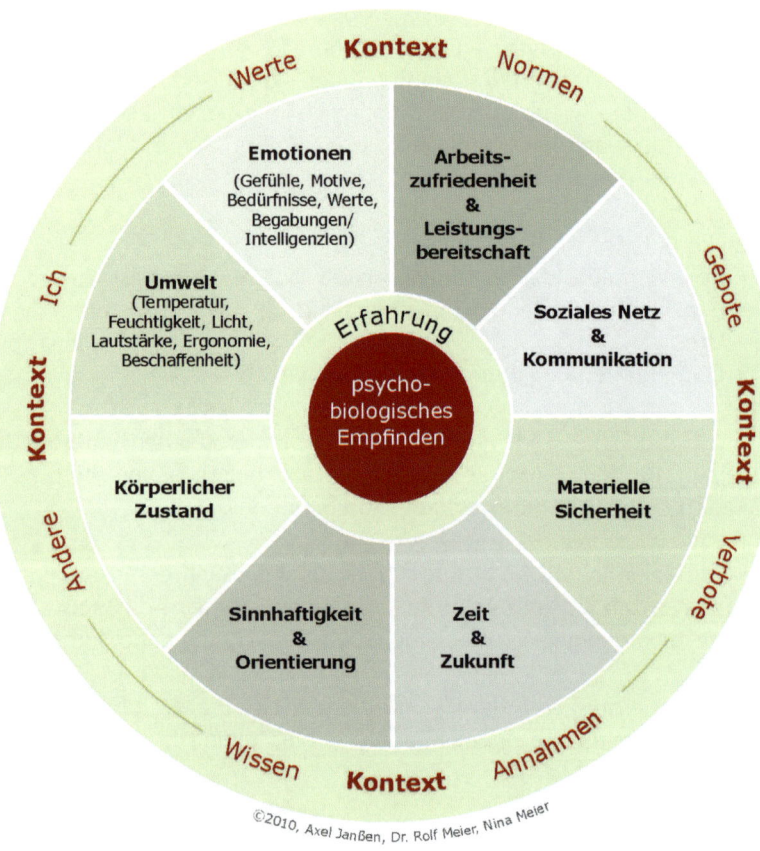

©2010, Axel Janßen, Dr. Rolf Meier, Nina Meier

4.9 Grundthema 4 – „Visions- und Leitbildentwicklung"

Business ist ein sachlich-fachliches, aber auch ein emotionales Geschäft. Im Marketing lautet die Frage: „Welchen emotionalen Mehrwert erhält der Kunde beim Kauf von Produkten und Dienstleistungen einer Unternehmung?" Viele Produkte unterscheiden sich nicht mehr signifikant – für was und bei wem soll der Käufer sein Geld lassen?

Aktionäre fragen nach der thematischen Emotion, die Vorstände oder Geschäftsführer besitzen und ausstrahlen sollten, wenn sie sich mit Überzeugung an der Unternehmung beteiligen wollen.

Banken fragen nach dem Businessplan, der nicht nur Auskunft über Sachlich-Fachliches der Unternehmung geben soll, sondern auch glaubhafte Hinweise und Belege darüber, ob das Unternehmen für die Zukunft gerüstet ist. Das Rüstzeug der Zukunft ist die *Story* – die angenehme und begeisternde Geschichte eines Unternehmens, die auszieht, um Kunden und Märkte zu erobern, aber auch Wettbewerber in Schranken zu halten.

Es ist immer das Thema der Motivation – denn Motivation ist die Energie, die antreibt, aber auch die Richtung des Handelns beeinflusst.

Eine Vision beschreibt die Erwartung einer maximalen Befriedigung der eigenen Bedürfnisse in einer unbestimmten Zukunft.

Ein Unternehmen, dessen Führungskräfte und Mitarbeiter nicht mit Leidenschaft handeln, ist austauschbar, verwechselbar – ja oft auch nicht *erkennbar*.

Eine Vision gebiert Temperament in der Sache und in der Situation.

So wie Motive uns antreiben – so haben Werte Einfluss auf unser Verhalten. Werte sind Orientierung für attraktives Verhalten. Ein Leitbild ist die Summe der zu Sätzen formulierten Werte eines Unternehmens, eines Bereichs oder einer Gruppe. Leitbilder dienen dem inneren und äußeren Miteinander.

Leitbilder sollen die Mitarbeiter des Unternehmens anregen, sich an den Werten des Marktes und der Kunden zu orientieren. Wer die Werte des

Kunden missachtet oder gar nicht im Angebot seiner Handlungen hat, wird wenig oder gar keinen Kontakt zum Kunden haben. CRM-Strategien des Unternehmes sind nichts anderes als Wertebeachtungen.

4.10 Grundthema 5 – „Selbstdarstellung und ihre Kommunikation"

Die Überschrift kann dazu verleiten zu glauben: „Nun geht es um Selbstdarsteller im Sinne seiner negativen Interpretation." Nein, es geht um die eigene Selbstdarstellung. Sich anderen gegenüber darstellen, vermitteln, kenntlich machen – sich und/oder im Kontext (Markt) sein Thema vermarkten. In vielen Bereichen eines Unternehmens gilt es im systemischen Kontext ...
- ein bekanntes inhaltliches Thema zur Akzeptanz im Unternehmen zu bringen;
- ein entschiedenes Thema zur Wirkung zu bringen;
- die eigene Funktion im Unternehmen neu darzustellen;

aber auch
- die eigene Karriere erfolgreich zu gestalten oder zu initiieren;
- Bewerbungen Erfolg versprechend zu konzipieren.

Marketing denkt vom Markt her und ist damit *ur-unternehmerisch*. Bedürfnisse des Marktes, der Marktteilnehmer kennen und befriedigen, ist das Geschäft von Marketing. Jeder im Unternehmen Tätige hat verschiedene *Märkte* (Kontexte), in denen er aktiv ist, und damit unterschiedliche Marktteilnehmer mit unterschiedlichen Bedürfnissen und Bedarfen. Marketing ist mehr als Werbung oder das Verteilen von Verkaufsprospekten.

PHILLIP KOTLER hat mit den sieben Ps die Struktur von Marketing definiert. Jedwedes Marketingverständnis basiert auf dieser Quelle, auch wenn das *Wording* teilweise abweichend ist ...
- product (Produktpolitik)
- price (Preispolitik)
- place (Distributionspolitik)
- promotion (Kommunikationspolitik)
- people (Kompetenz der Mitarbeiter)
- physical evidence (physische Merkmale und Signale der Dienstleistung)
- process (intern und extern sichtbare Prozesse der Marktbearbeitung)

Ein *Marketingcoaching* bedeutet, dass der Coachee weiß, was er will (Zielklarheit), aber nicht weiß, wie er es umsetzen soll (Strategie- und Handlungsunsicherheit).

4.11 Marketing ist die Führung vom Markt her

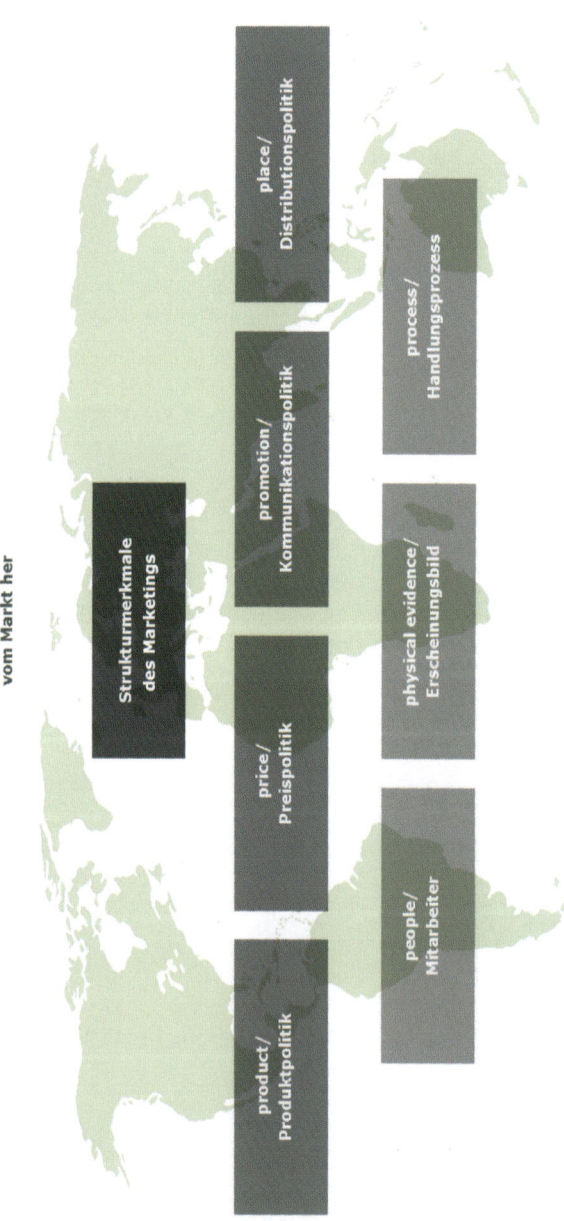

4.12 Grundthema 6 – „Veränderungen in Organisationen und Marktstrukturen"

Panta rhei – alles fließt, formuliert der Philosoph HERAKLIT und der erfahrene Unternehmer konstatiert: Das einzig Beständige ist der Wandel.

Es ist ein Naturgesetz, dass alles der Veränderung unterliegt. Manches ändert sich schnell oder dauernd – manches hat länger Bestand, wird aber auch *vom Wind der Gezeiten* verändert.

Unternehmen können in der Realität keine Monopolisten sein, die sich um Veränderung nicht kümmern müssen. Märkte ändern sich, Wettbewerber buhlen um dieselben Kunden. Produkte und Dienstleistungen sind in einer vermehrt globalisierten Welt immer öfter *Me-too*-Produkte.

Unternehmen müssen darauf reagieren – oder besser noch: aktiv gestalten, um in Gegenwart und Zukunft erfolgreich sein zu können. Mitarbeiter und Führungskräfte erleben diese Veränderungen *hautnah* in ...

- Versetzungen,
- Aufgabenveränderungen,
- Herab- bzw. Heraufstufung,
- Verkauf des Unternehmens,
- Auslagerung von betrieblichen Teilfunktionen,
- Vertragsänderungen,
- neuen oder veränderten Geschäftsprozessen.

Im Coaching geht es um ...

- den persönlichen Umgang mit Veränderungen im Sinne von Annahme und Umgang mit den Veränderungen;
- die persönliche Entscheidung von Arbeitsplatzveränderung im Unternehmen;
- die persönliche Entscheidung des Verlassens des Unternehmens;
- das Initiieren von Veränderungen in Organisationen und Marktstrukturen.

Systemisches Management Coaching erfasst diese Business-Thematiken.

5 Die 42 Einzelressourcen des Prozesses in jedem Einzel-, Gruppen- und Teamcoaching

Ein wichtiger Wert in der Konzeption Coaching *Nachhaltige Selbstorganisation* ist die Ressourcenverfügung. Ressource oder Ressourcen sind, abstrakt formuliert, Mittel, über die eine Person, eine Gruppe oder ein Team verfügt, aber auch die Quelle, aus der eine Person, eine Gruppe oder ein Team schöpfen kann. Konkret sind Mittel immer Fähigkeiten, Fertigkeiten, Wissensbestände, Geld usw. – also konkrete materielle oder immaterielle Bestände, die für das Denken und Handeln in einem Zusammenhang (Kontext) unabdingbar sind. Quellen sind in diesem Zusammenhang die *Depots* oder *Lagerbestände,* auf die eine Person, eine Gruppe oder ein Team zurückgreift, wenn es gilt, konkrete Mittel für sich selbst verfügbar zu machen. Ressourcenverfügung ist eine grundsätzliche Voraussetzung für die Entwicklung des eigenen selbstorganisierten Handelns. Selbststeuerung eines Einzelnen, einer Gruppe oder eines Teams ist nur möglich, wenn die Ressourcenverfügung gewährleistet ist.

Jeder Mensch erlernt im Laufe seines Lebens Ressourcen und ihren Gebrauch. Auf manche Ressourcen greift ein Mensch in vielen oder allen Kontexten zurück. Für manche Kontexte sind kontextabhängige Ressourcen notwendig. Vielleicht im wahrsten Sinne notwendig, weil sie zum Wenden einer Not benötigt werden: Ressourcen als Bedingung des Wandels.

Menschen, die in einem Team oder in einer Gruppe leben und/oder arbeiten, werden die individuelle und gemeinsame Zufriedenheit nur realisieren können, wenn sie individuell und/oder gemeinschaftlich über Ressourcen verfügen, die aktiv in das individuelle und gemeinschaftliche Verhalten eingebracht werden können. Dies ist positiv formuliert. Es gibt auch Ressourcen beim Einzelnen, aber auch im gemeinschaftlichen Agieren, deren Nutzung und Verwendung dieser Ressourcen nicht zum gewünschten Erfolg oder zur gewünschten Befriedigung führen.

Für das Gelingen eines Einzel-, Gruppen- oder Teamcoachings bedarf es solcher Ressourcenverfügung und des Erkennens hilfreicher, förderlicher aber auch hinderlicher Ressourcen. Dies gilt in erster Linie für den Einzelnen, aber auch für die Gruppe und für das Team und seine Mitglieder, aber auch genauso für den Coach.

Die Ressourcen beziehen sich einerseits auf das Gelingen des Coachingprozesses, andererseits auf das Gelingen individueller und gemeinschaftlicher (Ver-)Änderung. Bei der Identifizierung grundsätzlicher Ressourcen für das Einzel-, Gruppen- oder Teamcoaching ist sowohl die aktuelle Durchführung des Coachings als auch die Ressourcenverfügung für die nachhaltige Selbstlernkonzeption im Fokus zu halten.

Nachfolgend sind die wichtigsten Ressourcen aufgelistet und erklärt, damit der Coach den Inhalt des Ressourcendepots für den Prozess kennt und möglichst effektiv und effizient verwendet. Die Ressourcen werden unterschieden in strukturelle Ressourcen und Einzelressourcen. Beide Ressourcenarten werden auf Basis einer legitimierten Hypothesenbildung als Reflexionsangebot auf Abstraktionsebene in der Phase 3.3 eingesetzt. Hier will das Reflexionsangebot das Erkennen und Benötigen von Einzelressourcen für die Zielerreichung bewirken. Ressourcen lassen sich in der Phase 3 des Coachingprozesses zweimal verwenden ...

(a) als gesammeltes Angebot einzelner Elemente einer Thematik auf Abstraktionsebene und werden in 3.3 angeboten;

(b) als Bedeutungszusammenhang in der Phase 3.6, die als Feedbacksystematik bei der Erstellung von Handlungsalternativen in der Phase 4.1 genutzt wird.

1 – Theorie vom Selbstorganisierten Coaching
Die Theorie ist für den Coach verbindliches Wissen und Können im Sinne des Ausdrucks seiner Handlungskompetenz als Coach. Im Sinne der nachhaltigen Selbstorganisation sollten der Coach, der Coachee, die Gruppe und das Team die Möglichkeit bekommen, sich mit der Theorie vertraut zu machen. Dies kann unkompliziert mit dem Hinweis auf die Homepage der www.hamburger-schule.com erfolgen: www.hamburger-schule.com. Grundsätzlich ist die Theorie im Bereich der fachlich-methodischen Kompetenz innerhalb des Kompetenzmodells zu sehen. Vorsorglich sei darauf hingewiesen, dass die Theorie als Ressource nicht im Coachingprozess angeboten wird.

2 – Der Coachingprozess
Der Coachingprozess dient als organisatorischer Rahmen für den Coachee, die Gruppe oder das Team und damit jeder Person, die methodisch von der Selbstanalyse zur Selbstorganisation von Handlungsalternativen für zukünftige Erfolge geleitet werden will. Die in

den einzelnen Phasen im Coachingprozess angelegten Wirkfaktoren und Wirkungserwartungen müssen im Sinne der Handlungskompetenz vom Coach situativ und vom Einzelnen, der Gruppe oder dem Team im Sinne der nachhaltigen Selbstorganisation beherrscht werden. Somit ist nicht nur der Coach Diener des Prozesses, sondern auch der Einzelne, die Gruppe oder das Team in seinem/ihrem zukünftigen Selbstcoaching. Der Coach hat damit auch eine *Ausbilderfunktion*. Angelegt im Prozess ist dies sowohl in der Phase 4.1 (Initiieren der Selbstorganisation) als auch in der gesamten Phase 5 des Prozesses. In der Phase 3.6 kann der Coachingprozess nicht als strukturelle Ressource angeboten werden, um bei der Entwicklung von Handlungsalternativen in der Phase 4.1 als Orientierung eines thematischen Bedeutungszusammenhangs zu dienen. Wohl aber in der Phase 4.1 und der Phase 5, die auch im Sinne der Entwicklung der nachhaltigen Selbstorganisation des Coachees, der Gruppe und des Teams genutzt werden. Der Coachingprozess ist in den Bereich fachlich-methodische Kompetenz des Kompetenzmodells einzuordnen.

3 – Wirkungserwartung des Prozesses
Coaching wirkt. Coaching wirkt in der Bearbeitung des aktuellen Veränderungsthemas und es wirkt für die nachhaltige Selbstorganisation des Coachees, der Gruppe oder des Teams. Coaching soll als bereitgestellter Organisationsrahmen in seinen jeweiligen Phasen für die eigene Veränderung (Lernen), Wirkung zur Analyse des Veränderungsthemas und Wirkung für zu kreierende Handlungsalternativen bereitstehen. Die Erwartung an diese Wirkung wird ...
• durch den deduktiven und induktiven Verlauf des Prozesses und
• durch die fixen und variabel genutzten Wirkfaktoren ermöglicht.

4 – Hypothesenbildung
Die Hypothesenbildung anhand von Modellen, Theorien und Axiomen will erreichen, dass der Coach keine Möglichkeit wahrnehmen soll, aus seiner individuellen Berufs- und Lebenserfahrung dem Coachee, der Gruppe oder dem Team Reflexionsangebote zu machen (induktive Vorgehensweise).
Die Hypothesenbildung und die daraus abgeleitete Ressourcenermittlung für die Zielerreichung ist eine deduktive Vorgehensweise.

5 – Perspektivwechsel
Der Anlass für ein Coaching unterstellt, dass der Coachee, die Gruppe oder das Team aus eigener Kraft keine befriedigende Zukunftslösung für eine notwendig erkannte Handlungskompetenz entwickeln kann. Der Coachee, die Gruppe oder das Team „kommt" zum Coach mit der gescheiterten Lösung. Coaching ermöglicht, das bisherige Diagnose- und Lösungsmuster zu hinterfragen: Infrage zu stellen, indem der Coachee, die Gruppe, oder das Team die Situation durch den Perspektivwechsel der Betrachtung und der Bewertung neue Erkenntnisse erhält.

6 – Fragen
Fragen dienen den Wirkungserwartungen der einzelnen Prozessphasen. Insofern liegt das Fragenstellen nicht im Belieben des Coachs. Die Fragen müssen sich an den Fakten des Kontextes orientieren und unterliegen oft einer bestimmten Fragemethodik, die von der jeweiligen Wirkungserwartung bestimmt ist. Fragen werden in allen Phasen des Coachingprozesses eingesetzt.

7 – Kritische Erfolgsfaktoren
Nicht nur der Coachee, die Gruppe oder das Team soll sich controllen, sondern auch der Coach. Ihm als Verantwortlichen und Diener des Prozesses ist ein Höchstmaß an Handlungskompetenz abzuverlangen. Seine Handlungskompetenz speist sich wie bei allen anderen Handlungskompetenzen im spezifischen thematischen Kontext aus den vier anderen Kompetenzbereichen. Die kritischen Erfolgsfaktoren beschreiben *worauf* es anhand einzelner Ressourcen aus den vier Kompetenzbereichen ankommt.
Werden diese Faktoren des Erfolgs nicht angemessen beachtet, kann der mögliche Erfolg ausbleiben. Die kritischen Erfolgsfaktoren dienen dem Coach als bewusste Vorbereitung auf das Coaching – hier insbesondere auf die Phase 1 des Prozesses – aber auch als strukturelle Ressource für sein Controlling des Gesamtprozesses und der notwendigen Abschlussbewertung.

Modell der kritischen Erfolgsfaktoren des Selbstorganisierten Coachings

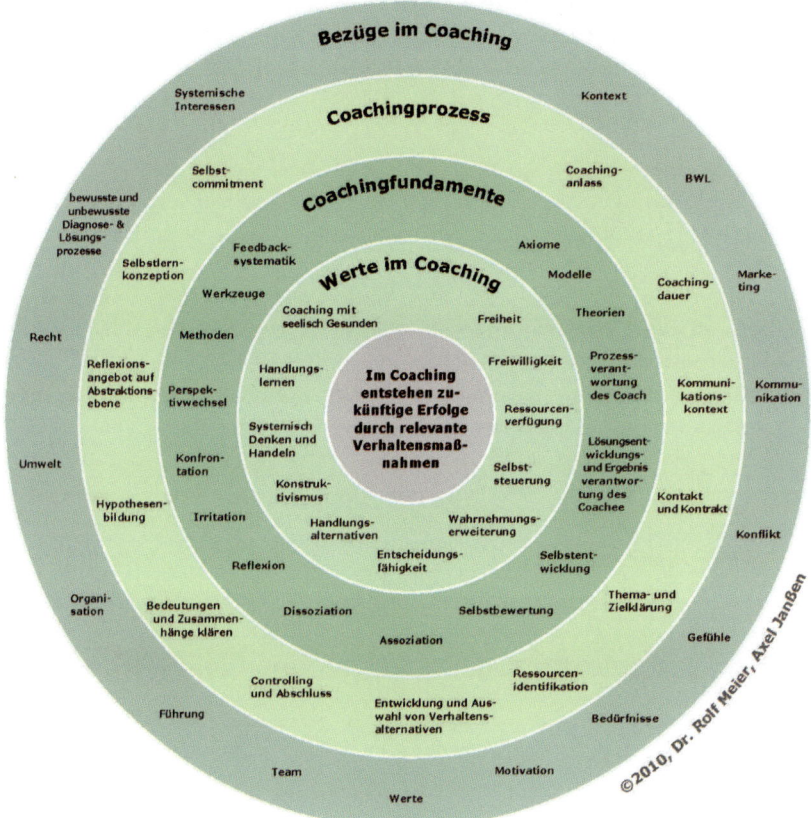

8 – Fakten des Kontextes

Im Coaching geht es immer um das Erkennen von Freiheitsgraden des Handelns. Philosophisch betrachtet ist Unfreiheit nicht der Gegensatz von Freiheit, sondern Chaos. Freiheit ist nur zu erkennen anhand von Freiheit innewohnenden thematischen Grenzen. Die Fakten dieses Kontextverständnisses sind seine Begrenzungen. Der Coachee kommt aus einem Kontext und will in der Regel, wenn auch verändert, in ihm bleiben. Das Coaching ist auch ein Kontext mit Fakten (Unabänderlichkeiten). Wenn der Coach Kenntnisse über die

Fakten des Kontextes seines Coachees verfügt, kann, darf und muss er diese (eventuell) in das Coaching – egal in welcher Phase – einbringen. Dieses Einbringen der Fakten dient nicht nur der Wahrnehmungserweiterung (Phase 2.1, Teil 1 und 2), sondern auch als Orientierung für den Coachee, die Gruppe oder das Team bei der Entwicklung von Handlungsalternativen (Phase 3.6, 4.1) und der Analyse potenzieller Probleme (Phase 4.3).

9 – Taxonomiestufen
Das Coachingverständnis auf der Basis der Theorie vom Selbstorganisierten Coaching erwartet die nachhaltige Selbstorganisation durch den Coachee, die Gruppe oder des Teams. Sich selbst angemessen coachen zu können, setzt aber Handlungskompetenz voraus. Insofern ist der Coachingprozess Gegenstand des Lernens. Die vier kostruktivistisch-systemischen Taxonomiestufen beschreiben Fähigkeiten und Fertigkeiten des Lernens, aber auch die Handlungskompetenz unter dem Aspekt der jeweiligen Taxonomiestufe.

Taxonomiestufen

1. Faktisch richtiges Wissen

2. Kontextbezogenes Anwenden von Wissen

3. Reflexion systemischen Agierens

4. Konstruktivistischer Kontexttransfer

10 – Das Kompetenzmodell
Das Kompetenzmodell ist eine strukturelle Ressource. Es dient der systematischen Identifikation von Teilressourcen hauptsächlich in der Phase 3 des Prozesses. Die Phase 3.1 schreibt die Ressourcensuche nach Motiven, Werten und Intelligenzen vor. Die besondere Betonung der Suche nach diesen persönlichen Kompetenzen liegt in ihrer grundsätzlichen Wichtigkeit begründet – ähnlich den Kosten, die fixen Charakter haben. Die Besonderheit der Suche hängt mit der gro-

ßen Bedeutung dieser Ressourcen bei der Entwicklung/Entstehung von Entscheidungen zusammen. Mittels des Kompetenzmodells wird die Aufmerksamkeit durch die systematische Suche nach Ressourcen ausgelöst. Der Coach bietet das Modell als grundsätzliche *Vorgabe* bei der Suche nach Ressourcen an. Der Einzelne, die Gruppe oder das Team wird es beim Selbstcoaching verwenden müssen.

Das Kompetenzmodell dient aber auch als Reflexion für den Einzelnen, die Gruppe und das Team in der Situation, aber auch später im Selbstcoaching als Vergleich von *vorher-nachher*. Am Beginn eines Coachings verfügt der Coachee bzw. das einzelne Gruppen- oder Teammitglied, aber auch das gesamte Team über eine *IST-Kompetenz*, die durch das Coaching in eine *SOLL-Kompetenz* gewandelt werden soll.

Das Wissen um die Bestandteile, den Einsatz im Kontext, das Reflektieren darüber und der konstruktivistische Kontexttransfer des Modells dürfen in der praktischen Anwendung nicht den Blick verstellen, dass Einzelne, die Gruppe oder das Team durchaus im Umgang mit ihm Schwierigkeiten haben könnten. Die *Schwierigkeit* liegt in seinem Abstraktionsgrad. Im Sinne der sozio-kommunikativen Kompetenz des Coachs kann es ratsam sein, dieses Modell nicht allein und ausschließlich bei der Suche nach Ressourcen einzusetzen. Der Coach muss durch die hypothesengeleiteten Reflexionsangebote sicherstellen, dass der systematischen Suche nach Ressourcen in Orientierung am Kompetenzmodell genüge getan wird. Alle dem Coach zur Verfügung stehenden Modelle, Theorien und Axiome zur Bildung von Reflexionsangeboten auf Abstraktionsebene, entsprechen den Segmenten fachlich-methodische Kompetenz, sozio-kommunikative Kompetenz und persönliche Kompetenz. Für den Bereich der Feldkompetenz gibt es keine Modelle, Theorien oder Axiome, die für eine Hypothesenbildung geeignet sind. In diesem Fall muss der Coach über die *Definition Feldkompetenz* faktisch informieren, so dass sich der Einzelne, die Gruppe und das Team insgesamt auf die Suche von Ressourcen begibt.

Das Kompetenzmodell kann, wie jedes andere angesprochene Modell, jede Theorie oder Axiomatik als strukturelle Ressource in der Phase 3.6 eingesetzt werden.

Die Anwendung des Kompetenzmodells bedeutet im Sinne der vier Lernstufen (Taxonomiestufen) für den Coach, dass der Einzelne, einzelne Gruppen- und Teammitglieder und die Gesamtgruppe sowie das Gesamtteam zum Nachdenken, zum Offenbaren, zum Suchen animiert werden, um Begriffe in ihrer faktischen Definition und deren Bedeutung im Kontext festzulegen. Die persönliche Kompetenz beschreibt abstrakt, dass sie aus Motiven, Werten und Intelligenzen besteht. Der einzelne Mensch verfügt darüber. Welche sind es also konkret oder genau? In welchen Kontexten werden sie angewandt oder verwendet. Was bedeutet die Anwendung, auch unter dem Gesichtspunkt der Anwendung im Kontext? Gibt es förderliche oder hinderliche Ressourcen (Motive, Werte und Intelligenzen) im Bereich der persönlichen Kompetenz, wenn es um die Bearbeitung eines spezifischen Themas in einem Kontext geht? Im Teamcoaching geht es um die Identifikation dieser bewerteten Ressourcen, sowohl aus Sicht der Gesamtgruppe als auch des Gesamtteams. Aristoteles wird die Aussage zugeschrieben: „Das Ganze ist mehr als die Summe seiner Teile." Im Teamcoaching ist sicherlich das Team im Sinne der aristotelischen Formulierung das Ganze. Was ist aber das *Mehr* im Teamcoaching und wie entsteht es?

Die so vorgenommene Betrachtung der persönlichen Kompetenz unter dem Aspekt der vier Lernstufen wird die Gesamtgruppe und das Gesamtteam auch auf die sozio-kommunikative, fachlich-methodische und Feldkompetenz übertragen müssen, um Erkenntnisse aus *einem Guss* für die Handlungskompetenz der Gruppe und des Teams gewinnen zu können.

Diese exemplarische Betrachtung einer konkreten Ressource unter dem Aspekt der vier Lernstufen gilt es auf jede infrage kommende Ressource im Coaching anzuwenden. Die vier Lernstufen (Lerntaxonomien) sind in den Bereich fachlich-methodische Kompetenz des Kompetenzmodells einordbar.

11 – St. Galler Management-Modell

Das St. Galler Management-Modell dient ausschließlich zur Wahrnehmungserweiterung in der Phase 2.1, der visuellen Aufstellung. Die 22 Merkmale des Modells werden dem Coachee einzeln mit der geschlossenen Frage gestellt: „Hat Ihr Thema ... mit dem Merkmal ... zu tun?" Verneint der Coachee die Frage, wird das nächste Merkmal des Modells mit derselben Frage angeboten. Grundsätzlich werden alle 22 Merkmale zur Wahrnehmungserweiterung angeboten. Beantwortet der Coachee die Frage mit *ja*, so folgt die nächste Frage, die das Faktische aus der Sicht des Coachees abfragt: „Was genau?"

oder: „Was ist darunter konkret/faktisch zu verstehen?" Ist diese Frage auch beantwortet, so folgt die Frage: „Und was bedeutet dies für Ihr Thema?" Mit dem Angebot der 22 Merkmale des Modells zur Reflexion: „Besteht ein selbstgedeuteter Zusammenhang meines Themas mit dem Merkmal?", ermöglicht der Prozess diese Wahrnehmungserweiterung. Die Wahrnehmungserweiterung erfolgt also nicht als eine Frage oder ein Denkangebot aus der bewerteten Analyse des Coachs (entspricht dem autoritären Vorgehen), sondern aus der Deduktion eines Modells, das eine Wirklichkeit abbilden will. Das St. Galler Management-Modell will die grundsätzlichen Strukturmerkmale des Zusammenhangs der Unternehmenswelt darstellen.

Das St. Galler Management-Modell eignet sich zur Wahrnehmungserweiterung besonders gut, wenn das zu bearbeitende Thema des Coachees im Verständnis *fachlich-beruflich – Arbeitsalltag –* angesiedelt ist. Das St. Galler Management-Modell wird in der visuellen Aufstellung der Phase 2.1 ausschließlich eingesetzt.

Das neue St. Galler Management-Modell

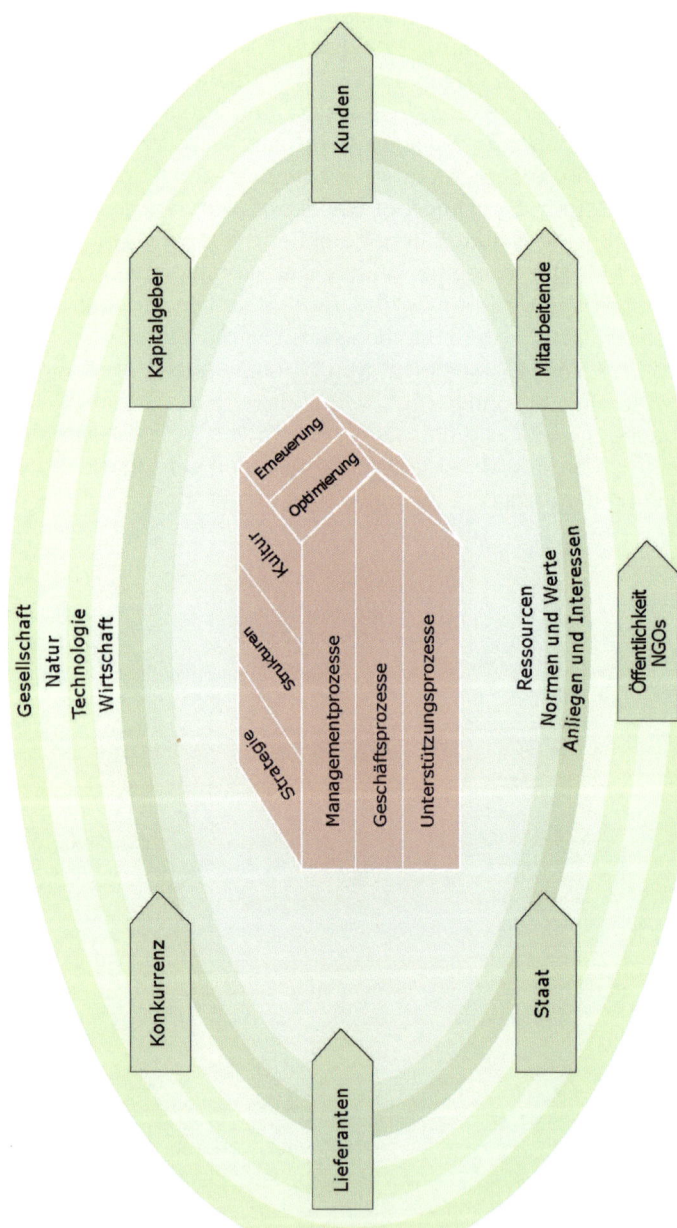

St. Galler Management-Modell (SGMM)

12 – Zehn-Felder-Modell

Das Zehn-Felder-Modell ist aus verschiedenen Modellen und Quellen zusammengesetzt (MASLOW, HERZBERG, die fünf Säulen der Identität, Somatische Marker, Motive, Werte, Intelligenzen). Das Modell ist in seiner Vielfalt der Einzelteile besonders gut geeignet für eine Wahrnehmungerweiterung in persönlich-individuellen Themen. In der Regel werden es Themen im Zusammenhang mit *Work-Life-Balance* sein. Die acht Themen der Tortenstücke, die Erfahrung und der Kontext werden als Begriffe zur Wahrnehmungserweiterung angeboten. Das Angebot und das damit einhergehende Frageverfahren ist gleich wie beim St. Galler Management-Modell. Das *Zehn-Felder-Modell* wird in der visuellen Aufstellung der Phase 2.1 ausschließlich eingesetzt.

13 – TZI-Modell

Das TZI-Modell stammt von RUTH COHN, die es im Rahmen ihrer familientherapeutischen Arbeit kreiert hat. Das Modell geht von *Störungen* in einer Gruppe aus, also zwischen Menschen.

Das Modell ist besonders dafür gut geeignet, Konflikte mit anderen Personen im Sinne von diagnostischen Lösungsmöglichkeiten *zu erweitern*. COHN meinte mit Globe das Umfeld. Im Coaching ist es der Kontext, in dem sich ein *Thema* und ein *Wir* und ein *Ich* befinden. Der Coachee hat als Bestandteil einer Gruppe/eines Teams oder einer Paarung einen Konflikt oder eine Meinungsverschiedenheit mit einer Person oder mit Gruppenmitgliedern. COHN meinte mit dem *Wir* immer die oder den anderen in der Gruppe/dem Team, äußere Konflikte oder Meinungsverschiedenheiten. Es gibt aber auch innere Konflikte. Im Inneren gibt es natürlich keine Personen, aber Werte, die im Inneren einer Persönlichkeit ringen. Ersetzen Sie das *Wir* bei äußeren Konflikten durch *Werte* bei inneren Konflikten. Es werden die Begriffe Kontext und die sechs Sätze der sechs Pfeile angeboten. Einen ganzen Satz anzubieten, bedarf einer gewissen Übung, da es zunächst etwas gewöhnungsbedürftig ist, z.B. die Frage zu stellen: „Hat das Thema ... mit ... unseren Möglichkeiten und Grenzen, das Thema zu bearbeiten, ... zu tun?" Bei einer *durchgestylten* dramaturgisch-rhetorischen Fragetonalität mit kurzen Pausen im Fragesatzbau, führt dies zu überraschenden *Erweiterungen*. Das TZI-Modell wird in der visuellen Aufstellung der Phase 2.1 ausschließlich eingesetzt.

Das MVWK-Modell 6 beschreibt den inneren Wertekonflikt.

Das TZI-Dreieck im Globe

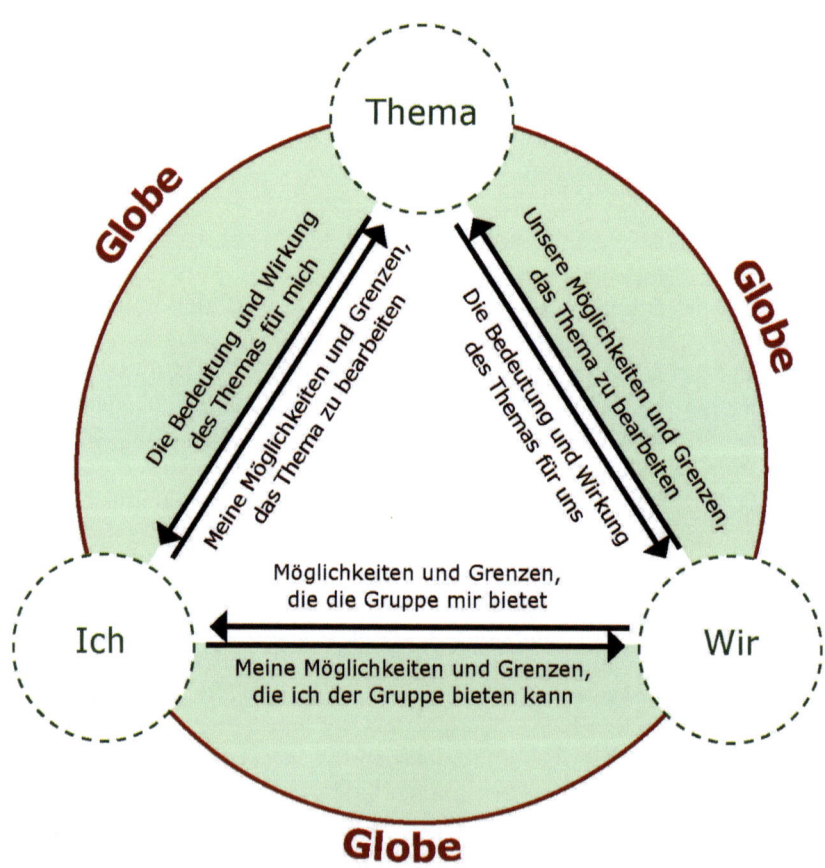

TZI-Modell nach Ruth Cohn

14 – *„Rubikon-Modell" von* Heckhausen

Im Coaching geht es um die Entwicklung von Handlungsalternativen, die zur Erreichung „einer besseren Handlungskompetenz" genutzt werden. Gleichwohl muss dem Coachee die „Ernsthaftigkeit" seines Veränderungswunsches im Sinne eines unumkehrbaren Zustands in der Zukunft bewusst sein und von ihm mit festem Willen realisiert werden. Diese Ernsthaftigkeit der Folgenakzeptanz entspricht dem Gedanken des Rubikon-Modells. Das Überschreiten des Flusses Rubikon war für die Überquerer mit dem Ausschluss der Umkehr verbunden: „No way back". Ausdruck dieser Ernsthaftigkeit findet sich wieder in der Zielfomulierung in Futur 2, als Beschreibung einer unumkehrbar eingetretenen Zukunft (Phase 2.2). Es ist aber nicht immer sicher, ob Menschen wirklich wissen und wissen wollen, wohin sie streben und ob ihnen klar ist, was sie verlassen.

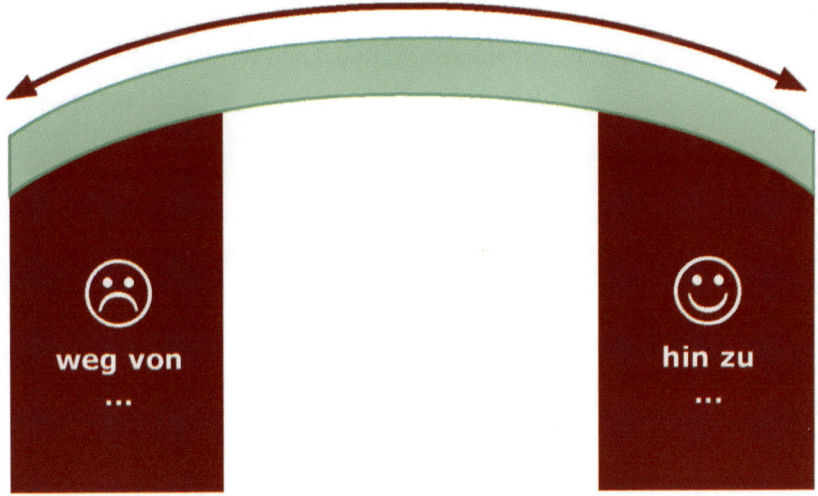

15 – Psychobiologisches Wohlbefinden als Folge der Veränderung
Alle Entscheidungen des Coachees, der Gruppe oder des Teams mit den damit verbundenen Folgen *überprüft* das jeweilige Gehirn auf Verträglichkeit des Selbsterhaltes. Da Entscheidungen maßgeblich emotionalen Bedingungen folgen, ist es auch nicht verwunderlich, wenn die Folgen einer Entscheidung emotional angenehm sein sollen.

16 – Zielkomponenten
Die Merkmale eines Ziels unterscheiden sich im Coaching erheblich von der Vorstellung des Ziels im Geschäftsleben und damit von den diesem Zielverständnis innewohnenden Merkmalen. Das Ziel im Coaching beschreibt ausschließlich die Veränderung des Coachees, der Gruppe oder des Teams. Im Business beschreiben Ziele betriebswirtschaftliche, rechtliche und ethische Aspekte der Veränderung von Strukturen, Produkten und Menschen. Ziele im Geschäftsleben beschreiben immer Interessen des Unternehmens als Ausdruck seines Selbsterhaltes.

17 – Motivcheck
Der Motivcheck ist eine optionale Ressource des Prozesses, wenn es gilt, dem Coachee die emotionale Festigkeit bei der Zielformulierung, der Gruppe oder dem Team vor Augen zu führen.

18 – Motive
Motive sind unspezifische Beweggründe. Der Beweggrund ist abstrakt als Begriff gewählt: Anerkennung, Freiheit, Kontakt usw. Die Motive der MotivationsPotenzialAnalyse (MPA) sind abstrakt formuliert. Erlebt werden Motive immer konkret in Kontexten. Dann sind sie zu Bedürfnissen geworden. Ein Bedürfnis ist ein spezifischer Beweggrund. Motive sind Bestandteil der persönlichen Kompetenz. Im Kompetenzmodell werden sie als Ressource in der Phase 3.1 obligatorisch gesucht. Es gibt förderliche und hinderliche Motive, die ihren Betrag zur Zielerreichung leisten.

19 – Werte
Werte sind Orientierung für attraktives Verhalten. Wer *Pünktlichkeit* als Wert hat, wird seine Zeitdisziplin mit sich und anderen *am Uhrenvergleich* oder *durch den Uhrenstand sehen,* organisieren. Werte

sind Merkmale der persönlichen Kompetenz im Kompetenzmodell und werden in der Phase 3.1 obligatorisch als Ressource zur Zielerreichung gesucht. Auch sie können förderlich oder hinderlich in der kontextbezogenen Verwendung zur Zielerreichung sein.

20 – Intelligenzen
Die Intelligenzen nach HOWARD GARDNER, einem amerikanischen Intelligenzforscher, signalisieren nach seiner Ansicht Fähigkeiten und Fertigkeiten, die in einem bestimmten thematischen Kontext oder zum Erkennen und Bewältigen echter Probleme sowie zum Generieren kreativer Lösungen und Erkenntnisse benötigt werden. GARDNER konnte sich in der wissenschaftlichen Welt nicht durchsetzen. Im Coaching können die Intelligenzen als Talente oder Begabungen zum Erkennen von Ressourcen gut genutzt werden. Sie sind Teil der persönlichen Kompetenz innerhalb des Kompetenzmodells und werden in der Phase 3.1 obligatorisch.

21 – Reflexionsangebote auf Abstraktionsebne
Reflexionsangebote auf Abstraktionsebene sind verschiedene gleichwertige Angebote in einem Themengebiet. Die Angebote werden nur in nicht gedeuteten Begriffen gemacht.

22 – MVWK-Modell
Das MVWK-Modell beschreibt den Zusammenhang und die Auswirkungen zwischen Motiv(en) und Wert(en) auf das Verhalten einer Person oder eines Teams in dem spezifischen Kontext. Verhalten ist Ausdruck einer Entscheidung, die maßgeblich durch die Relevanz von Motiven und Werten im Bedeutungszusammenhang eines Kontextes entsteht. Die Varianten des Modells beziehen sich auf den Einzelnen (MVWK-Modell), auf den Kommunikationskontext von zwei oder mehreren Personen (Variante 1/2), auf einen besonderen Wert des Einzelnen oder des Teams (Variante 3) und die Variante 4, die die besondere Attraktivität eines Kontextes aufzeigt. Das MVWK-Modell kann in der Phase 3.2., 3.3 und in der Phase 3.6 als strukturelle Ressource eingesetzt werden.

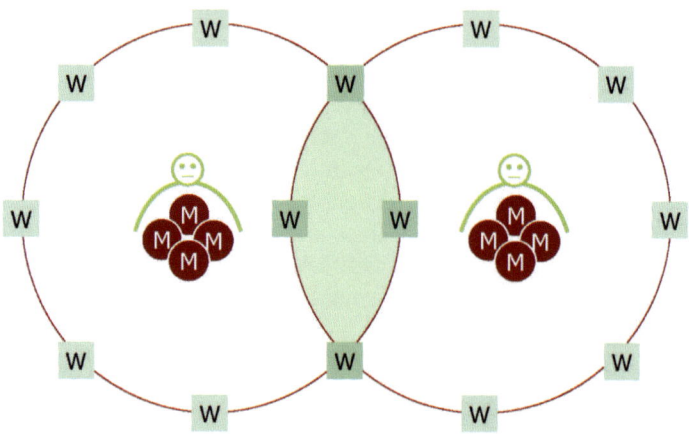

Anwendungserklärung 1 zum
MVWK-Modell
Motiv-Verhalten-Wert-Kontext

Ⓜ Motiv

W Wert

©2009, Dr. Rolf Meier, Axel Janßen

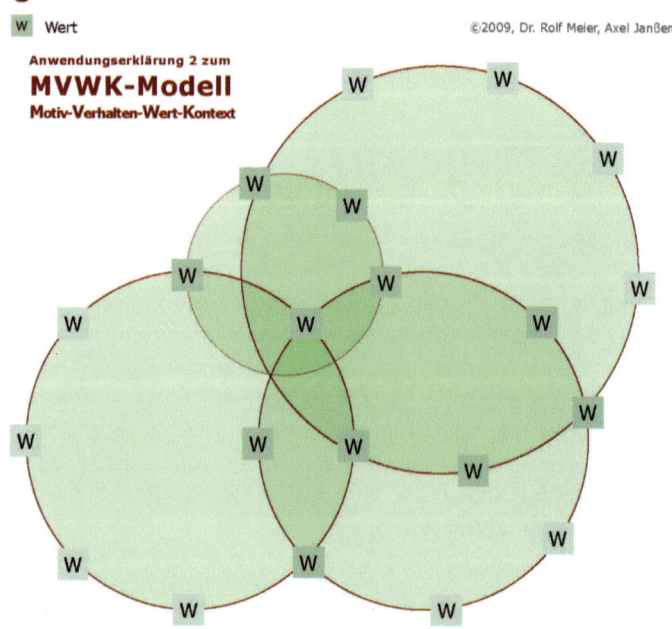

Anwendungserklärung 2 zum
MVWK-Modell
Motiv-Verhalten-Wert-Kontext

W Wert

©2008, Dr. Rolf Meier, Axel Janßen

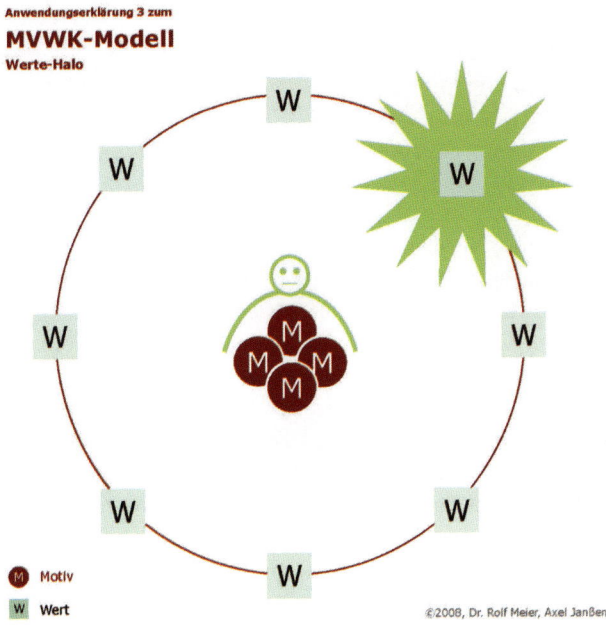

Anwendungserklärung 3 zum
MVWK-Modell
Werte-Halo

M Motiv
W Wert

©2008, Dr. Rolf Meier, Axel Janßen

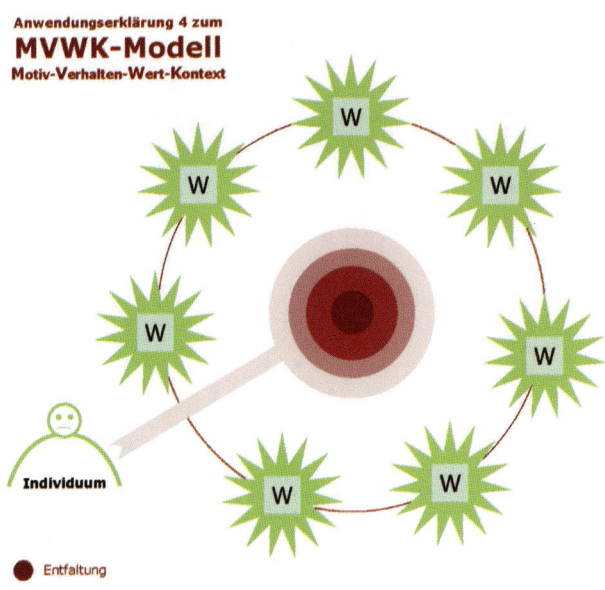

Anwendungserklärung 4 zum
MVWK-Modell
Motiv-Verhalten-Wert-Kontext

Individuum

Entfaltung
W Wert

©2008, Dr. Rolf Meier, Axel Janßen

23 – JoHari-Fenster

JOSEPH LUFT und HARRY INGHAM haben 1955 das JoHari-Fenster vorgestellt: „... mit dessen Hilfe man Beziehungen im Hinblick auf bewusste Wahrnehmung darstellen kann ...“ ... „Es scheint sich für Spe-
kulationen über menschliche Beziehungen als heuristisches Werkzeug anzubieten (13: S. 22).“ In der Konzeption Coaching ist eines
der drei Anliegen die Wahrnehmungserweiterung. Im Schwerpunkt
geht es darum, die *Arena des Freien Handelns* bewusst als Einzelner,
als Gruppe aber auch als Team zu gestalten. In der Situation kann es
bedeuten, dass sie vergrößert werden muss. Die Vergrößerung ist
aber kein generelles *Muss* – denn sie kann auch bewusst verkleinert
werden. Weit verbreitet ist die Annahme, dass es dem JoHari-Fenster
vordergründig um die Bearbeitung des *blinden Fleckes* geht. Diese
problemorientierte Sicht ist therapeutischer Natur und nicht die bewusst formulierte Absicht der Konstrukteure (13: S. 23). Das JoHari-
Fenster kann in der Phase 3.3 zum Entdecken von Einzelressourcen,
aber auch als strukturelle Ressource in 3.6 eingesetzt werden. Das Jo-
Hari-Fenster unterstützt das Anliegen *Wahrnehmungerweiterung*. Es
ist als Ressource einordbar in den Bereich sozio-kommunikative,
aber auch fachlich-methodische Kompetenz.

JoHari-Fenster

	Mir bekannt	Mir unbekannt
Anderen bekannt	Die Arena des freien Handelns	Blinder Fleck
Anderen unbekannt	Die Fassade/ das Verbergen	Arena des Unbewussten

24 – Acht Grundeinsichten der Führung

Führung besteht immer in der personalen sowie in der strukturellen Führung. Personale Führung bezieht sich auf die Beeinflussung einer Person oder einer Personengruppe. Strukturelle Führung bezieht sich auf Organisations- und Arbeitsstrukturen. Situativ hängt es vom zu bearbeitenden Thema ab, wo der Schwerpunkt liegt. Die acht Grundeinsichten der Führung bieten auf hohem Abstraktionsniveau grundsätzliche Einsichten von zu beeinflussenden Thematiken, mit denen ein Einzelner (z.B. als Geschäftsführer), ein Team oder eine Gruppe (z.B. eine mehrköpfige Geschäftsführung) beim Erkennen von Zusammenhängen und deren Auswirkungen im Arbeitsalltag zu tun haben. Wer Führung durch der Brille der acht Grundeinsichten der Führung betrachtet, betrachtet das Führungsgeschehen mit all seinen Komponenten und Facetten grundsätzlich und damit losgelöst vom tagesaktuellen Geschehen. Die acht Grundeinsichten der Führung sind das Abstract für den praktischen Alltag, das aus wissenschaftlichen Theorien verschiedenster Wissenschaftsdisziplinen und als Ergebnis *reflektierter Praktikerweisheit* in Büchern von bekannten Führungspersönlichkeiten zu finden ist. Der Einsatz der *acht Grundeinsichten* erfolgt als hypothesengeleitetes Reflexionsangebot in der Phase 3.3, aber auch als strukturelle Ressource in der Phase 3.6. Die acht Grundeinsichten der Führung sind in den Bereich fachlich-methodische Kompetenz des Kompetenzmodells einordbar.

25 – Die 14 Initiativpflichten der Führung

Diese Initiativpflichten der Führung gelten als operative Ausgestaltung der acht Grundeinsichten der Führung. Die 14 Initiativpflichten der Führung sind aus den acht Grundeinsichten der Führung abgeleitet. Führungsaufgaben und ihre Begrifflichkeiten stammen aus der Betriebswirtschaftslehre (14: S. 496). Dispositive Faktoren der Führung in diesem Sinne sind: Ziele setzen, Planen, Entscheiden, Organisieren und Kontrolle. Sie beschreiben das Verständnis von Führungsprozessen, wie es die Betriebswirtschaftslehre vor 50/60 Jahren hatte. Die 14 Initiativpflichten der Führung repräsentieren auf Abstraktionsebene die aktuellen Führungsthemen, die im Führungsalltag wahrgenommen werden sollten. Die 14 Initiativpflichten der Führung dienen als Reflexionsangebot in der Phase 3.3 und als strukturelle Ressource in der Phase 3.6. Die 14 Initiativpflichten der Führung sind

in den Bereich fachlich-methodische Kompetenz des Kompetenzmodells einordbar.

26 – Bedürfnispyramide nach MASLOW
Die Bedürfnispyramide nach MASLOW kann als ressourcensuchendes
Reflexionsangebot in der Phase 3.3 und als strukturelle Ressource in
der Phase 3.6 eingesetzt werden. Diese fünf Motive gehören in den
Bereich der persönlichen Kompetenz.

Bedürfnispyramide nach Maslow

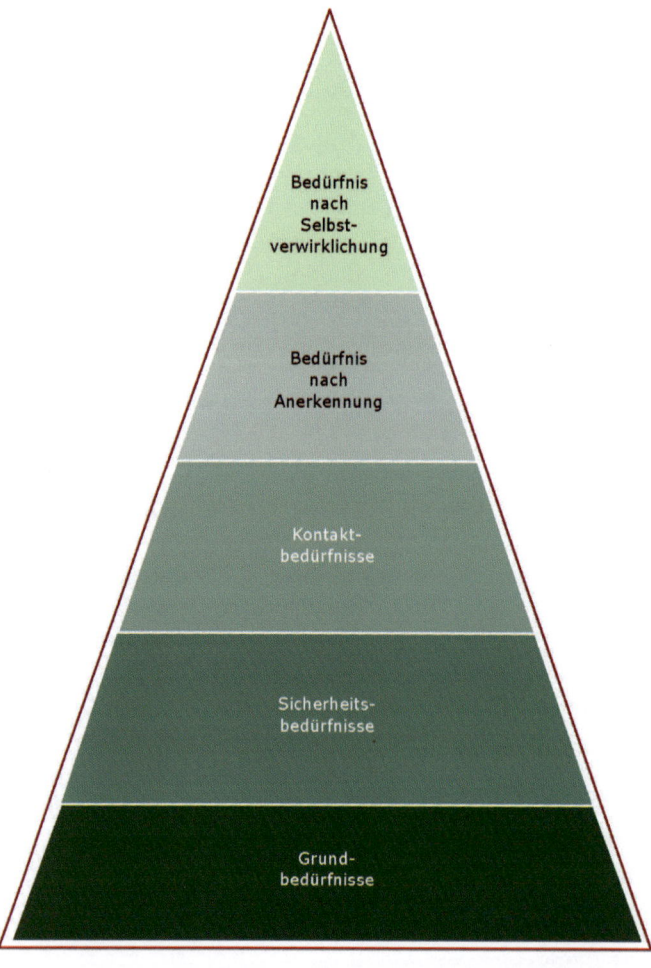

27 – Konfliktlösungsmuster

Der generelle bzw. abstrakte Anlass eines Coachings ist immer ein (Werte-)Konflikt. Das Wissen und die Reflexion typischer Muster, wie Einzelne, die Gruppe oder das Gesamtteam generell oder in spezifischen Kontexten Konflikte lösen, ist für die gruppendynamische Struktur eines Teams oder einer Gruppe von hoher Relevanz. Um aus der Stormingphase innerhalb der Team-/Gruppenphase überhaupt herauszukommen, kann auf biologische Konfliktmuster nicht zurückgegriffen werden. Kompromiss und/oder Konsens sind die einzigen Konfliktlösungsmuster, die ein Team/eine Gruppe in eine zufriedenstellende Arbeitsphase bringen. Die Konfliktlösungsmuster können in der Phase 3.3 und 3.6 eingesetzt werden. Die Konfliktlösungsmuster entsprechen grundsätzlich der fachlich-methodischen Kompetenz, aber auch der persönlichen und der sozio-kommunikativen Kompetenz. Im Teamcoaching ist nur das Konfliktlösungsmuster *Konsens* von Relevanz. Das Konfliktlösungsmuster *Kompromiss* ist im Sinne eines psychobiologischen Wohlbefindens nicht ausreichend – vergleichbar mit einem *Wert 8* bei einer Skalierung.

28 – Begriffe aus der Transaktionsanalyse

Die Ich-Zustände repräsentieren im besonderen Maße Kommunikationsverhaltensweisen im Kontext. Sie korrelieren hier besonders mit dem MVWK-Modell. In diesem Sinne ist die TA einsetzbar in den Coachingphasen 3.3 und 3.4 und 3.6. Menschen sind immer auf der Suche nach Durchsetzungsstrategien zur Erreichung eines eigenen oder gemeinschaftlichen Vorteils. Eine Strategie ist die Art und Weise der Kommunikation. Der Volksmund sagt nicht: „Was sag' ich meinem Kinde?" sondern er fragt: „Wie sag' ich es meinem Kinde?" Es ist der Ton, der die Musik macht. Kommunikation aus dem *kritischen Eltern-Ich* meint den eher strengen und ordnenden Tonfall in Formulierungen, wie z.B.: „Hatte ich dir nicht gesagt, dass du dein Zimmer aufräumen sollst?" Das *fürsorgliche Eltern-Ich* kümmert sich um das Wohlergehen des anderen, durch die freundliche aber bestimmende Formulierung, wie z.B.: „Vergiss nicht den warmen Mantel anzuziehen, es ist kalt draußen." Das Erwachsenen-Ich wird durch faktenreiche aber emotionsarme Tonalität kommuniziert: „Es sind drei Grad unter Null draußen. Vielleicht hilft dir die Information bei der Entscheidung, welche Sachen du anziehst." Das *rebellische Kind-Ich* antwortet mit Widerworten, Ablehnung und Trotz. Das *angepasste*

Kind-Ich mit: „Ja, mach' ich." und das *freie Kind-Ich* sagt: *Ja-ja* und wird sich nicht groß, wenn überhaupt, drum kümmern. Seine Intentionen des Handelns sind eh viel spannender.

Begriffe aus der Transaktionsanalyse

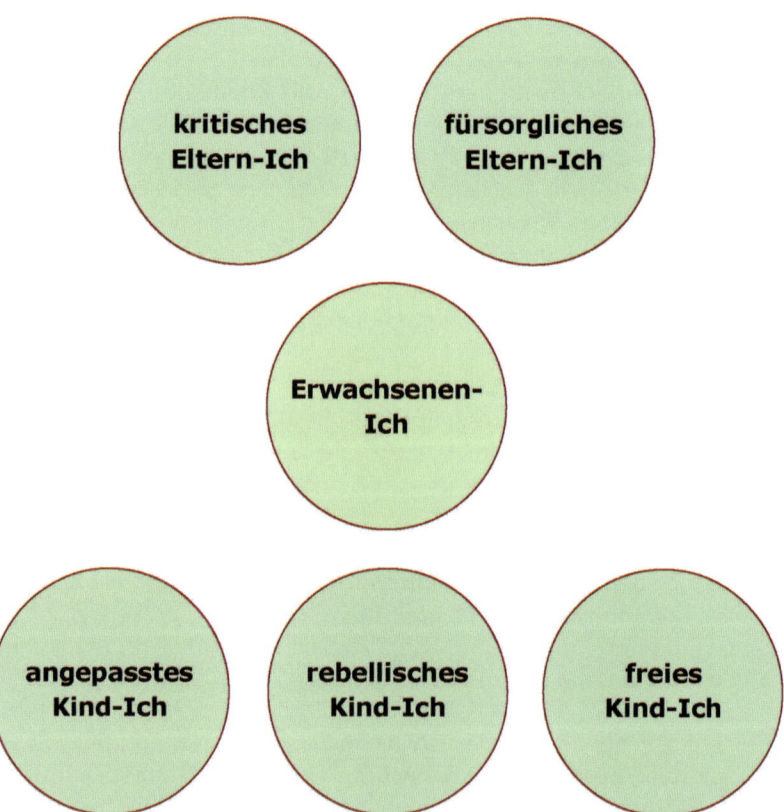

29 – Hygienefaktoren nach Herzberg
Die zehn Merkmale der Hygienefaktoren werden zur Hypothesenbildung und in der Phase 3.3 als Reflexionsangebot auf Abstraktionsebene dem Coachee angeboten und in der Phase 3.6 als strukturelle Ressource.

Hygienefaktoren nach Herzberg

- Persönliche berufsbezogene Lebensbedingungen
- Unternehmenspolitik und -verwaltung
- Arbeitssicherheit
- Arbeitsbedingungen
- Führungsstil
- Beziehungen zu Gleichgestellten
- Beziehungen zu Unterstellten
- Beziehungen zu Vorgesetzten
- Gehalt
- Status

30 – Innere Antreiber

Die Antreiber sind psychologisch dem Anerkennungsmotiv zuzuschreiben und stammen aus der Begriffswelt der Transaktionsanalyse. Um Anerkennung zu erhalten – egal ob Fremd- oder Selbstanerkennung – sind diese Aufforderungen, wie z.B.: „Sei stark!", verinnerlichte Werte geworden, die Orientierung für attraktives Verhalten geben. Im Grunde sind Antreiber Mittel zum Zweck, oder, um im Sinne der acht Grundeinsichten der Führung zu formulieren: Sie sind Strategien in der Einzelverwendung oder Maßnahmen im Verwendungsmix zur Ergebniserreichung. Antreiber können das Normalste der Welt sein. Je nach Intensität der Wirkung in einem Menschen, können sie aber auch Blocker, Verhinderer, Erlauber oder schlicht auch nur normale Antreiber sein. Die Antreiber sind dem Bereich der persönlichen Kompetenz aber auch den Bereichen der fachlich-methodischen und der sozio-kommunikativen Kompetenz zuzuordnen. Die inneren Antreiber können in der Phase 3.3 gesucht werden, in der Phase 3.5 zum Erkennen bisheriger Diagnose- und Lösungsmuster eingesetzt werden und als Orientierung für zu entwickelnde Handlungsalternativen in der Phase 3.6 dienen.

Innere Antreiber

- Beeil dich
- Sei gefällig
- Sei perfekt
- Sei stark
- Streng dich an
- -
- Antreiber
- Blocker
- -
- Erlauber
- Verbieter

31 – Projektmanagement

Projektmanagement mit seinen Intentionen und Merkmalen ist eine thematische Konkretisierung der acht Grundeinsichten der Führung und der 14 Initiativpflichten der Führung. Es eignet sich für ein spezifisches und weit verbreitetes Organsationsverständnis der Wertschöpfung: Projekte. Die Begriffe können in 3.3 und 3.6 eingesetzt werden.

Begriffe im Projektmanagement

- Lastenheft
- Meilenstein
- Pflichtenheft
- Projekt
- Projektbudget
- Projektleiter
- Projektmanagement
- Projektorganisation
- Projektteam

32 – Teamphasen

Die Teamphasen signalisieren dem Einzelmitglied, aber auch dem Gesamtteam, dass die Phasen immer gelten. Sicherlich werden die Intensitäten der Phasen auch im Verlauf der Lebenszeit eines Teams unterschiedlich sein, aber an der grundlegenden permanenten Wirkung kommt kein Team vorbei. Die Teamphasen sind in den Prozessphasen 3.3 und 3.6 einsetzbar.

Teamphasen nach Tuckman 1965

Forming (zusammenkommen)

Storming (emotionale Diskussion)

Norming (Strukturen)

Performing (leisten)

Erweiterte Teamphasen nach Tuckman 1977

Forming (zusammenkommen)

Storming (emotionale Diskussion)

Norming (Strukturen)

Performing (leisten)

Adjourning (auflösen)

Teamphasen nach Tuckman/Meier 1998

Forming (zusammenkommen)

Storming (emotionale Diskussion)

Norming (Strukturen)

Performing (leisten)

Restructuring (re-organisieren im Kontext)

33 – Teamrollen

Die sogenannten Teamrollen sind dem Engländer MEREDITH BELBIN nachempfunden, der in den 70er-Jahren des letzten Jahrhunderts in Untersuchungen zur effektiven und effizienten Gruppenzusammensetzung verschiedene Handlungskompetenzen für erfolgreiche Gruppenarbeit identifiziert hat, die durch einzelne Menschen repräsentiert werden. Der Begriff *Rolle* ist möglicherweise in seiner Verwendung im Coaching *unglücklich*. Rolle ist ein Begriff aus der Theaterwelt und meint, dass ein Mensch sich im Grunde zugunsten der Rollenanforderung aufgibt. Im Sprachalltag wird der Begriff manchmal auch als zuweisende Stigmatisierung genutzt (... übernimmt die Rolle). Da es im Coaching um die ureigenste Individualität eines Menschen geht, sollte der möglicherweise irreführende Begriff *Rolle* nicht benutzt werden. Teamaufgaben sind immer für solche Teams von hoher Bedeutung, wenn das Team seine interpersonellen Abhängigkeiten nicht in einem gemeinsamen Arbeitsprozess (Workflow) hat, sondern in den Fähigkeiten und Fertigkeiten, die in der einzelnen Person vorzufinden sind. Teamrollen können in der Phase 3.3 und in der Phase 3.6 genutzt werden.

Teamrollen nach Belbin

- Der hilfsbereite Teambuilder

- Der konsequente Finisher

- Der kreative Ideengeber

- Der kritische Controller

- Der pragmatische Company-Worker

- Der vorsitzende Moderator

- Der weltoffene Kontakter

- Der zielorientierte Motivator

34 – Führen mit Zielen

Führen mit Zielen hat drei Grundausprägungen im Business – unbeschadet seiner Semantik in einzelnen Unternehmenskulturen. Jede Zielform charakterisiert den angewandten Freiheitsgrad für den Mitarbeiter durch die Führungskraft.

Führen mit Zielen

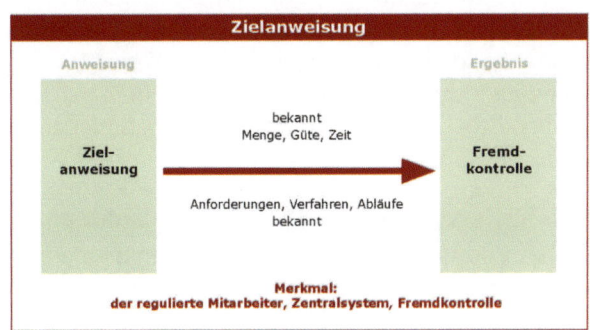

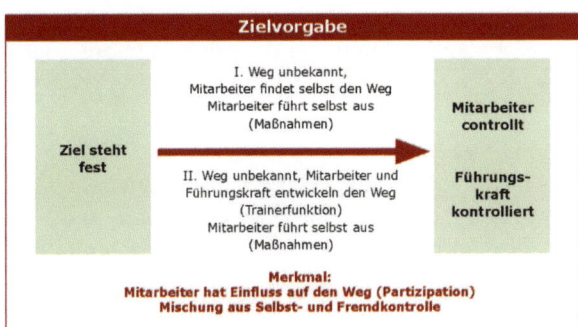

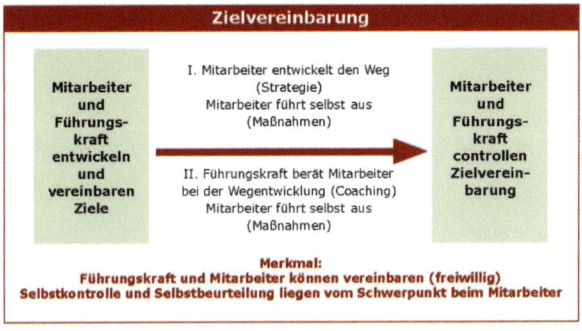

35 – Marketing

Coachees, Teams und Gruppen haben als Coachinganlass nicht nur oder ausschließlich die Generierung eines Ziels und seine Realisierung. Denkbar ist auch, dass – weil Praxis – der Einzelne, die Gruppe oder das Team nicht wissen, wie etwas in *die Tat* umgesetzt wird oder werden soll, obwohl eine genaue Vorstellung (Ziel) einer eingetretenen Zukunft beschreibbar ist. Simpel formuliert: „Wir wissen, was wir wollen – aber wissen nicht, wie es zu bewerkstelligen ist." Hier kommt die Idee und das Konstrukt Marketing zum Zuge. Marketing beschreibt in seiner Struktur, welche Themen bei einer möglichst erfolgreichen Realisierung (Umsetzungsverhalten der Gruppe, des Teams und des Einzelnen) beachtet und bearbeitet werden müssen. Marketing selbst mit seiner Struktur generiert keine Ziele – braucht aber Ziele als Voraussetzung für seine Wirksamkeit. Marketing ist strategisches und maßnahmenorientiertes Denken und Handeln. Der Coachingprozess unter dem Gesichtspunkt Marketing verläuft anders als gewohnt (siehe Kapitel Umsetzungscoaching). Die Coachingstruktur bleibt erhalten, die einzusetzenden Ressourcen entsprechen überwiegend nicht der gewohnten Coachingdramaturgie. Das Marketingwissen ist dem Bereich der fachlich-methodischen Kompetenz zuzuordnen.

36 – Wertebeeinflussung

Das MVWK-Modell in seiner Variante 5 *Wertebeeinflussung* ermöglicht dem Coachee, der Gruppe oder dem Team in der Phase 5.5 *bisherige Analyse und Lösungsmuster der Selbstorganisation im thematischen Kontext* die Möglichkeit, das eigene Entscheidungsverhalten in seiner Entstehung und Intention zu analysieren.

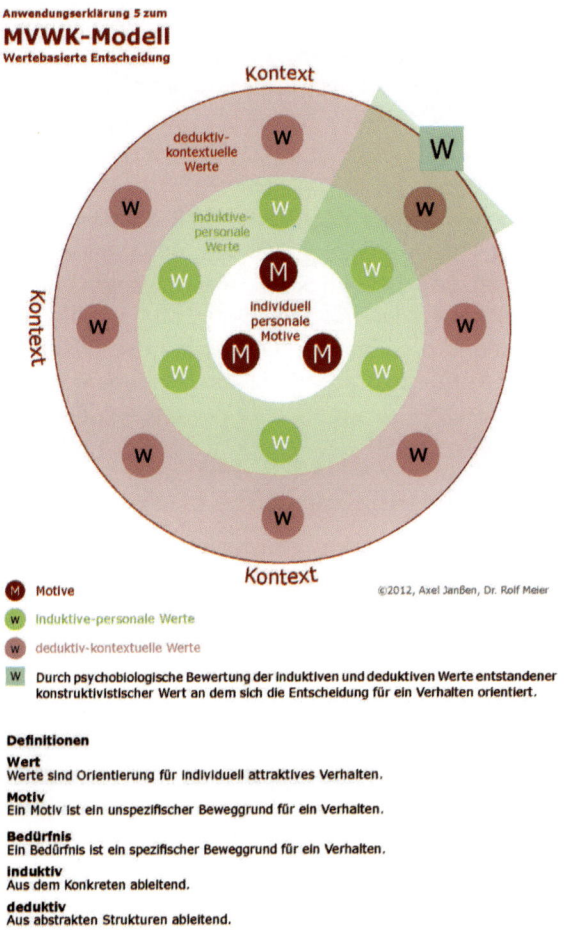

Anwendungserklärung 5 zum
MVWK-Modell
Wertebasierte Entscheidung

M Motive

©2012, Axel Janßen, Dr. Rolf Meier

w Induktive-personale Werte

w deduktiv-kontextuelle Werte

W Durch psychobiologische Bewertung der induktiven und deduktiven Werte entstandener konstruktivistischer Wert an dem sich die Entscheidung für ein Verhalten orientiert.

Definitionen

Wert
Werte sind Orientierung für individuell attraktives Verhalten.

Motiv
Ein Motiv ist ein unspezifischer Beweggrund für ein Verhalten.

Bedürfnis
Ein Bedürfnis ist ein spezifischer Beweggrund für ein Verhalten.

induktiv
Aus dem Konkreten ableitend.

deduktiv
Aus abstrakten Strukturen ableitend.

37 – Strukturelle Ressource

Strukturelle Ressourcen beschreiben einen Bedeutungszusammenhang im Kontext. Sie bestehen aus einzelnen Ressourcen, die ein einzelnes in sich differenziertes Thema im Zusammenhang von alternativen Merkmalen erklären. Darüber hinaus haben sie Orientierungscharakter im Sinne einer Feedbacksystematik für konkretes Denken und Handeln. Sie repräsentieren *faktisch richtiges Wissen*, sollen verstanden werden, in welchen Zusammenhang sie eingesetzt werden oder zur Anwendung kommen, sie dienen zur Reflexion systemischen Agierens in konkreten Kontexten und werden in ihrem Faktischen und in ihrer Deutung für die Übertragung in zukünftige Situationen genutzt. Strukturelle Ressourcen werden in der Gesamtheit (DIN-A4-Blatt) dem Coachee oder dem Team zur Orientierung angeboten.

38 – *Somatische Marker*

Die Somatischen Marker nach António R. Damásio basieren auf seiner Annahme (Theorie), dass alle Erfahrungen immer auch emotionale Erfahrungen sind und im Körper-Bewusstsein abgespeichert sind. *Neue* Eindrücke werden mit *alten* Eindrücken verglichen und können dann zu einer körperlichen gefühlsbetonten *Erinnerungs-Reaktion* werden. Der Körper reagiert auf äußere und innere Reize und signalisiert seinem Besitzer die emotionale Bewertungsdeutung.

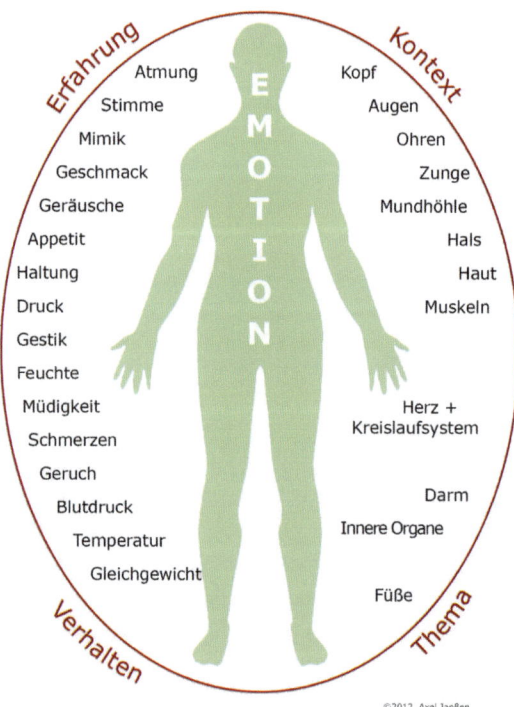

**Somatische Marker –
Feedbacksystem des Körpers**
Interozeptionsmodell

©2012, Axel Janßen

39 – Wahrnehmungspositionswechsel
Der Wahrnehmungspositionswechsel ist eine Sonderform der Wahr-
nehmungserweiterung. Er kann in der Phase 4.1 *Entwicklung und
Entscheidung der Handlungsalternativen* eingesetzt werden, hier ins-
besondere bei Konfliktthemen des Coachees, der Gruppe oder des
Teams.

40 – Mentale Erfolgsprobe
Im Coaching kann der Coachee, die Gruppe oder das Team sich nur
mental mit zukünftigen Situationen auseinandersetzen. Das, was der
Coachee, die Gruppe oder das Team als Veränderungswunsch mit
den Handlungsalternativen beschreibt, ist im Coaching real nicht erlebbar und nicht übbar. Aus den Neurowissenschaften wissen wir,
dass mentales Erproben zu vergleichbaren Ergebnissen führt wie rea-
les Erproben. Die Stufen der mentalen Erprobung (S. 136) orientieren
sich an den vier Taxonomiestufen des Lernens.

Die Mentale Erfolgsprobe

Die selbstorganisierte „Verschmelzung" einzelner Ressourcen zu einer Handlungsalternative (Entscheidung mit Folgenreflexion) für einen Bezugspunkt (ZEM) im systemischen Zielkontext kann mental erprobt werden. Die Schrittabfolge des Probierens:

1. In welcher konkreten Situation wird die Handlungsalternative realisiert? Hier geht es um den konstruktivistischen Kontexttransfer (Taxonomiestufe 4). Der Coachee beschreibt diesen Kontext mit seiner emotionalen Wahrnehmung und Deutung, in dem Motive, Werte und Intelligenzen angesprochen werden. Der Coachee beschreibt diesen Kontext mit seiner kognitiven Wahrnehmung – also mit Fakten und deren Bedeutung.

2. Der Coachee beschreibt seine Handlung als Abfolge des Agierens. Hierbei soll der Coachee in jedem Schritt der Handlungsabfolge seine damit verbundenen Emotionen beschreiben.

3. Der Coachee beschreibt in seiner Deutung, wie das Zielerreichungsmerkmal (ZEM) auf die Abfolge der Handlungsalternative des Coachees reagiert und agiert. Der Perspektivwechsel ermöglicht dem Coachee, sich mit den Folgen seiner neuen Handlung gegenüber dem Zielerreichungsmerkmal auseinanderzusetzen.

4. Der Coachee analysiert und bewertet seine Wahrnehmung seines Handelns und die gedeuteten Reaktionen und Aktionen des ZEM auf und durch sein neues Handeln.

5. Stellt der Coachee bei dieser mentalen Erfolgsprobe fest, das sich potenzielle Probleme ergeben oder *realistisch* ergeben können, muss die Handlungsalternative teilweise im Sinne der Umsetzung oder ganz im Sinne der Entstehung der Handlungsalternative neu kreiert werden.

6. Bestätigung oder Aktualisierung der Handlungsalternative. Ergeben sich keine potentiellen Probleme durch die Mentale Erfolgsprobe, ist die Probe beendet – andernfalls beginnt die Mentale Erfolgsprobe von vorne.

7. Der Coachee muss bei seiner Mentalen Erfolgsprobe sein Ergebnis auf einer Skala von 1 bis 10 mit − 10 angeben.

41 – Priming
Priming ist eine Ressource von Prozess und Coach. Durch die Art und Weise der Kommunikation, ausgelöst durch den Coach, entsteht Priming und kann sowohl förderlich als auch hinderlich sein.

42 – Managementwissen
Dem Prozess stehen zur Bearbeitung der Themen des Coachees, der Gruppe oder des Teams die strategisch abstrakten Wissensbestände zur Hypothesenbildung und der damit einhergehenden Ressourcensuche zur Verfügung. Mithilfe dieser Ressourcen können die typischen Themen im Management bearbeitet werden. Dazu zählen die Ressourcen:

* Kritische Erfolgsfaktoren
* Fakten des Kontextes
* Kompetenzmodell
* St. Galler Management-Modell
* Acht Grundeinsichten der Führung
* 14 Initiativpflichten der Führung
* Hygienefaktoren nach Herzberg
* Projektmanagement
* Teamphasen
* Teamrollen
* Visionsentwicklung
* MVWK-Modell 5 – Wertebeeinflussung
* Führen mit Zielen
* Marketing
* Kepner-Tregoe-Methode

6 Strategische Interventionen im Coaching

Management ist nicht gleich Management und Business ist nicht gleich Business. Auch wenn es wie eine Binsenweisheit klingt, ist es ratsam, einige Rahmenbedingungen für ein Coaching ganz allgemeiner Art aktiv zu beachten:

- Kunden, Coachees, Gruppen und Teams wollen den Coach wiedererkennen. So wie Sie im Kontakt- und Kontraktgespräch waren, wollen Ihre Kunden sie wiedererleben. Dies betrifft so banale aber trotzdem basale Sachen und Themen wie Kleidung, Sprache, Sprachgewohnheiten, vereinbarte Vorgehensweise und inhaltliche Gestaltung.
- Sie können nicht sicher sein, dass jeder Einzelne in der Kontakt- und Kontraktphase *offen und ehrlich* war. Anwesende Vorgesetzte und oder Vertreter des Personalbereichs im Kontakt-/Kontraktgespräch haben manchmal einen disziplinierenden Einfluss auf Aussagen und Meinungen.
- Fest getroffene zeitliche Vereinbarungen zu Anfang und Ende des Coachings können sich am eigentlichen Coachingtag völlig anders darstellen.
- Die körperliche und psychische Verfassung kann durch innere und äußere Anlässe vor dem Coaching mit der vereinbarten Aufmerksamkeit, Disziplin und dem Engagement in Kollision geraten.
- Unvorhersehbare Veränderungen im Unternehmen können das vereinbarte zu bearbeitende Thema in einem völlig anderen Licht erscheinen lassen – bis zu dem Umstand, dass aus *aktuellem Anlass* die Gruppe, das Team oder der Einzelne eine andere Bearbeitungsthematik fest präferiert.
- Auch nicht auszuschließen ist, dass unvereinbart und plötzlich *verantwortungsvolle* Führungskräfte in Pausen oder auch während des Coachings eintreffen und *ihre guten Dienste* anbieten.
- Unerwartete Feuerwehr- und/oder Notfallübungen bringen den Ablauf durcheinander. Vereinbarte Räume mit dem entsprechenden Equipment stehen nicht oder zeitlich nicht wie vereinbart zur Verfügung.

6.1 Fragen und dadurch reflektieren lassen

Die Frage im Coaching ist eine strategische Intervention und soll den Coachee, die Gruppe und das Team veranlassen, anhand seiner Deutung der gestellten Frage über die thematische Situation mit ihren Beziehungen und Verflechtungen nachzudenken. Natürlich ist jedes Nachdenken mit der Hoffnung verbunden, dass Erkenntnisresultate für ein weiteres Reflektieren entstehen oder konkretes Handeln, durch diese Reflexionserkenntnisse ausgelöst werden können.

Die Struktur und die Fakten der Konzeption *Selbstorganisiertes Coaching* stellen die Rahmenbedingungen und die damit einhergehenden Möglichkeiten und Interpretationsspielräume für den Einsatz und die damit verbundene Wirkungserwartung von Fragen im konkreten Coachinggeschehen. Die Theorie vom Selbstorganisierten Coaching definiert die Fakten. Dazu zählen insbesondere ...

- die vier Werte im Coaching, die den Coachee, die Gruppe oder das Team in den Mittelpunkt stellen;
- die drei Anliegen im Coaching, die den Cochee, die Gruppe oder das Team in den Mittelpunkt stellen;
- die Methode *Coachingprozess* als bereitgestellter Veränderungs-Lern-Organisationsrahmen für den Coachee, die Gruppe oder das Team;
- die Wirkungserwartungen an die einzelnen Coachingphasen und deren Teilphasen;
- das systemische Verständnis, das die Selbsterkundung des Kontextes ausschließlich durch den Coachee, die Gruppe oder das Team bestimmt;
- der Konstruktivismus als Bedingung für selbstgedeutete Erkenntnisse durch den Coachee, die Gruppe oder das Team;
- die nachhaltige Selbstorganisation, die den Coachee, die Gruppe oder das Team befähigen soll, sich losgelöst von Dritten zukünftig im ähnlichen Thema selbst zu coachen.

Im praktischen Erleben dieser Konzeption Coaching wird der Coachee, die Gruppe, das Team für die drei Anliegen ...

- Wahrnehmungserweiterung auslösen,
- Handlungsalternativen entwickeln und
- Enscheidungsfähigkeit

sichern eine besondere emotionale und kognitive Erlebnisnähe zum thematischen Prozess entwickeln, da er/sie/es allein und ausschließlich alle drei Anliegen durchlebt und diese inhaltlich mit Fakten und Deutungen besetzen muss. Das Auslösen der drei Anliegen und die *Begegnung* mit ihnen sollte sich an den vier Lern- und Entwicklungsstufen (Lerntaxonomien):

- faktisch richtiges Wissen,
- kontextbezogenes Anwenden von Wissen,
- Reflexion systemischen Agierens,
- konstruktivistischer Kontexttransfer

orientieren.

Fragen haben immer ...
- einen Anlass, der im Coaching durch die konkrete Coachingphase und die spezifische Wirkungserwartung vorgegeben ist;
- eine Frageintention, die durch die Bedeutung der jeweiligen Taxonomiestufe konkret zu formulieren ist;
- eine begrenzte *Wertschöpfung* durch die verwendete Frageart, im Sinne einer Erkenntnis beim Coachee, der Gruppe oder dem Team;
- deduktiven Charakter, sofern die vier Werte im Coaching beachtet werden;
- in ihrer Wortwahl, ihrem Satzbau und ihrer Tonalität eine Entsprechung zur Bedeutung der sozio-kommunikativen Kompetenz innerhalb des Kompetenzmodells.

Fragen sollen im Sinne der drei Anliegen die gedankliche und emotionale Selbstbeschäftigung (Reflexion) des Coachees, der Gruppe, des Teams mit dem Thema auslösen. Daraus lassen sich die strategischen *No-Gos* der Fragekultur in der Konzeption Coaching ableiten:

- Fragen sollen nicht ausfragen
- Fragen sollen nicht abfragen
- Fragen sollen nicht das Interesse des Coachs widerspiegeln
- Fragen sollen nicht induktiv gestellt sein
- Fragen *fragen* und beschreiben nicht
- Fragen fragen nicht über den Kontextrahmen hinaus

6.2 Die Fragearten mit allgemeiner Bedeutung im Coaching

Mit welchen Fragearten können die Bedingungen der Konzeption Coaching befriedigt werden? Die bekannten Fragearten, die im *sprachlichen Alltag* verwendet werden, sind:

- *die geschlossene Frage*
  schränkt eine erwartete Antwort auf „Ja" oder „Nein" oder einen Begriff ein. Eine geschlossene Frage repräsentiert das Faktische. Die geschlossene Frage findet potenziell ihren Einsatz im gesamten Coachingprozess.
  Fragebeispiel: „Ist Ihnen kalt?"
- *die offene Frage*
  lässt dem Befragten alle Möglichkeiten zur Antwort. Eine offene Frage ermöglicht die individuelle Deutung von Situationen oder Fakten im Zusammenhang. Die Bedingung des Konstruktivismus wird beachtet. Die offene Frage wird potenziell im gesamten Coachingprozess eingesetzt.
  Fragebeispiel: „Wie erklären Sie die heutige Wetterlage?"
- *die suggestive Frage*
  stellt die Bearbeitung eines Themas in den Mittelpunkt und will die grundsätzliche Nichtbearbeitung verhindern. Die suggestive Frage wird im gesamten Coachingprozess nie eingesetzt. Suggestive Fragen verstoßen gegen die Werte und Anliegen im Coaching.
  Fragebeispiel: „Möchten Sie nachher beim Spaziergang den dunklen oder den hellen Wintermantel anziehen?"

Fragearten, die im Coaching ihre besondere Bedeutung haben, sind:

- *die zirkuläre Frage*
  ist eine Frage, deren Beantwortung zwar vom Coachee vorgenommen wird, aber aus der Perspektive eines Kontextelementes von ihm beantwortet wird. Die zirkuläre Frage findet potenziell ihren Einsatz im gesamten Coachingprozess.
  Fragebeispiel: „Zu welchem Wintermantel würde Ihnen Ihre Mutter raten?"
- *die skalierende Frage*
  ist eine Frage nach der *gefühlten Bedeutung*. Bedeutungen lassen sich mit quantitativen Methoden nicht erheben und beschreiben.

Die skalierende Frage unterstützt zudem die Anforderung des Konstruktivismus. Die skalierende Frage findet potenziell ihren Einsatz
im gesamten Coachingprozess.

Fragebeispiel: „Auf einer Skala von 1 bis 10 – wobei 1 gering und
10 höchst bedeutsam ist – wie bedeutsam ist Ihnen
ein Wintermantel bei der herrschenden Tempera-
tur?"

- *die hypothetische Frage – allgemein betrachtet*
ist eine Frage, die eine Lösungsrichtung oder einen Lösungshinweis
oder Lösungsentwicklungshinweis für den Befragten anbietet. Ist
der Lösungshinweis konkret, – induktives Vorgehen – dann verstößt er gegen die Werte und Anliegen im Coaching. Die abstrakt
formulierte hypothetische Frage bietet eine Anzahl von gleichwer-
tigen Alternativen für die Lösungsentwicklung an: deduktives Vorgehen. Diese Frageformulierung verstößt nicht gegen die Werte
des Coachings.

Fragebeispiel: „Einmal angenommen ...?" oder
„Kann es sein, dass ...?"

- *die hypothetische Frage – abstrakt formuliert*
findet ausschließlich ihren Einsatz in der Phase 3.3 des Coachingprozesses (hypothesengeleitete Ressourcen ermitteln).

Fragebeispiel: „Kann es sein, dass einer der folgenden Begriffe als
Ressource für die Zielerreichung genutzt werden
kann?"

- *die hypothetische Frage – konkret formuliert*
kommt im gesamten Coachingprozess *nie* zum Einsatz.

Fragebeispiel: „Angenommen, Sie nehmen nachher für den Spaziergang den neuen Thermo-Wintermantel, welche
Wirkung wird dies haben?"

6.3 Fragen und Fragefolgen in den Prozessphasen

Die Fragen können einzeln im Coachingprozess gestellt werden – oftmals ist aber eine Kombination von unterschiedlichen Fragen, aber in der richtigen Reihenfolge, von besonderer Bedeutung (Primingeffekt). Da Fragen im Coachingprozess eine herausragende Bedeutung als Intervention haben, sind die typischen Einsatzbereiche der verschiedenen Fragearten im Folgenden dargestellt.

Phase 1.1 – Hier: Vorstellung und Erwartungen der Beteiligten. Formulieren Sie als Coach Fragen bezüglich der Erwartung des Coachees, der Gruppe oder des Teams an die einzelnen *Themen-Teile* des Coachings:
Fragebeispiel: „Welche Erwartung haben Sie an mich als Coach?"
„Welche Erwartung haben Sie an den Coachingprozess?"
„Welche Erwartungen haben Sie an die vertragliche Gestaltung?"
„Welche Erwartung haben Sie an Folgeaktivitäten an mich als Dienstleister?"
„Welche Dinge dürfen/sollten im und durch das Coaching für Sie nicht passieren (No-Gos)?"

Phase 1.2 – Hier: Coachingablauf, Kommunikationskontext und Selbstorganisation vereinbaren
Nachdem der Coach alles erklärt und vereinbart hat, sollte auf jeden Fall die obligatorische Frage nicht fehlen: „Gibt es noch Themen oder Sachverhalte, die Sie im Zusammenhang mit Coaching interessieren, die ich aber nicht angesprochen habe?"

Phase 1.3 – Hier: Thema und Veränderungswunsch skizzieren
Hier geht es um die erste kurze Darstellung des Veränderungsthemas des Coachees, der Gruppe oder des Teams: „Welches Thema möchten Sie im Coaching bearbeiten und einer Lösung zuführen?"
Beim Team oder der Gruppe ist die Frage nach der Abhängigkeit untereinander zu stellen: „Gibt es geschriebene oder ungeschriebene Unterlagen zu Prozessen, Aufgabenprofilen, Betriebsvereinbarungen ..., die im Zusammenhang mit Ihrem Thema stehen? Sind die Unterlagen aktuell?"

Phase 2.1 – Hier: Visuelle Aufstellung Teil 1

Sie bitten den Coachee, die Gruppe, das Team alle Themen, Personen usw. aufzulisten, die mit dem Thema in Zusammenhang stehen. Wenn ein Merkmal genannt und mit möglichst einem Begriff auf eine Moderationskarte geschrieben wurde, muss der faktische Inhalt des Begriffs durch den Coachee, die Gruppe, das Team bekannt gemacht werden.

Der Coach fragt: „Was genau ist das?" oder „Was ist es konkret?" oder „Was ist es faktisch?"

Die Antwort auf diese quantitativ orientierte Frage wird mit einer Frage nach der Bedeutung für das Thema weitergeführt: „Welche Bedeutung hat das für Ihr Thema?"

In dieser Phase werden also die Fragen nach dem Quantitativen und dann in Bezug auf die Antwort nach der Bedeutung für das Thema gestellt. Diese Frageabfolge wird bei jedem vom Coachee, der Gruppe, dem Team erkannten und aufgeschriebenen Begriff vorgenommen.

Wenn der Coachee, die Gruppe, das Team von sich aus zehn Merkmalszusammenhänge erkennt, muss zehnmal die Frageabfolge durchgeführt werden. Der Coachee, die Gruppe, das Team lernt dadurch, die Zusammenhänge und Bedeutungen zu seinem Thema selbst zu erkennen.

Phase 2.1 – Hier: Visuelle Aufstellung Teil 2

Wenn dem Coachee, der Gruppe, dem Team aus eigener Kraft nichts mehr einfällt, was mit seinem Thema zusammenhängt, bieten Sie ihm unter Verwendung eines von ihm *angeforderten Modells* Antwort auf die Frage an: „Ist Ihr Veränderungsthema aus Ihrem Verständnis nach ein beruflich-fachliches, ein Konflikt mit sich oder anderen oder ein persönliches Thema im Sinne von Work-Life-Balance?"

Die zuzuordnenden Modelle für eine Wahrnehmungserweiterung sind: St. Galler Management-Modell, TZI nach RUTH COHN und das Zehn-Felder-Modell. Nun fragen Sie den Coachee in Bezug auf jedes einzelne Merkmal: „Hat Ihr Thema ... mit dem Merkmal ... zu tun?"

Wird die Frage verneint, nehmen Sie das nächste Merkmal mit der gleichen Fragestellung. Wird Ihre Frage bejaht, bitten Sie, den Begriff auf eine Moderationskarte zu schreiben, so als ob der Coachee, die Gruppe, das Team von alleine den Begriff gefunden hätte. Dann stellen Sie die gleichen Fragen wie in der visuellen Aufstellung Teil 1. Dieses Verfahren wiederholen Sie so oft, wie es Merkmale des Modells gibt. Das St. Galler Management-Modell hat 22, das Zehn-Felder-Modell zehn und das TZI hat sechs Begriffe.

Phase 2.1 – Hier: Visuelle Aufstellung Teil 3
Nachdem der Coachee, die Gruppe, das Team die Merkmale seines Kontextes, die im Zusammenhang mit seinem Thema stehen, selbst und mittels der Wahrnehmungserweiterung durch die Merkmale eines Modells aufgelistet hat, soll er/sie/es die Merkmale nach Bedeutungszusammenhängen clustern. Erfahrungsgemäß werden 40 bis 60 Merkmale durch die bisherige Vorgehensweise generiert. Veranlassen Sie den Coachee, die Gruppe, das Team nicht mehr als fünf bis sieben Cluster zu bilden. In der Regel werden es wohl eher vier bis sechs Cluster sein. Jedes Cluster erhält einen Clusternamen, der die einzelnen Merkmale im Cluster repräsentiert. Lassen Sie nun jedes einzelne Cluster *für sich* in seiner Bedeutung skalieren.

Phase 2.2 – Hier: Zielfomulierung
Nachdem das Ziel nach den Zielkriterien formuliert und nach den Kriterien durch den Coachee, die Gruppe oder das Team überprüft ist, bitten Sie darum, die Bedeutung des Ziels (Überschreiten *des Rubikon*) zu skalieren.
Wenn ein Skalenwert unter zehn entsteht, ist anzunehmen, dass das Ziel im Sinne der Befriedigung von Motiven zu einem konkreten Zeitpunkt in der Zukunft nicht erfüllt ist. Bitten Sie den Coachee, die Gruppe oder das Team um eine Reformulierung des Ziels. Danach sollte bei der Skalierung der Bedeutungswert zehn fallen. Falls nicht, kann es auch daran liegen, dass das Thema falsch gewählt wurde. Fragen Sie: „Ist das Thema noch Ihr Thema?"
Eventuell sollte in diesem Fall der Motivcheck eingesetzt werden.
Fragebeispiel: „Angenommen, Sie haben Ihr Ziel erreicht, welche Vorteile haben Sie in diesem Zusammenhang?"
„Angenommen, Sie haben Ihr Ziel erreicht, welche Nachteile haben Sie in diesem Zusammenhang?"
„Angenommen Sie haben Ihr Ziel nicht erreicht, welche Vorteile haben Sie in diesem Zusammenhang?"
„Angenommen, Sie haben Ihr Ziel nicht erreicht, welche Nachteile haben Sie in diesem Zusammenhang?"

Die Komponenten einer Zielformulierung
Emotionales Design und kognitive Funktionaliät

Sinnstiftung

positiv formuliert
kontextualisiert
folgenorientiert

anspruchsvoll

attraktiv und
motivierend
selbst erreichbar

Ziel

realistisch

ressourcenorientiert
in eigenen Worten

Merkmale:

- Zeit
- Adressat
- Quantität
- Qualität
- Kontextueller Bezug

©2010 Dr. Rolf Meier, Axel Janßen

Zielformulierungen sollten als dauerhaft eingetretener Zustand in der Zukunft
formuliert sein (Futur 2)

Motivcheck

Ziel: _____ erreicht

Nachteile	Vorteile

Ziel: _____ nicht erreicht

Nachteile	Vorteile

Phase 2.2 – Hier: Zielerreichungsmerkmale (ZEMs)
Die Cluster aus dem Teil 3 der visuellen Aufstellung werden nach der Zielformulierung zu Zielerreichungsmerkmalen. Die Merkmale erkennen, ob das Ziel erreicht wurde. Das Erreichen eines Ziels durch den Coachee, die Gruppe oder das Team erkennt das Zielerreichungsmerkmal an einer konkreten Handlung des Coachees, der Gruppe oder des Teams.
Die beobachtbare Handlung, die das Interesse oder das Motiv des ZEMs aus seiner konstruktivistischen Deutung darstellt, hat eine Bedeutung für das ZEM.
Die Frageabfolge pro ZEM besteht nun aus: „An welcher Handlung von ... (Name des Coachees, der Gruppe oder des Teams) erkennt das ZEM, dass der Coachee, die Gruppe oder das Team sein/ihr/sein Ziel ... (konkrete Zielformulierung nennen) erreicht hat?" und „Welche Bedeutung hat diese Handlung des Cochees, der Gruppe oder des Teams nach seiner Zielerreichung für das ZEM?" Die Fragen sollen einen Perspektivwechsel beim Coachee, der Gruppe oder dem Team auslösen, denn er beschreibt die Folgen nach Eintreten des Ziels. Diese Veränderung treffen auf das ZEM im Kontext. Nur der Coachee, die Gruppe oder das Team verändern sich. Die Merkmale im Kontext verändern sich mit ihren Interessen nicht.

Phase 3.1 – Hier: Ermittlung der Motive, Werte, Intelligenzen, die im Zusammenhang mit der Zielerreichung stehen
„Welche konkreten Motive, über die Sie (der Coachee, die Gruppe oder das Team) verfügen, stehen im Zusammenhang mit dem Ziel?"
Diese Frage wird für Werte und Intelligenzen entsprechend der Detailmethodik dieser Phase wiederholt. Die Fragen dienen dem Identifizieren und Sammeln von Ressourcen aus dem Bereich der persönlichen Kompetenz.
Die Bewertung von gesuchten und gefundenen Ressourcen kann von Anfang an geschehen, indem die gefundenen Ressourcen unterteilt werden mit den Fragen „Welche der gefundenen Ressourcen sind für die Zielerreichung förderlich und welche sind hinderlich?"

Phase 3.2 – Hier: Werte des Kommunikatikonskontextes ermitteln
In dieser Phase gilt es, die Werte (aber zusätzlich auch die Motive und Intelligenzen) des Kommunikationskontextes zu ermitteln. Der Kommunikationskontext besteht aus den Zielerreichungsmerkmalen

(ZEM). Hier lautet dann die Frage pro ZEM: „Was sind die beiden wichtigsten Werte (Motive, Intelligenzen) des ZEM?"

Phase 3.3 – Hier: Hypothesengeleitete Ressourcen ermitteln (Reflexionsangebote auf Abstraktionsebene)
Nachdem der Coachee, die Gruppe oder das Team in der Phase 3.1 seine/ihre/seine Fix-Ressourcenbereiche (Motive, Werte und Intelligenzen) im Sinne der Ressourcenfindung analysiert hat/haben, erhält der Coachee, die Gruppe oder das Team durch die Bildung von Hypothesen bis Ende der Coachingphase 2.2 abstrakte Reflexionsangebote zur weiteren Suche und Identifizierung von Ressourcen aus den anderen drei Kompetenzbereichen (fachlich-methodische, soziokommunikative und Feldkompetenz). „Kann es sein, dass folgende Begriffe mit Ihrem Ziel in Zusammenhang stehen?" Die Begriffe werden dem Coachee insgesamt ohne konkrete Deutung übergeben. Die Begriffe sind weder definiert oder gedeutet, noch enthalten sie eine Lösung oder einen Lösungshinweis. Der Coachee, die Gruppe oder das Team soll die Begriffe selbst deuten und für bedeutsam erklären. Damit werden sie zu einer Ressource, die im Zusammenhang mit der Zielerreichung stehen und möglicherweise für die Entwicklung von Handlungsalternativen in der Phase 4.1 benötigt werden.

Phase 3.4 – Hier: Ressourcen aus eigenen und fremden Quellen
Der Coachee, die Gruppe oder das Team haben möglicherweise sein/ihr/sein Thema in einem anderem Zusammenhang schon erfolgreich bearbeitet. Frage: „Über welche hilfreiche oder Erfolg versprechende Ressource verfügen Sie aus verwandten Kontexten von sich oder anderen?"

Phase 3.5 – Hier: Suche nach bisherigen Diagnose- und Lösungsmustern der Selbstorganisation im thematischen Kontext, die nicht zum Erfolg in der Themenbearbeitung geführt haben
Fragebeispiel: „Welche Diagnose- und Lösungsmuster oder auch Einzelressourcen haben Sie bisher genutzt, die aber nicht zum Erfolg beigetragen haben?"

Phase 3.6 – Hier: Feedbacksystematik und Somatische Marker etablieren
Die Feedbacksystematik ist eine strukturelle Ressource. In ihrer Ge-

samtbedeutung dient sie als Orientierung für die Entwicklung von Handlungsalternativen. Die strukturelle Ressource soll vom Coachee, der Gruppe oder dem Team aus mehreren Angeboten von strukturellen Ressourcen ausgewählt werden. Frage: „Welche der vorgestellten strukturellen Ressourcen in Phase 3.3 bedient in Ihrem Bedeutungszusammenhang am ehesten den Zielkontext?" Die Somatischen Marker sind *gesetzt*.

Phase 4.1 – Hier: Entwicklung und Entscheidung der Handlungsalternativen

Die Entwicklung von Handlungsalternativen kann nur auf der Basis von Ressourcen erfolgen. Die Handlungsalternativen werden für jedes einzelne ZEM entwickelt. Der Coachee, die Gruppe oder das Team werden aufgefordert, das einzelne ZEM in den Blick zu nehmen und um die vom ZEM gesehene Handlung des Coachees, der Gruppe, des Teams nach Zielerreichung und der Bedeutung dieser Handlung für das ZEM zu erkennen. Zudem soll der Coachee, die Gruppe oder das Team Kontakt aufnehmen mit seinem/ihrem/seinem Ziel. Für das ZEM werden nun Ressourcen zur Entwicklung der Handlungsalternative für das ZEM gesucht. Frage: „Welche zu identifizierenden Ressourcen stehen im Kontakt mit dem ZEM und dem Ziel?" Die gefundenen Ressourcen werden vor dem Coachee, der Gruppe oder dem Team auf einem Tisch aufgereiht. Frage: „Wie müssen Sie die gefundenen Ressourcen kombinieren, miteinander verschmelzen, dass eine Handlungsalternative entsteht?" Wenn die Handlungsalternative aufgeschrieben ist: „Was ist an dieser Handlung neu im Sinne alternativen Handelns zum bisherigen Handeln?"

Phase 4.2 – Hier: Handlungsabfolge festlegen (Handlungsplan)

Der Handlungsplan repräsentiert die zeitliche Abfolge der einzelnen Handlungsalternativen. Frage: „Welche Handlungsalternative wollen Sie zu welchem Zeitpunkt anfangen zu realisieren bzw. realisiert haben?"

Phase 4.3 – Hier: Potenzielle Probleme bei der Realisierung des Handlungsplans analysieren

Eine der bekanntesten Interpretationen dieses Themas ist die Wandaufschrift: „Stell dir vor, es ist Krieg und keiner geht hin." Übertragen auf die zur Durchführung geplanten Handlungsalternativen bedeutet das: „Was kann im Vorfeld, bei der Realisierung oder in der Folge der Realisierung alles schieflaufen?"

Phase 4.4 – Hier: Ressourcen- und Handlungsplan aktualisieren
Falls es durch potenzielle Probleme zur Veränderung des ursprünglichen Handlungsplans kommt, gelten die gleichen Fragen, wie in den entsprechend vorangegangenen Teilphasen.

Phase 4.5 – Hier: Controllingmerkmale des Handlungsplans festlegen
Aus der Ausgangsfrage an den Coachee, die Gruppe oder das Team: „Wie definieren/interpretieren Sie Controlling in Ihrem Verständnis?", werden dann entsprechend des Verständnisses Merkmale des Selbst- oder Eigencontrollings aktiviert.

Phase 4.6 – Hier: Nachhaltige Selbstorganisation sichern
Der Coachee, die Gruppe oder das Team sollen erkennen, warum der Prozess, wie er erlebt wurde, in dieser Form konstruiert wurde. Frage: „Welche Schritte im Coaching haben Sie erlebt und warum ist der Coachingprozess mit Ihnen so verfahren?" – „Welche Erkenntnisse können Sie daraus in künftigen Kontexten verwenden?"

Phase 5.1 – Hier: Controlling des Handlungsplans
Aus der Ausgangsfrage an den Coachee, die Gruppe oder das Team: „Wie definieren/interpretieren Sie Controlling in Ihrem Verständnis?" werden dann entsprechend des Verständnisses Merkmale des Selbst- oder Eigencontrollings aktiviert.

Phase 5.2 – Hier: Controlling der nachhaltigen Selbstorganisation
Aus der Ausgangsfrage an den Coachee: „Wie definieren/interpretieren Sie Controlling in Ihrem Verständnis und werden dann entsprechend des Verständnisses Merkmale des Selbst- oder Eigencontrollings aktiviert?"

Falls der Coachee, die Gruppe oder das Team den Coach in sein Controlling der Phase 5 integriert:

„Wann und wo wollen wir uns treffen?" oder
„ Wann wollen wir telefonieren?" oder
„Wollen Sie mir eine Mail senden zu dem Thema/den Themen?"

6.4 Perspektivwechsel im Coaching

Systemisches Coaching im Verständnis der Theorie vom Selbstorganisierten Coaching bedeutet im Sinne der angestrebten Veränderung, den Blick auf die Folgen von Entscheidungen zu legen.

Politisch denken – systemisch handeln, die achte Grundeinsicht der Führung, animiert den Coachee, die Gruppe oder das Team, in interagierenden Zusammenhängen zu denken und zu handeln. Im Marketing ist es das grundsätzliche Denken und Handeln vom Markt her. Die Marktteilnehmer als Träger von Bedürfnissen, die angesprochen und/oder befriedigt werden müssen, wenn es gilt, eigene Interessen zu befriedigen.

Der Perspektivwechsel im Coaching ist ein ur-unternehmerisches Verhalten. Egozentrische oder egoistische Handlungen können sich nur Monopolisten leisten. In den Märkten, in denen sich sowohl Unternehmen als auch Führungskräfte befinden, die vernetzt im und außerhalb des Unternehmens agieren, können ohne diesen gelebten Perspektivwechsel und den daraus resultierenden Erkenntnissen und deren Befriedigung auf Dauer nicht erfolgreich sein.

Perspektivwechsel im Coaching lenkt die Wahrnehmung des Coachees, der Gruppe oder des Teams auf berechtigte Interessen der Teilnehmer im Veränderungskontext oder auf das eigene *anders sinnvolle* Verhalten in der Generierung von Entscheidungen und deren Folgen.

Der gesamte Coachingprozess ist durchzogen von Perspektivwechseln. Das ganze *Tun und Lassen* des Coachees, der Gruppe oder des Teams wird systematisch aus der Sicht unterschiedlicher Stakeholder hinterfragt auf *Sinnhaftigkeit* oder *Sinnlosigkeit* bzw. auf *förderlich* und *hinderlich* in Bezug auf das Veränderungsthema, den Veränderungskontext, auf die Veränderung (das Ziel) und deren Folgen.

Den ersten Perspektivwechsel durchläuft der Coachee, die Gruppe oder das Team in der Kontakt- und Kontraktphase, wenn es gilt, das Primat des Prozesses und nicht des Coachs zu akzeptieren, und endet mit dem Controlling der nachhaltigen Selbstorganisation aus der Sicht einer qualifizierten Feedbacksystematik.

6.5 Hypothesenbildung im Coaching

Der Coachee, die Gruppe und das Team kommen in das Coaching mit der *gescheiterten Lösung* oder den *gescheiterten Lösungsversuchen*. Jede Lösung beinhaltet aber ein konkretes Thema in einem konkreten Kontext. Teilnehmer eines Coachings sind sozusagen immer *themenbeladen* und *umweltfrustriert*. Im Managementcoaching sind es die üblichen Grundthemen aus Führung, Konflikt mit Organisations- und/oder Marktteilnehmern, rechtliche und organisatorische Organisationsveränderungen, Marketingfragen, aber auch berufsbedingte Fragen der Work-Life-Balance, der Visions- und Leitbildentwicklung.

Kein Coachee, keine Gruppe oder kein Team kommt mit allen Themen zusammen und auf einmal, die einer Lösung bedürfen. Im Mittelpunkt steht immer ein Thema, auch wenn andere Themen im Geleitzug mitschwimmen.

Sprache ist ein Verräter im besten Sinne des Wortes, denn die Teilnehmer werden überwiegend nur die Art von Sprache nutzen, die mit dem zentral sie bewegenden Thema in ihrem Kontext in Verbindung steht.

Teilnehmer eines Coachings möchten, dass sie vom Coach verstanden werden. Er soll sich in ihre Situation hineindenken und hineinfühlen können, weil er vergleichbare Situationen in Unternehmen erlebt hat – *eine Sprache sprechen* oder über den gleichen *Stallgeruch* verfügen.

Coachingteilnehmer wollen Unterstützung – aber keine Bevormundung, deshalb haben sie den Vertrag in der Kontakt- und Kontraktphase unterschrieben, weil der Coach mit seinem Coachingverständnis ihnen die strikte Beachtung der Werte Freiheit, Freiwilligkeit, Ressourcenverfügung und Selbststeuerung versprochen hat und er den Konstruktivismus und das systemische Verständnis im Coaching strikt beachten wird.

Die Erwartung an den Coach ist Hilfe zur Selbsthilfe, also Hilfe, um sich im Thema und in ihrer Berufswirklichkeit besser zurechtfinden und damit erfolgreich sein zu können. Damit wird dem Coach unterstellt, dass er Berufserfahrung, Themenerfahrung, vielleicht auch Branchenerfahrung hat. Wie kann nun unter Beachtung der Werte, des systemischen Verständnisses und des Konstruktivismus – eingebettet in die Methode

Coachingprozess und unter Berücksichtigung der Funktionsweise des Gehirns als autopoiesisches System – wirksame Hilfe im thematischen Kontext geleistet werden?

Reflexionsangebote auf Abstraktionsebene

Der Coach hört dem Coachee oder den Teilnehmern genau aufs Wort zu. Die Teilnehmer verwenden bestimmte wichtige Worte, die im Zusammenhang mit ihrem Thema stehen.

Dem Coach stehen eine Reihe von Theorien, Modellen und Axiomen zur Verfügung, die überwiegend aus der Businesswelt des Managements und seiner Führungskräfte stammen, Theorien und Modelle, die die Wirklichkeit einer spezifischen Themenwelt repräsentieren. Die Theorien, Modelle und Axiome verwenden die Sprache und Begriffe dieser Themenwelt.

Die Basis der Reflexionsangebote auf Abstraktionsebene in der Phase 3.3 des Coachingprozesses ist die Hypothesenbildung. Die gebildete Annahme entsteht durch ein oder mehrere gehörte (und nicht durch den Coach gedeutete!) Worte, die in einer zur Verfügung stehenden Theorie, einem Modell oder einer Axiomatik enthalten sind.

Der Coach hat nun das Recht, das gehörte Wort oder die gehörten Worte *zurückzugeben*, angereichert durch die anderen Worte des Modells, der Theorie oder anderen Axiomen der Axiomatik.

Wichtig ist hierbei, dass es nur der Begriff ist, der zurückgegeben wird und nicht seine Deutung. Der Coachee, die Gruppe oder das Team – oder besser das Gehirn des Coachees, der Gruppe oder des Teams – wird bei Wiedererkennung des Wortes oder der Wörter die Annahme zusammen mit den Begriffen, die thematisch mit dem Veränderungswunsch zusammenhängen, nicht ablehnen, sondern als Wahrnehmungsangebot zur Ressourcensuche prüfen. Jeder angebotene Begriff wird akzeptiert, wenn der Coachee, die Gruppe oder das Team ihn kennt und selbstgedeutet einen Zusammenhang zwischen Veränderungsthema und Ziel als unterstützend herstellen kann. Ist dies der Fall, wird der Begriff in der Deutung des Coachees, der Gruppe oder des Teams zu einer Ressource.

Der Prozess im Management-Coaching hat ein fest definiertes Mindestrepertoire an Modellen, Theorien und Axiomen, die zur Hypothesenbildung herangezogen werden können. Dieses Repertoire kann jeder Coach erweitern, solange der *Status* Theorie, Modell und Axiom gewahrt ist.

Im Coaching kommt es nicht auf die Menge der angebotenen Hypothesen, sondern auf deren Legitimation an. Mit dieser Vorgehensweise wird sichergestellt, dass die thematischen Interventionen des Coachs nicht aus seiner Deutung und Bewertung der Situation stammen, sondern der *angeforderten* Lösungsunterstützung durch den Coachee, die Gruppe oder das Team entsprechen.

Gruppen- oder Teamcoachings unterscheiden sich im Verfahren der Hypothesenbildung nicht von Einzelcoachings.

Grundausstattung an Modellen, Theorien und Axiomen für die Hypothesenbildung im systemisch-konstruktivistischen Einzel- und Teamcoaching im Management:

1 Kompetenzmodell
2 Acht Grundeinsichten der Führung
3 14 Initiativpflichten der Führung
4 Drei Formen von Führen mit Zielen
5 Projektmanagement
6 Bedürfnispyramide nach MASLOW
7 Hygienefaktoren nach HERZBERG
8 HECKHAUSEN (weg von – hin zu)
9 26 Motive der MPA
10 Werte
11 Intelligenzen
12 MVWK-Modell
13 MASLOW
14 KEPNER-TREGOE
15 Die inneren Antreiber
16 JoHari-Fenster
17 Konfliktlösungsmuster
18 Einflüsse auf Konflikte
19 Ich-Zustände der Transaktionsanalyse
20 Teamphasen
21 Teamrollen nach BELBIN
22 Sieben Marketingbegriffe nach KOTLER
23 Marketingbegriffe – Praxis der 7 Ps
24 20 Axiome der www.hamburger-schule.com
25 Zehn Axiome *Lernen* der www.hamburger-schule.com

6.6 Das Systemisch-Konstruktivistische im Coachingprozess

Der Coachingprozess ist als Methode ein feststehender Ablauf zur Bearbeitung von Veränderungsthemen eines Coachees, einer Gruppe oder eines Teams.

Die Teilschritte jeder Phase des Prozesses wollen im Zusammenhang mit ihrer Wirkungserwartung und den damit zu verwendenden Wirkfaktoren in Abhängigkeit eines systemisch-konstruktivistischen Verständnisses sach- und fachgerecht interpretiert, legitimiert und situationsadäquat eingesetzt werden.

Der Coachingprozess will mit seiner *Aufbau- und Ablauforganisation* für jedes Veränderungsthema eines Coachees, einer Gruppe oder eines Teams aus dem Management einer Unternehmung immer eine grundsätzliche systemisch-konstruktivistische Auseinandersetzung mit dem Veränderungsthema.

Überspitzt formuliert: Der Coachee, die Gruppe oder das Team wird durch die Konstruktion des Coachingverständnisses unweigerlich zu einer systemisch-konstruktivistischen Bearbeitung des Veränderungsthemas angehalten. So ist es in der Kontakt- und Kontraktphase vereinbart worden.

Das Verständnis eines Management-Coachings kann andererseits auch gar nicht anders konstruiert sein, da der Kontext *Arbeitswelt* des Coachees, der Gruppe oder des Teams systemisch und konstruktivistisch ist.

Der Konstruktivismus im Coaching wird anerkannt und unterstützt durch die festgelegten Interventionen des Prozesses in Form von Ressourcenverwendung und deren phasenabhängigem Einsatz.

Das Systemische ist in den zu absolvierenden Phasen und deren Teilschritten im Bearbeitungsverlauf des Veränderungsthemas fest vorgegeben.

Der Coachingprozess ist in seiner Konstruktion deduktiv konzipiert. Der Prozess ist *offen* für jedes Thema in seinem systemischen Zusammenhang und seiner konstruktivistischen Kontextdeutung. Dies ist der Vorteil dieses

Coachingverständnisses – oder genauer gesagt, das Alleinstellungsmerkmal (USP) dieses Coachingverständnisses – weil es nicht systemtheoretisch legitimiert ist.

7 Die Vorbereitung auf das konkrete Coaching

Aus dem Sport kennt es jeder: Der Läufer läuft sich ein oder warm, der Schwimmer lockert sich, der Turner macht seine Muskulatur fit, der Hochspringer geht noch einmal die Schrittabfolge durch, der Reiter inspiziert und schreitet den Springparcours ab – sein Pferd wird vor dem Sprung *versammelt*, damit es mit voller Aufmerksamkeit den Sprung über den Wassergraben oder über den Oxer erkennt.

Jeder, der individuelle oder kollektive Spitzenleistung erbringt, bereitet sich ...

- mental,
- körperlich,
- organisatorisch-räumlich und
- anhand entsprechender Arbeitsmaterialien

vor. Diese konkrete Vorbereitung auf das Coaching beginnt also nach Anschluss der Phase 1: Kontakt und Kontrakt mit seinen drei Teilphasen. In der Regel liegen zwischen der Phase 1 des Coachingprozesses und dem Beginn der Phase 2 des Coachingprozesses einige Tage – in denen sich viel verändern kann – aber natürlich nicht verändern muss.

7.1 Die mentale Vorbereitung

Die mentale Vorbereitung bezieht sich auf das individuelle *Kompetenz-modell* des Coachs. Vergewissern Sie sich aller Ihrer Ressourcen als Coach. Ihr Fakten- und Methodenwissen darüber, wie Sie einen Kontext mit dem Coachee, der Gruppe oder dem Team entwickeln, wie Sie Ihre sozio-kommunikativen Fähigkeiten erfolgreich anwenden, sich Ihres Branchenwissens im Abgleich mit den Arbeitsinhalten des Coachees, der Gruppe oder des Teams im Umfeld ihres Unternehmens vor Augen halten und ihrer Motive, Werte und Intelligenzen, die hinderlich oder förderlich sein können.

Die mentale Vorbereitung bezieht sich aber auch auf den Coachingprozess – und dies nicht nur in seinem formalen Ablauf und formalen Wirkungserwartungen, sondern insbesondere auch in der Dramaturgie des von Ihnen als Coach zelebrierten Ablaufs. Eine an sich spannende Geschichte, die monoton vorgetragen wird, ist langweilig. Die Zuhörer schlafen ein oder wenden sich vom Vortragenden ab. Der Coachingprozess ist spannend wie ein Action-, Heimat-, Dokumentar- und Liebesfilm zusammen. Repräsentieren Sie den Coachingprozess – vermitteln Sie den Eindruck, dass Sie der Coachingprozess sind.

Die mentale Vorbereitung bezieht sich auf die Folgen des Coachings. Professionelle Regisseure oder Dirigenten denken und fühlen das Theaterstück von seiner inhaltlichen Schlussbotschaft oder das Orchesterstück von seinem Klangbild des Schlussakkords her.

Die Pfeilspitze der Grafik *systemisch-konstruktivistischer Coachingprozess* beinhaltet den Begriff nachhaltige *Selbstorganisation*, die Spitze weist in den systemischen Zielkontext, in dem der Coach oder das Team die neu entwickelten Handlungsalternativen anwenden oder einsetzen wollen.

Mentale Vorbereitung in diesem Sinne bedeutet, dass sich der Coach bewusst ist, dass eine gewollte Folge immer eine adäquate Vorbereitung benötigt. Was in Phase 1 versäumt wurde, kann in Phase 2 oder Phase 4 nicht mehr nachgeholt werden. Die mögliche Qualität kann sich nicht entfalten und oft treten damit auch Folgefehler auf. Die mentale Vorbereitung auf den Prozess lautet: von *hinten nach vorn*.

Für ein Gruppen- oder Teamcoaching gelten bei der mentalen Vorbereitung die gleichen Grundbedingungen. Hier gilt es im Vorwege, sich *vielen Teilnehmern* mit ihren unterschiedlichen *Kompetenzmodellen* und den auftretenden gruppendynamischen Interaktionen Aufmerksamkeit zu widmen.

7.2 Die organisatorisch-räumliche Vorbereitung

Coach und Coachee, Coach und Gruppe oder Coach und Team sollen sich in der angebotenen Arbeitsumgebung und Arbeitsausstattung wohlfühlen. Dies hat nicht nur der Psychologe FREDERICK HERZBERG mit seiner *Zwei-Faktoren-Theorie der Motivation* herausgefunden. Auch die Neurowissenschaften lenken unseren Fokus auf das psychobiologische Wohlbefinden. Der Coachingraum ist keine *Gefängniszelle* oder *Hundehütte*. Gehen Sie mit Raum-, Platz- und Ausstattungsangebot eher etwas großzügig um. Es muss dem normalen Ambiente von Coachee, Gruppe oder Team *im oberen Bereich* entsprechen.

- Ein Einzelcoaching benötigt ...
  - den Fotoapparat des Coachees für die bildhafte Dokumentation seines Coachingverlaufs;
  - in der Regel einen Tag für ein professionelles Coaching;
  - einen Raum von ca. 30 qm, der möglichst quadratisch geschnitten sein sollte und zu öffnende Fenster besitzt – ideal sind ebenerdige Räume, die im Zweifelsfall auch schnell verlassen werden können;
  - eine Tischfläche von gut zwei mal zwei Meter – er wird als Platz für die visuelle Aufstellung in Phase 2.1 benötigt;
  - ein Flipchart mit ausreichend Flipchartpapier (ca. 20 Blätter);
  - fünf professionelle Pinnwände;
  - einen gut sortierten Moderationskoffer mit mindestens vier verschiedenen Filzstiften, verschiedene Größen und Farben an ausreichend runden Moderationskarten (Bubbles werden hauptsächlich in Phase 2.1 des Prozesses benötigt), verschiedene Farben und ausreichende Menge der eckigen Moderationskarten, die hauptsächlich in Phase 3 *Ressourcenidentifikation* benötigt werden, gut zu handhabende Pinn-Nadeln, Klebeband, das an der Raumwand angebracht werden darf, und keine *Abreißschäden* produziert;
  - Erfrischungen wie Kaffee, Tee, Wasser, Säfte aber auch Knabbereien und/oder kleine Häppchen zum Verzehr;
  - Tempotaschentücher für mögliche Tränen und Kopfschmerzmittel;
  - im Vorwege und aktuell die Vorsorge, dass es keine unliebsamen Störungen von außen gibt;

- vereinbarte Pausen und regeln Sie Ort und Inhalt des Mittagessens;
- für den Bedarfsfall die Kenntnis über Flucht- und Toilettenwege.

- Die organisatorisch-räumliche Vorbereitung für ein Gruppen- oder Teamcoaching unterscheidet sich zum Einzelcoaching im Grunde nur in der Mengenbetrachtung:
  - Fotoapparat pro Teilnehmer zur Fotodokumentation des Coachingablaufs.
  - Für ein professionelles Teamcoaching werden zwei Tage zu veranschlagen sein.
  - Ab einer Teilnehmermenge von über sieben in einem Teamcoaching ist ein zweiter Coach sinnvoll einzuplanen. Er ist Stellvertreter oder übernimmt eigenverantwortlich einige Teilphasen des Prozesses. Nicht empfehlenswert sind zwei Coachs, die gleichzeitig alles gemeinsam machen – die Gruppe/das Team braucht jeweils die Orientierung immer nur auf einen Coach.
  - Pro Teilnehmer benötigt man ein Flipchart.
  - Pro Teilnehmer benötigen Sie 10 qm Raumfläche, da die visuelle Aufstellung auf dem Fußboden und nicht auf einem eigenen oder gemeinsamen Tisch gemacht wird.
  - Entsprechend mehr runde und eckige Moderationskarten müssen bereitliegen.
  - Viel freie Wandflächen zum Anheften von Flipcharts müssen gewährleistet sein.

7.3 Die körperliche Vorbereitung des Coachs

Coaching bereitet Freude, ist aber auch körperlich beanspruchend. Konzentration und Selbstdisziplin stellen an den Coach hohe Ansprüche. Ein fitter Körper – ausgeruht, *aufputschmittelfrei* und belastbar durch ausreichende und vitaminreiche Kost, lassen den Coach auch nach Stunden gelassen und entspannt seine Tätigkeit ausüben.

Im Coaching wird hauptsächlich gedacht und geredet. Üben Sie vor dem Coaching Ihre Inhalte, Wortverwendung und Artikulation. Bereiten Sie sich auf eine abwechslungsreiche Mimik und Gestik vor. Sprachinhalte sollen zu Artikulation, Mimik und Gestik des Coachs passen. Es geht um die Authentizität des Coachs, die sich aus der Kultur des Selbsorganisierten Coachings legitimieren soll. Stimme und Augen haben einen erheblichen Einfluss auf den Coachee. Eine unbedacht hochgezogene Augenbraue kann vom Coachee als *Kritik* und ein unbedachtes Kopfnicken als Bestätigung interpretiert werden.

Im Coaching auf der Basis des Verständnisses vom Selbstorganisierten Coaching mit seinen vier Werten Freiheit, Freiwilligkeit, Selbststeuerung und Ressourcenverfügung ist der Coach zwingend aufgefordert, nicht durch unbedachte Mimik, Gestik, Körperhaltung, Stimmlage, Stimmgeschwindigkeit oder sprachlich unreflektierte Äußerungen, wie *hm* oder *jaaa* u. dgl. diese Werte zu unterlaufen.

7.4 Laminierte Karten im Coaching

Das Coachingverständnis, abgeleitet aus der Theorie vom Selbstorganisierten Coaching erwartet vom Coach, dass er seine *Sicht der Dinge* sowohl in der Analyse als auch in der Entwicklung von Handlungsalternativen absolut zurückhält. Der Coach interpretiert loyal die Wirkungserwartungen des Prozesses in seinen Phasen. Dazu stehen dem Coach eine Reihe *deduktiver* Interventionen zur Verfügung.

Die Interventionen werden als Wahrnehmungserweiterung wie in Phase 2.1 als deutungsleere abstrakte Begriffe oder als Angebote einzelner, aber durch Strukturmerkmale verbundene Begriffe auf Abstraktionsebene in Phase 3.3 zur Ressourcensuche oder als Gesamtübersicht einzelner Begriffe, die abstrakt zu einem Thema zuzuordnen sind, als strukturelle Ressource in Phase 3.6 dem Coachee als Wahrnehmungserweiterung angeboten.

Dies hat zur Folge, dass alle gewollten Theorien, Modelle und Axiome, die im Coaching im Sinne dieser Wirkungserwartung eingesetzt werden können, als vorgefertigte laminierte Karten in unterschiedlichen Größen und Farben zur Verfügung stehen müssen. Diese laminierten Karten sind im Coaching-raum auf einem gesonderten Tisch oder einsehbarer Ablage zu deponieren, so dass der Coachee sie erkennen und durch die Handreichung des Coachs benutzen kann.

7.5 Verwendung von laminierten Karten im Coaching

Im Coaching werden laminierte Karten von Modellen, Theorien und Axiomen für die verschiedensten Anlässe benötigt:

- Laminierte Karten in DIN-A4-Format dienen als strukturelle Ressource, zur Verständnisunterstützung, beim Erklären des Prozesses oder seiner Wirkungserwartung. Sie werden auch zum Gebrauch durch den Coachee in seiner nachhaltigen Selbstorganisation benötigt.
- Laminierte Karten in DIN-A7- oder DIN-A6-Format werden zur Verwendung als Einzelressource für die Wahrnehmungserweiterung in der visuellen Aufstellung, in der Phase 3.1 bei der Ermittlung der Motive, Werte und Intelligenzen (persönliche Kompetenz) und in der Phase 3.3 *Hypothesengeleitet Ressourcen ermitteln* eingesetzt.

Nachfolgend die Liste der möglichen oder festgelegten Verwendung laminierter Karten in den Prozessphasen:

Phase 1 – Kontakt und Kontrakt
- Die kritischen Erfolgsfaktoren
1.1 Vorstellung und Erwartung der Beteiligten
1.2 Coachingablauf, Kommunikationskontext und Selbstorganisation vereinbaren
- Kompetenzmodell
- IST-SOLL-Kompetenzmodell
- Systemisch-konstruktivistischer Coachingprozess
- Wirkungserwartung des Prozesses
- Die vier Taxonomiestufen
1.3 Thema und Veränderungswunsch skizzieren
- Mentale Probe

Phase 2 – Systemische Themen- und Zielklärung
2.1 Thematischen Ist-Kontext systemisch visualisieren
- St. Galler Management-Modell
- Zehn-Felder-Modell
- TZI nach RUTH COHN

2.2 Ziel festlegen und Folgen reflektieren
- Laminierte Karte: Zielkomponenten
- Motivcheck

Phase 3 – Zielorientierte Ressourcenidentifikation und Reflexion
3.1 Motive, Werte und Intelligenzen zur Zielerreichung ermitteln
- Motive der MPA
- Wertekarten
- Intelligenzen nach GARDNER

3.2 Werte des Kommunikationskontextes ermitteln
- Laminierte Karten im DIN-A4-Format: MVWK-Modell 1 bis 5

3.3 Hypothesengeleitet Ressourcen ermitteln
- Acht Grundeinsichten der Führung
- 14 Initiativpflichten der Führung
- MASLOW
- JoHari-Fenster
- Innere Antreiber
- Begriffe der TA
- Konfliktlösungsmuster
- Hygienefaktoren nach HERZBERG
- Vier Begriffe HECKAUSEN
- Projektmanagement
- Führen mit Zielen
- Teamphasen
- Teamrollen
- 7 Ps des Marketing

3.4 Ressourcen aus eigenen und fremden Quellen
3.5 Bisheriges Analyse- und Lösungsmuster der Selbstorganisation im thematischen Kontext
- MVWK-Modell 6

3.6 Feedbacksystematik und somatische Marker etablieren
- Laminierte DIN-A4-Karte: Somatische Marker
- Laminierte DIN-A4-Karten, die in Phase 3.3 zur Anwendung kamen

Phase 4 – Handlungskompetenz im systemischen Zielkontext festlegen
4.1 Entwicklung und Entscheidung der Handlungsalternativen
4.2 Handlungsabfolge festlegen (Handlungsplan)
4.3 Potenzielle Probleme bei der Realisierung des Handlungsplans analysieren

4.4 Ressourcen- und Handlungsplan aktualisieren
4.5 Controllingmerkmale des Handlungsplans festlegen
4.6 Nachhaltige Selbstorganisation sichern
• Mentale Erfolgsprobe

Phase 5 – Controlling
5.1 Controlling des Handlungsplans
5.2 Controlling der nachhaltigen Selbstorganisation

7.6 Loyalitäten im Coaching

Ein Systemischer Management Coach hat es genau genommen mit mehreren Vertragspartnern in der konkreten Coachingsituation zu tun. Dies wird nicht immer deutlich. Hier sind nicht nur formalrechtliche Verträge mit Rechtspositionen gemeint sondern auch Vereinbarungen im Sinne von Committments, die es gilt, mit konkretem Leben zu füllen.

Loyalität meint *dem Gesetz entsprechen*. Loyal handelt, wer im Interesse, *im Geist,* im Interesse des vereinbarten geschriebenen oder gesprochen Wortes handelt.

Das Grund- und Selbstverständnis der Loyalität für den Coach bildet sich aus dem sicherem Wissen im Umgang mit dem Coachingprozess, der konsequenten Beachtung der vier Werte, den drei Anliegen, eingebettet in die konsequente Ausrichtung und Realisierung des Systemischen und des Konstruktivismus im Coaching.

Der Coach agiert, koordiniert und orientiert sich an folgenden Loyalitätsbezügen:

1. dem Coachee, der Gruppe, dem Team gegenüber, indem ich nichts *ausplaudere;*
2. dem Auftraggeber (so er nicht der Coachee, die Gruppe, das Team ist), indem ich mich an getroffene Vereinbarungen halte;
3. dem Unternehmen als Rechtskonstruktion, in dem der Coachee, die Gruppe, das Team arbeitet;
4. dem Unternehmen als betriebswirtschaftlich-wertschöpfende Einheit;
5. den veröffentlichten Werten, Zielen und Strategien der Unternehmung;
6. dem Grundgesetz, um grundsätzlich gesetzestreu zu sein.

Daraus leitet der Coach sein Recht als Coach ab, den Coachee, die Gruppe, das Team mit der Faktenlage seines/ihres/seines Kontextes zu konfrontieren. Wobei konfrontieren nicht belehren bedeutet. Dazu zählt selbstverständlich seine Verantwortung im Management. Diese Verantwortung ergibt sich nicht nur aus seinem Arbeitsvertrag, sondern auch aus den verschiedensten Veröffentlichungen im Unternehmen, wie Betriebsvereinbarungen, Führungsleitlinien, Vision und Strategien usw.

Ein anderes Vorgehen als Coach ist nicht nur unprofessionell, sondern moralisch/ethisch unverantwortbar.

8 Der konkrete Ablauf des Coachings – einzeln und im Team

Der systemisch-konstruktivistische Coachingprozess ...
* als methodisch festgelegter Bearbeitungsverlauf des Veränderungsthemas,
* mit seinen vier Werten: Freiheit, Freiwilligkeit, Ressourcenverfügung, Selbststeuerung,
* den drei Anliegen: Wahrnehmungserweiterung auslösen, Handlungsalternativen ermöglichen, Entscheidungen sichern,

gilt für ein Coaching
* mit einer Einzelperson (Coachee),
* einer Gruppe oder
* einem Team.

Die Unterscheidung liegt ...
* in der Anzahl der Personen, die zeitgleich den Coachingprozess durchlaufen
* und deren freien oder festen Beziehungen (Abhängigkeiten) zueinander.

Ein Coaching mit mehreren Personen bedeutet in der Regel ...
* die Führungskraft der Gruppe oder des Teams hat berechtigte Interessen, die als Fakten des Kontextes klarer als die Interessen der Führungskraft des Coachees im Einzelcoaching definiert sind;
* ein Mehr an Zeitaufwand für Koordinationsaufgaben im Verlauf;
* während des Coachings gruppendynamische Ereignisse zu erkennen und zu bewältigen;
* eine differenziertere – weil individualisierte – inhaltliche, verbale und tonale Kommunikation des Coachs;
* eine vielfältigere Verwendung der prozessbedingten Ressourcen;
* vermehrt *sozial erwünschtes Verhalten* durch die Gruppe oder das Team zu identifizieren;
* zusammen mit dem Gruppen- und/oder Teamleiter die Phase 5 aktiv zu begleiten.

Die nachfolgende grundsätzliche Beschreibung geht auf die Unterschiede von Einzel-, Gruppen- oder Teamcoachings ein – aber nicht auf die konkreten prozessabhängigen Ressourcenverwendungen, die in den vorangegangenen Kapiteln beschrieben sind.

Als Leser dieses Buches haben Sie die Möglichkeit, real durchgeführte Einzel- und Teamcoachings in Form einer ausführlichen Dokumentation des Coachings nachzuverfolgen.

Auf meiner Homepage für die Ausbildung zum Systemischen Management Coach – DIE HAMBURGER SCHULE – finden Sie die Dokumentationen:

> www.management-coachausbildung.de
> Rubrik: Buchleser-Login
> Kennwort: reiem-rd
> Passwort: Coachingpraxis

Es handelt sich um reale Coachings. *Theorie*, wie hier im Buch, ist nicht immer mit den Möglichkeiten und Begrenzungen der Praxis zu 100% abbildbar. Insgesamt schildern die Dokumentationen die Anwendungspraxis sehr gut. Die Dokumentationen stammen von Damen und Herren, die innerhalb ihrer Ausbildung zum Systemischen Management Coach solche supervidierte Coachings erstellten. Der einzelne Coachee, die Gruppe oder das Team sind mit der Veröffentlichung einverstanden. Teilweise sind aus Anonymisierungsbedürfnissen Eigennamen geschwärzt oder ausgetauscht worden.

8.1 Phase 1 – „Kontakt und Kontrakt"

Die Wirkungserwartung dieser Phase: Vereinbarung des Cochingansatzes.

8.1.1 Vorstellung und Erwartung der Beteiligten

Diese Teilphase gilt für den Coachee, die Gruppe und das Team. Der Coach sollte darauf achten, dass jedes Mitglied der Gruppe, des Teams zu Wort kommt.

Für das Gruppen- und Teamcoaching sollte der Coach die gruppendynamischen Grundbedingungen der Gruppe und des Teams mitbringen und den Beteiligten als *unumgänglich* präsentieren: Teamphasen (sind auch Gruppenphasen), Teamrollen, die Konfliktlösungsmuster sowie die definitorischen Unterschiede von Gruppe und Team.

8.1.2 Coachingablauf, Kommunikationskontext und Selbstorganisation vereinbaren

Die zu verwendenden laminierten Karten (Coachingprozess, Kompetenzmodell, Teamphasen, Konfliktlösungsmuster) sind jeder Person einzeln auszuhändigen. Jeder soll im gleichen Besitz von Wissensbeständen und Materialien sein.

8.1.3 Thema und Veränderung skizzieren

Beim Einzel-, Gruppen- oder Teamcoaching ist dies durch jede einzelne Person an- und auszusprechen. Wenn bei Gruppen- oder Teamcoachings einzelne Teilnehmer dies nicht in der Öffentlichkeit kommunizieren, ist die Gefahr der *inneren Ablehnung* des Veränderns möglich.

Nachdem mit dem Einzelnen, der Gruppe oder dem Team der konkrete Vertrag – mündlich oder schriftlich – zum Coaching geschlossen wurde, bittet der Coach jedes Gruppen- wie Teammitglied vor Beginn des eigentlichen Coachings, ihm in drei bis fünf Zeilen per Mail mitzuteilen, welche Thematik aus der Einzelsicht bearbeitet werden muss. Der Coach sollte darauf hinweisen, dass es sich nicht um Lösungen handeln darf.

Der Vertrag mit dem Coachee, der Gruppe und dem Team muss im Sinne des Konsenses der Themenbearbeitung von jedem Teilnehmer öffentlich bestätigt sein. In dieser Phase ist es wichtig, *sozial erwünschtes Verhalten* zu erkennen und zu vermeiden. Der Coach läuft sonst Gefahr, dass dieses *Nichteinverständnis (Ablehnung)* in die weiteren Coachingphasen mitgenommen wird und dort *Verwerfungen* auslösen kann.

Diese Phase 1 *Kontakt- und Kontrakt* sollte mit der Gruppe oder dem Team immer *Face-to-Face* realisiert werden. Im Einzelcoaching ist dies nicht zwingend notwendig.

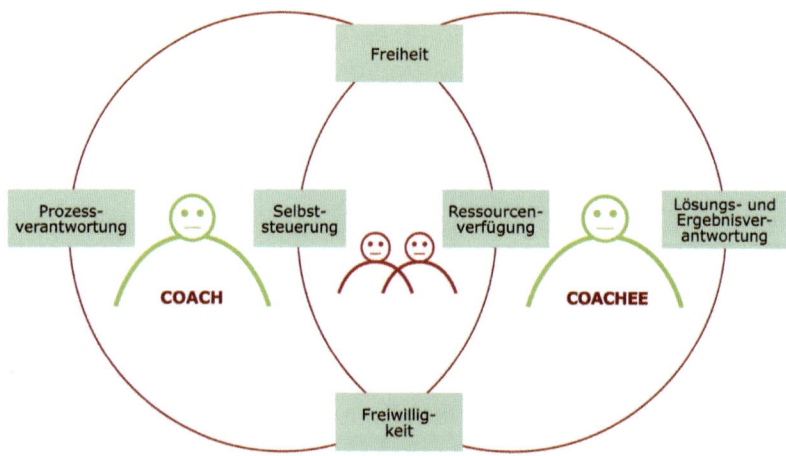

©2009, Dr. Rolf Meier, Axel Janßen

8.2 Phase 2 – „Systemische Themen- und Zielklärung"

Die Wirkungserwartung dieser Phase: Wille zur konkreten Selbstveränderung und bewusste Akzeptanz von selbsterkannten Folgen.

8.2.1 Thematischen IST-Kontext systemisch visualisieren

Die visuelle Aufstellung mit ihren drei Phasen und der damit vorgeschriebenen Ressourcenverwendung findet für jede einzelne Person statt. Nicht die Gruppe oder das Team macht eine visuelle Aufstellung, sondern immer und ausschließlich jeder einzelne Teilnehmer. Dies bedeutet auch, dass jeder Teilnehmer im ersten Schritt der visuellen Aufstellung seine individuelle Vorstellung von dem zu bearbeitenden Thema hat und veröffentlicht. Auch wenn gleiche Begriffe gewählt werden sollten, ist im Sinne des Konstruktivismus nicht sicher, ob hinter den gleichen Begriffen des Themas dieselben Deutungsinhalte stehen.

Es ist in dieser Teilphase auch wichtig, die Unterschiedlichkeit zu wollen und nicht zu einem gemeinsamen Begriff zu bündeln. Gruppen und Teams kommen in das Coaching, weil Dissens zwischen den Teilnehmern besteht. Im Sinne der subjektiven Wahrheit und der subjektiven Wahrhaftigkeit der IST-Analyse müssen die Unterschiede der Beteiligten offengelegt werden.

Im zweiten Schritt der visuellen Aufstellung wird mit der Wahrnehmungserweiterung mittels dreier Modellmöglichkeiten gearbeitet. Im Gruppen- und/oder Teamcoaching kann es nun passieren, dass jeder Teilnehmer sein Thema mittels seiner Vorstellung des Themas *erweitern* will. Der Coach sollte die Mitglieder auf diese Individualisierung vorbereiten und mit den Beteiligten einen Bearbeitungsmodus vereinbaren, den der Coach angemessen intensiv controllen sollte.

Der dritte Schritt der visuellen Aufstellung erfolgt nun wie im Einzelcoaching: Jeder Teilnehmer bildet Bedeutungscluster mit seinen in den Schritten 1 und 2 verwendeten *Bubbles*.

Entsteht im Einzelcoaching eine visuelle Aufstellung mit den drei Teilphasen, entstehen im Gruppen- oder Teamcoaching so viele visuelle Aufstellungen wie es Teilnehmer gibt.

8.2.2 Ziel festlegen und Folgen reflektieren

Nun kommt eine entscheidende Stelle im Gruppen- und Teamcoaching: Bildung des Teams oder der Gruppe durch ein gemeinsam erstelltes Ziel. Nicht der einzelne Teilnehmer entwickelt ein Ziel, sondern die Teilnehmer gemeinsam. Dies bedeutet, dass sich jeder Teilnehmer räumlich gesehen von seiner visuellen Aufstellung entfernen muss. Alle Teilnehmer nehmen im Raum einen Platz ein, der bisher nicht genutzt wurde – gilt sozusagen nicht als vorbelastet durch Vergangenes. Die Teilnehmer werden dann quasi um ein Flipchart geschart. In dieser Phase sind gruppendynamische Prozesse an der Tagesordnung. Die Teilnehmer bringen ihre Unterschiedlichkeiten mit in diese räumliche Gruppenbildung, es gibt jedenfalls eine Storming-Phase!

Die Teilnehmer werden aus der Storming-Phase nur herauskommen, wenn ihnen dies bewusst ist. Der Coach greift auf seine der Gruppe oder dem Team gegebenen Informationen aus der Kontakt- und Kontraktphase zurück. Dies tut er auch, indem er jedem einzelnen Teilnehmer Blätter mit den Teamphasen, Teamrollen und Konfliktlösungsmustern überreicht.

Damit ist der Beginn des Selbstcontrollings durch Feedbacksystematiken im Coaching gelegt.

Eine Gruppe oder ein Team entsteht nur, wenn alle Beteiligten *vordergründig* bereit sind, ein Teil ihrer Bedürfnisse zugunsten eines Ganzen *zu opfern*. In diesem ersten Schritt der Annäherung an eine Gemeinsamkeit werden die Teilnehmer in der Regel das Bewusstsein haben, damit einen Kompromiss einzugehen. Im zweiten Schritt, der konkreten Akzeptanz der gefundenen Gemeinsamkeit, müssen Gefühl und Bewusstsein für Konsens entstehen. Dies ist für die Stabilität des Teams oder der Gruppe von höchster emotionaler Bedeutung (Gruppen- oder Teamresilienz). So wie im Einzelcoaching das Ziel in der Skalierung eine *emotional unzweifelhafte* 10 erhalten muss: „Ich bin über den Rubikon und mein psychobiologisches Empfinden ist bestens befriedigt." – so muss auch die Gruppe oder das Team diesen emotionalen Reifegrad besitzen. Erst wenn alle relevanten Motive des Einzelnen im neuen gemeinsamen thematischen Kontext zu einem Zeitpunkt befriedigt sind, kann im Team- oder Gruppencoaching von einem akzeptierten und deshalb Selbstwirksamkeit produzierenden Ziel gesprochen werden. Wenn die Gruppen- oder Teammitglieder diesen Konsens spüren, ist eine neue virtuelle Person, *die Gruppe* oder das *Team* geboren. Das Team oder die Gruppe entsteht durch ein gemeinsames, emotionales Bewusstsein. Das psychobiologische Wohlbefinden des Einzelnen, eingebettet in die gemeinsame Identität und die gemeinsamen Zukunftshoffnung (Grundeinsicht fünf der Führung).

Jedes Teammitglied ist an der Formulierung des Ziels beteiligt. Der Coach ist aufgefordert, darauf zu achten, dass jeder angemessen beteiligt ist. Nichtbeteiligung kann auch Desinteresse an der neuen Zukunft sein.

Der Coachingprozess will nach der Zielfestlegung, dass der Coachee, die Gruppe oder das Team über die Folgen des Ziels reflektiert. Im Einzelcoaching nutzt der Coachee seine in der 3. Phase der visuellen Aufstellung gebildeten *Bubbles* mit ihren Überschriften als Zielerreichungsmerkmal (ZEM). Im Gruppen- oder Teamcoaching müssen diese ZEMs erst gefunden werden, denn durch das gemeinsame Ziel der Teilnehmer ist ein neuer, bisher nicht vorhandener Kontext entstanden.

Alle Teilnehmer müssen nun gemeinsam die neuen ZEMs im neu geschaffenen Zielkontext vereinbaren. Dazu gehen sie gemeinsam zu den einzelnen Aufstellungen jedes Teilnehmers und entscheiden gemeinsam, ob ein Cluster zum ZEM im neuen gemeinsamen Zielkontext wird. Auch in dieser Aktivität wird es zum *Storming* kommen, weil die Deutung und Bewertung des einzelnen Clusters dem Konstruktivismus des Einzelnen gehorcht.

Sind so alle ZEMs aus Sicht aller Beteiligten gefunden, werden wie im Einzelcoaching die Folgen des Ziels durch einen Perspektivwechsel reflektiert. Der Perspektivwechsel gelingt dann, wenn sich alle Teilnehmer auf eine Handlung des Teams oder der Gruppe aus Sicht des ZEMs einigen konnten. Die Standardfrage gilt auch hier im Gruppen- oder Teamcoaching: „An welcher Handlung des Teams, kann das ZEM ... erkennen, dass das Team sein Ziel ... erreicht hat?"

Die Abfolge ist jetzt genau wie im Einzelcoaching. Wichtig für den Coach ist, darauf zu achten, dass alle Teilnehmer gleichberechtigt und gleich aktiv an den Handlungsformulierungen mitmachen.

Wie im Einzelcoaching gilt es, jetzt die Bedeutung der Handlung für das ZEM zu ermitteln. Auch gilt Einstimmigkeit der Teilnehmer. Der Coach kann, zur Absicherung des Konsenses, die gefundene Bedeutung durch jeden einzelnen Teilnehmer skalieren lassen. Skalenwerte *unter 10* sollte der Coach zum Anlass nehmen, die Bedeutung der Handlung zwischen den Teilnehmern neu diskutieren zu lassen.

Es kann nicht oft genug betont werden, dass die zukünftige Stabilität einer Gruppe oder eines Teams in den Veränderungssequenzen der Coaching-phasen gelegt wird. Basis dieser zukünftigen Stabilität ist der Konsens und nicht der Kompromiss. Ein Ziel ist definiert als die bewusst angestrebte Befriedigung der eigenen Bedürfnisse zu einem bestimmten Zeitpunkt. Diese Definition beinhaltet Disziplin, Anstrengung und Konsequenz für ein psychobiologisches Wohlbefinden in einer konkreten Zukunft. Wenn Veränderungsprozesse – und die werden durch Coaching *organisiert* – dem Einzelnen sein individuell gedeutetes Wohlbefinden nicht ermögli-chen (Zukunftshoffnung), wird er sein Engagement anderen Zukunftssitua-tionen (Identifikation) widmen.

8.3 Phase 3 – „Zielorientierte Ressourcenidentifikation und Reflexion"

Die Wirkungserwartung dieser Phase: Ressourcenidentifikation und Reflexion der bisherigen Selbstorganisation.

8.3.1 Motive, Werte und Intelligenzen zur Zielerreichung ermitteln

Entsprechend dem Einzelcoaching werden die Motive, Werte und Intelligenzen der Gruppe oder des Teams ermittelt. Diese Vorgehensweise gelingt nur durch einen Perspektivwechsel aller Teilnehmer. Die Gruppe und das Team als virtuelle Person und nicht der Einzelne stehen im Mittelpunkt der Betrachtung. Dieser Perspektivwechsel ist gewöhnungsbedürftig und wird nicht immer sofort gelingen.

Einerseits hat der Einzelne für ihn identitätsstiftende Motive, Werte und Intelligenz – andererseits bedarf die Gruppe oder das Team der Motive, Werte und Intelligenzen, die der Gruppe und dem Team helfen, akzeptierte Entscheidungen aus der Bedürfnislage des Einzelnen zu treffen. Teamfähigkeit ist auch die Fähigkeit des Einzelnen, sich dissoziieren zu können.

8.3.2 Werte des Kommunikationskontextes ermitteln

Wie im Einzelcoaching werden die Werte des Kommunikationskontextes ermittelt. Der Kontext besteht aus den ZEMs, mit und zu denen die Gruppe und das Team Kommunikation aufnimmt. Die Gruppen- bzw. die Teammitglieder ermitteln gemeinsam, was jedem ZEM wichtig ist (Werte).

8.3.3 Hypothesengeleitet Ressourcen ermitteln

Wie im Einzelcoaching werden der Gruppe und dem Team auf der Basis der vorgeschriebenen Hypothesenbildung Modelle, Theorien oder Axiome als *Reflexionsangebot auf Abstraktionsebene* angeboten. Die Teilnehmer müssen aus der Sicht der Gruppe oder des Teams diese Angebote im Hinblick darauf deuten, inwieweit einzelne Begriffe *Ressourcen* zur Zielerreichung des Teams werden können.

8.3.4 Ressourcen aus eigenen und fremden Quellen

Wie im Einzelcoaching soll die Gruppe als Gruppe und das Team als Team analysieren, ob es in vergleichbaren thematischen Situationen über Ressourcen verfügt, die für die erfolgreiche Zielerreichung eingesetzt werden können. Vergleichbares gilt für die Grupe bekannte Gruppen und dem Team bekannte Teams, die in ähnlichen thematischen Kontexten bestimmte Ressourcen für die Zielerreichung eingesetzt haben.

8.3.5 Bisheriges Analyse- und Lösungsmuster der Selbstorganisation im thematischen Kontext

Der Coachee, die Gruppe oder das Team darf in der Zukunft keine Ressourcen im Sinne der bisherigen Analyse- und Lösungsmuster nutzen, da diese nicht zum Erfolg geführt haben. So wie der Coachee im Einzelcoaching, ist die Gruppe oder das Team aufgefordert, aus Team- bzw. Gruppensicht bisheriges Scheitern und seine Ursachen zu identifizieren.

8.3.6 Feedbacksystematik und Somatische Marker

Die Somatischen Marker sind als Orientierung für *wohlbefindliche Entscheidungen* gesetzt. So wie im Einzelcoaching muss die Gruppe, das Team entscheiden, welche Reflexionsangebote auf Abstraktionsebene in der Phase 3.3 besonders hilfreich bei der Identifikation von hilfreichen Ressourcen waren. Ein oder zwei dieser Reflexionsangebote werden dann von der Gruppe und vom Team als strukturelle Ressource identifiziert.

8.4 Phase 4 – „Handlungskompetenz im thematischen Zielkontext festlegen"

Die Wirkungserwartung dieser Phase: Handlungskompetenz im thematischen Realisierungskontext festlegen.

8.4.1 Entwicklung und Entscheidung der Handlungsalternativen

Der Coachee im Einzelcoaching entscheidet allein über die Verwendung von Ressourcen für die Entwicklung von Handlungsalternativen pro ZEM. Die Gruppe oder das Team verfährt genauso. Die Gruppe bzw. das Team wird als eine Person angesehen.

8.4.2 Handlungsabfolge festlegen (Handlungsplan)

Die Abfolge der Handlungen wird wie im Einzelcoaching durch das Team oder die Gruppe festgelegt.

8.4.3 Potenzielle Probleme bei der Realisierung des Handlungsplans analysieren

Die Identifikation von potenziellen Problemen wird wie im Einzelcoaching durch den Coachee, im Gruppen- oder Teamcoaching durch die Gruppe oder dem Team gemeinsam vorgenommen.

8.4.4 Ressourcen- und Handlungsplan aktualisieren

Die eventuelle Aktualisierung von zu verwendenden Ressourcen und veränderten Handlungsalternativen wird durch die Gruppe, das Team genauso bearbeitet, wie es der Coachee im Einzelcoaching vollbringt.

8.4.5 Controllingmerkmale des Handlungsplans festlegen

Die Controllingmerkmale identifiziert die Gruppe oder das Team genau so wie der Coachee im Einzelcoaching.

8.4.6 Nachhaltige Selbstorganisation sichern

Der Coach agiert hier unterschiedslos, egal ob es sich um einen Coachee, eine Gruppe oder ein Team handelt.

8.5 Phase 5 – „Controlling"

Die Wirkungserwartung dieser Phase: Sicherung der nachhaltigen Handlungskompetenz.

8.5.1 Controlling des Handlungsplans

Wie der Coachee im Einzelcoaching sollen die Teilnehmer im Gruppen- oder Teamcoaching konkrete Controllingmaßnahmen festlegen.

Diese Maßnahmen sollen im Ergebnis dazu führen, zu erkennen, ob das Ziel und die vorgesehenen Handlungsalternativen qualitativ und quantitativ zum vereinbarten Erfolg geführt haben. Dies schließt eine Überprüfung ein, die die *Beeinflusser* für den Erfolg und den möglichen Teilerfolg identifiziert.

8.5.2 Controlling der nachhaltigen Selbstorganisation

Im Einzelcoaching wie im Coaching von Gruppen oder Teams benötigt der Coach auch eine Handlungskompetenz für den *konstruktivistischen Kontexttransfer*. Im Coaching gilt es herauszufinden und festzulegen, welche vergleichbaren Themen in anderen Kontexten durch den Einzelnen, die Gruppe oder das Team selbstorganisiert (Selbstcoaching) realisiert werden können.

9 Umsetzungscoaching – einzeln, in der Gruppe und im Team

Es gilt der Fakt, dass der Einzelne, die Gruppe oder das Team mit einer gescheiterten Lösung oder den gescheiterten Lösungsversuchen in ein Coaching gehen. Eine der beiden zentralen Wirkungserwartungen an ein Coaching sind mit neuen Erfolg versprechenden Handlungskompetenzen für eine zukünftige Situation aus dem Coaching zu gehen.

Handlungskompetenzen entstehen ...
- für ein im Coaching generiertes Ziel und seine Umsetzung (einge-tretener Zustand in der Zukunft) oder
- für ein schon vor dem Coaching feststehendes Ziel (feststehende Entscheidung mit gewollten Folgen), aber noch festzulegende Um-setzung.

Führungskräfte im Management bewegt die Frage nach dem grundsätz-lich Neuen, das was bisher nicht als Erkenntnis oder als Zustand mit der Aura des psychobiologischen Wohlbefindens geklärt ist – aber auch die Frage nach dem: „Wie mache ich es?" – oder „Wie machen wir es?"

Es ist die Frage nach der Umsetzung einer feststehenden oder entschiede-nen Thematik in einem speziellen spezifischen Kontext: Ob es um die Umsetzung beschlossener Leitsätze im Unternehmen, um die Umsetzung einer neuen Vertriebsstruktur oder um die Umsetzung einer neuen Ver-kaufsorganisation geht. Umsetzung in diesem Verständnis setzt sich mit den Folgen aus der getroffenen Entscheidung auseinander – den *Todos* unter dem Gesichtspunkt von Effektivität und Effizienz im betriebswirt-schaftlich-unternehmerischen Kontext. Das Management – die Führungs-kräfte im Management – bedienen sich dazu der bekannten und bewähr-ten Themen Marketing als Quelle strategischen und maßnahmenorien-tierten Handelns – Marketing als Grundlage für das Umsetzungscoaching.

- Im Umsetzungscoaching trifft sich das grundsätzliche Verständnis des Coachingprozesses mit dem grundsätzlichen Verständnis von Marketing und beide gehen eine Symbiose ein.

Aus der Beschreibung der Konzeption Coaching nach der Theorie vom Selbstorganisierten Coaching ist deutlich geworden, dass durch dieses

Coachingverständnis und seiner Organisationsform der Einzelne, die Gruppe oder das Team seine/ihre/seine bewussten und unbewussten Schätze (Ressourcen) für das psychobiologische Wohlbefinden (Zielerreichung) selbst *heben* kann und soll.

Bei dem Realisierungscoaching wird auf die Grundstruktur des Prozesses – also nicht auf alle Merkmale des Prozesses und den 7 Ps des Marketings und ihren praktischen Teilausprägungen aus dem Marketing zurückgegriffen (siehe auch Artikel *Marketing und Markenmanagement*).

Die Struktur des systemisch-konstruktivistischen Coachingprozesses und seine konkrete Ausprägung der Handhabung im Marketingverständnis – *in Marketingkategorien denken und handeln* – ist ein konsequentes Denken und Handeln vom Markt her. Es ist das Erkennen und die Befriedigung von Bedürfnissen der ...
- Kundengruppen und Zielmärkte,
- Wettbewerber und Lieferanten,
- ...

Marketing ist ein in sich geschlossenes Verständnis eines Teilgebietes der Unternehmensführung, das in seinen Merkmalen beachtet und bearbeitet werden muss, wenn das Unternehmen Erfolg haben will.

Die Marktbeachtung, die Marktbetrachtung und die Befriedigung der Marktbedürfnisse kommen in der achten Grundeinsicht *politisch Denken* dem *systemisch Handeln* zum Ausdruck. Marketing-Denken und -Handeln ist systemisches Denken und Handeln. Die strikte Beachtung des Konstruktivismus gilt auch im Denken und Handeln aus dem Marketing, weil Menschen denken und handeln.

Die Werte Freiheit, Freiwilligkeit, Ressourcenverfügung und Selbststeuerung gelten weiterhin in dem Kontext, ebenso die drei Anliegen Wahrnehmungserweiterung auslösen, Handlungsalternativen ermöglichen und Entscheidungsfähigkeit sichern.

Ausgangspunkt im Umsetzungscoaching sind die 7 Ps aus dem Marketing, die als Originalbegriffe:

- place
- promotion
- price
- product
- people
- physical evidence
- process

oder als praktisch erprobte Alltagssynonyme:

- Kundenbedürfnis
- Marke
- emotionaler Mehrwert
- Kommunikation
- Vertrieb
- Verkauf
- Wettbewerber

im Coachingprozess zur Anwendung kommen. Empfehlenswert ist die Verwendung der englischen Originalbegriffe, wenn der Coach ein Umsetzungscoaching mit gelernten und tätigen Marketingexperten realisiert. Die deutschen Synonymbegriffe eignen sich besonders gut in den anderen Teilnehmerkontexten mit ihren Themen.

Die Erklärung eines Umsetzungscoachings erfolgt nun ...
- in der Verwendung der deutschen Synonyme und
- dem Verständnis, dass der Coachee, die Gruppe und das Team als *Einzelperson* zu betrachten sind.

Die Erkenntnisse aus dem Gruppen- oder Teamcoaching sind entsprechend in das Umsetzungscoaching zu übertragen und anzuwenden.

9.1 Phase 1 – „Kontakt und Kontrakt"

Die Wirkungserwartung dieser Phase: Vereinbarung auf den Cochingansatz.

9.1.1 Vorstellung und Erwartung der Beteiligten

Hier gelten die gleichen Bedingungen wie im Einzel-, Gruppen- oder Teamcoaching.

9.1.2 Coachingablauf, Kommunikationskontext und Selbstorganisation vereinbaren

Hier gelten die gleichen Bedingungen wie im Einzel-, Gruppen- oder Teamcoaching mit dem Hinweis, dass die Verwendung der Marketinginhalte zu einer gewollten und vom Coachee, der Gruppe oder dem Team faktisch oder gefühlten oder faktischen Einschränkung der Werte Freiheit, Freiwilligkeit und Ressourcenzugriff führen. Der Coachee, die Gruppe oder das Team sind mit dem Einverständnis, ein Umsetzungscoaching zu absolvieren nicht mehr so weitgehend frei in ihrem Tun und Lassen – vergleichbar mit dem Veränderungscoaching.

9.1.3 Thema und Veränderungswunsch skizzieren

Hier gelten die gleichen Bedingungen wie im Einzel-, Gruppen- oder Teamcoaching. Der Veränderungswunsch wird zum Realisierungs- bzw. Umsetzungswunsch.

9.2 Phase 2 – „Systemische Themen-und Zielklärung"

Die Wirkungserwartung dieser Phase: Wille zur konkreten Selbstveränderung und bewusste Akzeptanz von selbsterkannten Folgen.

9.2.1 Thematischen IST-Kontext systemisch visualisieren

Die entscheidenden Unterschiede liegen in der Handhabung der visuellen Aufstellung. Im Umsetzungscoaching ist das Thema (in einem Wort) – genau wie gewohnt – zu bestimmen. Nun hat der Einzelne, die Gruppe oder das Team aber nicht mehr die Möglichkeit, aus sich heraus festzulegen, was zum Thema gehört. Im Umsetzungscoaching sind die Kontextmerkmale (die Cluster) festgelegt. Es sind die sieben Marketingbegriffe. Die Wahrnehmungserweiterung erfolgt nun mit den Fragen: „Was hat das Merkmal ... mit dem Thema konkret/faktisch/genau ... zu tun?" und die folgende bekannte Frage: „Welche Bedeutung hat ... bei dem Thema."

Da im Coaching die Intention bewusste und unbewusste Ressourcen wahrzunehmen verfolgt wird, gilt es hier in der visuellen Aufstellung *hartnäckig* weiterzufragen, um alle Ressourcenbestände zu identifizieren. In der Regel sollte die Frageabfolge bis zu sechsmal eingesetzt werden. So entstehen bis zu zwölf Bubbles pro Marketingbegriff.

Die entstandenen Cluster haben als Oberbegriff den entsprechenden Marketingbegriff.

Die Cluster werden nicht in ihrer Bedeutung skaliert, da jeder Marketingbegriff von hoher *(10)* Bedeutung ist. Die hohe Bedeutung des einzelnen Clusters ist *gesetzt*.

9.2.2 Ziel festlegen und Folgen reflektieren

Das Ziel wird weiterhin *als eingetretene Umsetzung* formuliert. Auch hier gilt die Formulierung in *Futur II* als Ausdruck des überschrittenen Rubikons.

Der Perspektivwechsel als Betrachtung der Folgen des Ziels erfolgt wie gewohnt – gewohnt in der Frageabfolge und visuellen Darstellung.

- „An welcher Handlung von ... kann das ZEM ... erkennen, dass ... das Ziel ... erreicht hat?"
- „Welche Bedeutung hat diese Handlung für das ZEM?"

Die ZEMs, die Handlung und die Bedeutung der Handlung werden in jeweils einer Farbe (Filzstift) geschrieben. Diese drei Merkmale des Perspektivwechsels sollten die obere Hälfte eines Flipcharts ausfüllen, damit in der Phase 4 *Handlungskompetenz im systemischen Zielkontext festlegen* noch genügend Platz für die Dokumentation der Teilschritte 4.1 bis 4.4 verbleibt.

9.3 Phase 3 – „Zielorientierte Ressourcenidentifikation und Reflexion"

Die Wirkungserwartung dieser Phase: Ressourcenidentifikation und Reflexion der bisherigen Selbstorganisation.

Die zu suchenden Ressourcen orientieren sich wie gewohnt am Kompetenzmodell. Allerdings mit der Einschränkung, nur *marketingorientierte* Begriffe zu verwenden. Dafür gibt es ein Begriffstableau (bzw. die entsprechende Anzahl an laminierten Karten, auf die zurückgegriffen werden kann. Der obligatorische Zugriff auf diese vorgegebenen Begriffe ist zu verstehen als *hypothesengeleitetes Ressourcenermitteln*. Im Umsetzungscoaching wird im eigentlichen Sinne keine Hypothese gebildet.

Da das Marketingverständnis in seinen aktuellen Entwicklungen auch *semantische* Entwicklungen durchläuft, sind diese vorgegebenen Marketingbegriffe durch entsprechend aktuelle Begriffe zu ergänzen.

9.3.1 Motive, Werte und Intelligenzen zur Zielerreichung ermitteln

Im Umsetzungscoaching sind die Motive, Werte und Intelligenzen des Coachees, der Gruppe oder des Teams nicht gefragt und damit nicht zu ermitteln.

9.3.2 Werte des Kommunikationskontextes ermitteln

Neben den Werten sind die Motive und Intelligenzen des Kommunikationskontextes zu ermitteln. Der Kommunikationskontext sind die verwendeten sieben Marketingbegriffe.

9.3.3 Hypothesengeleitete Ressourcen ermitteln

Unter diesem Punkt sind die vorgegebenen Marketingbegriffe auf laminierte Karten dem Coachee, der Gruppe oder dem Team insgesamt anzubieten.

9.3.3.1 Marketingbegriffe der Praxis

Abgrenzung	me-too
Absatzwege/-mittler	Nutzen
Bedürfnisse Zielkunden	Organisation
Benchmark	Preisstrategie
Controlling	Produkt(e)
Dienstleistungen	Produktdesign
Differenzierung	Produktentwicklung
Emotionaler Mehrwert *	Produktlebenszyklus
Empfehler	Portfolioanalyse
Konditionspolitik	Positionierung
Kommunikation *	Referenzen
Kosten	Servicestrategie
Kundenbedürfnis *	Strategische Positionierung
Kundenbindung	Supporter
Kundendienst	SWOT
Lebensgefühl	Teilmärkte
Leistungsprogramm	Produktstrategie
Marke *	USP
Marketingmix	Qualitätsstrategie
Marketingstrategie	Verkauf *
Markt	Verkaufsförderung
Marktanalyse	Vertrieb *
Marktgegebenheiten	Werbung
Marktsituation	Wettbewerber *
Marktteilnehmer	Wettbewerbsverhalten
Marktziel	Zielgruppe
Mitbewerber	Zielmarkt

* = Begriffe für die visuelle Aufstellung

9.3.4 Ressourcen aus eigenen und fremden Quellen

Dieser Punkt entfällt, da die Begriffsangebote aus der Phase 3.3 ausreichend sind.

9.3.5 Bisheriges Analyse- und Lösungsmuster der Selbstorganisation im thematischen Kontext

Dieser Punkt ist wie bisher zu ermitteln.

9.3.6 Feedbacksystematik und Somatische Marker etablieren

Gesetzt als Feedbacksystematik sind die Somatischen Marker und zusätzlich die sieben verwendeten Marketingbegriffe.

9.4 Phase 4 – „Handlungskompetenz im systemischen Zielkontext festlegen"

Die Wirkungserwartung dieser Phase: Handlungskompetenz im thematischen Realisierungskontext festlegen.

Die Bearbeitung der Teilschritte 4.1 bis 4.6 erfolgt entsprechend der Vorgehensweise im Einzel-, Gruppen- oder Teamcoaching.

9.4.1 Entwicklung und Entscheidung der Handlungsalternativen

9.4.2 Handlungsabfolge festlegen (Handlungsplan)

9.4.3 Potenzielle Probleme bei der Realisierung des Handlungsplans analysieren

9.4.4 Ressourcen- und Handlungsplan aktualisieren

9.4.5 Controllingmerkmale des Handlungsplans festlegen

9.4.6 Nachhaltige Selbstorganisation sichern

9.5 Phase 5 – „Controlling"

Die Wirkungserwartung dieser Phase: Sicherung der nachhaltigen Handlungskompetenz.

Die Bearbeitung der Teilschritte 5.1 und 5.2 erfolgt entsprechend der Vorgehensweise im Einzel-, Gruppen- oder Teamcoaching.

9.5.1 Controlling des Handlungsplans

9.5.2 Controlling der nachhaltigen Selbstorganisation

Die Symbiose von Coachingprozess und Marketing erfüllt ...
- sehr gut systemisches Denken und Handeln sowie
- die strikte Beachtung des Konstruktivismus.

Zugegeben: Im Umsetzungscoaching ist das Ausmaß von Freiheit und Freiwilligkeit eingeschränkt. Die Werte Freiheit und Freiwilligkeit sind aber nicht aus der Konzeption des Selbstorganisierten Coachings und dem Verständnis der nachhaltigen Selbstorganisation verschwunden.

Die gewollte Coachingkultur auf der Basis der Theorie des Selbstorganisierten Coachings bleibt bestehen.

10 Begriffsdefinitionen

Im Laufe der Coachausbildungen auf der Basis der Theorie vom Selbstorganiserten Coaching ist die Erfahrung gemacht worden, dass die Kommunikation über Inhalte und ihre Legitimierungen sich immer dann als „herausfordernd" herausgestellt hat, wenn sich die faktische Definition eines Begriffes (Denotation) mit der Deutung (Konnotation) des Begriffs vermengte. Um dieses „Babylon der Sprachen" widerspruchsfreier und konfliktfreier zu handhaben, sind alle relevanten Begriffe der Theorie vom Selbstorganisierten Coaching und ihrer Anwendungssprache definiert worden. Dies vereinfacht die Verständigung über die Inhalte der Theorie und ihrer Anwendung erheblich, obwohl das Vokabellernen nicht jedem Leser und Coach als sinnvolle Herausforderung erscheint. Die Vereinfachung der Kommunikation wird aber auch dadurch erleichtert, weil am Markt übliche Begriffe in ihrer Schärfe oder Unschärfe besser erkannt werden können. Die Definitionen wurden – wie die Theorie vom Selbstorganisierten Coaching und die verwendeten Grafiken – dem Buch „CoachAusbildung – ein strategisches Curriculum" entnommen, entlehnt und angereichert.

A

Absicht, die
ist das Bedürfnis, etwas zu verwirklichen.

Abstraktion, die
ist ein induktiver Prozess des Weglassens von Einzelheiten und des Überführens in das Generelle der Einzelteile.

Alternative, die
bedeutet die Wahlmöglichkeit zwischen zwei sich ausschließenden Optionen.

Analyse, die
ist ein allgemeiner Begriff für eine systematische Untersuchung, bei der das zu untersuchende Objekt/Subjekt in seine Bestandteile zerlegt wird, um anschließend geordnet, bewertet und ausgewertet zu werden.

analytisch
bedeutet zergliedernd oder logisch, systematisch.

analytisches Denken, das
entspricht im Coaching dem vernetzten bzw. systemischen Denken, das heißt, dem Denken in Zusammenhängen.

Anliegen (im Coaching), die
Im Selbstorganisierten Coaching werden die drei Anliegen Wahrnehmungserweiterung auslösen, Handlungsalternativen ermöglichen und
Entscheidugsfähigkeit sichern als grundsätzliche Wirkfaktoren verstanden und zu ihrer spezifischen Wirksamkeit pro Intention in der
jeweiligen Coachingphase geführt.

assoziiert
bedeutet im Coaching, emotional mit seinen eigenen Motiven, Werten und Intelligenzen in Kontakt zu stehen, mit der Folge, Sachzu-
sammenhänge aus der eigenen Person heraus zu deuten.

autonom
bezeichnet die Möglichkeit, sich ohne gewollten Einfluss von außen
selbst organisieren zu können.

Autopoiesis, die
altgriech. auto = selbst und poiein = schaffen, bauen. Bezeichnet den
Prozess der Wiedererschaffung und Selbsterhaltung eines Systems.
Die Umwelt hat auf autopoietische Systeme (außer deren Zerstörung)
keinen direkten Einfluss, da autopoietische Systeme in sich (operativ)
geschlossen – aber nicht verschlossen – sind.

autoritär
heißt hier Deutungs-/Macht-/Einflussanmaßung der eigenen Person.

Axiom, das
ist ein wissenschaftlicher Begriff für einen unbeweisbaren, aber in
sich einsichtigen Grundsatz, der als Ausgangspunkt einer Theorie
dient.

Axiomatik, die
ist ein wissenschaftlicher Begriff für die Gesamtheit der als wahr an-
genommenen Grundsätze/Axiome einer Theorie.

B

Bedürfnis, das
ist ein spezifischer Beweggrund für ein Verhalten.

Begabung, die
ist eine themenspezifische individuelle Ressource, die sich in einem
konkreten Kontext als vorteilhaft unterscheiden lässt.

C

Coaching, das
Coaching ist die Organisationskultur für fremde oder eigene Verän-
derungsimpulse.

Coachingablauf, der
ist ein Synonym für den Coachingprozess.

Coachingansatz, der
beschreibt grundsätzlich, durch welche Haltung und welche Verfahrensweise/Vorgehensweise (= Wirkfaktoren) die Wirkungserwartung von Coaching erreicht wird.

Coachingdefinition der www.hamburger-schule.com, die
Systemisch-konstruktivistisches Coaching ist der durch die Werte Freiheit, Freiwilligkeit, Ressourcenverfügung und Selbststeuerung gebildete Kontext, in dem mithilfe des strukturierten Coachingprozesses in Bezug auf ein Thema die Wahrnehmung erweitert, die Entscheidungsfähigkeit gefördert und Verhaltensalternativen ausgelöst werden, um eine emotional gewollte und nachhaltige Selbstorganisation des Coachees, der Gruppe oder des Teams zu erreichen.

Coachingfragen, die
sind die im Coaching nach dem Verständnis der Theorie vom Selbstorganiserten Coaching eingesetzten Fragen:
• Geschlossene Frage
• Offene Frage
• Zirkuläre Frage
• Skalierende Frage
• Abstrakt-hypothetische Frage

Coachkompetenz, die
Synonym für die Handlungskompetenz eines Coachs, die sich darin ausdrückt, dass ein Coach den Sinn des Kontextes Coaching sowie Unterschiede zu anderen Kontexten erkannt hat und im Coaching die Koordination aller persönlichen Ressourcen selbstgesteuert in einem situativ-individuellen Handeln realisiert.

Coachingprozess, der
ist im Coaching die feste Ablaufstruktur (Methode), die mithilfe von Reflexionsangeboten auf Abstraktionsebene und durch den Perspektivwechsel die nachhaltige Selbstlernkozeption auslösen will.

D

deduktiv
bedeutet, aus abstrakten Strukturen ableitend.

Denotation, die
meint, über einen Begriff deutungsfrei Übereinstimmung mit anderen zu haben (also eine ausschließlich faktenorientierte, neutrale Bedeutung, Grundbedeutung, den inhaltlichen Kern eines Wortes).

Didaktik, die
  ist ein geisteswissenschaftlicher Begriff für die Theorie der Lehrinhalte.
dissoziiert
  im Coaching: nicht aus der eigenen Person heraus deutend und bewertend.

E

Eigenführung, die
  bezieht sich auf mehrere Personen als Gruppe oder Team in unterschiedlichen thematischen Kontexten. Eigenführung bezogen auf die Gruppe oder das Team ist ein abgeleiteter Begriff von Führung.
Entscheidung, die
  ist der Abschluss von Bewertungen.
Entscheidungsfähigkeit, die
  bezeichnet das Potenzial, aus Alternativen zu wählen.
Ethik, die
  griech. éthiké = Ethik, verstanden als Moralphilosophie, versucht als philosophische Disziplin die Frage zu beantworten, wie man handeln soll. Sie erarbeitet Kriterien richtigen, gerechten, tugendhaften, nützlichen und guten Handelns und gelingenden und beglückenden Lebens (in einem Kontext).

F

fachlich-methodische Kompetenz, die
  1. ist ein interagierender Bereich des Kompetenzmodells. Die fachlich-methodische Kompetenz beschreibt die fachlichen Kenntnisse und Fertigkeiten in einem Kontext sowie die ergebnisorientierte Organisation von Arbeitsabläufen.
  2. sind Kenntnisse und Fertigkeiten, die zur fachlich-methodischen Kompetenz eines Coachs zählen:
     • Hypothesenbildung auf der Basis von Modellen,
     • Angebote zur Reflexion auf Abstraktionsebene mittels Modellen,
     • Klärung von Bedeutungen und Bedeutungszusammenhängen,
     • Fragen,
     • Perspektivwechsel auslösen,
     • Prozess führen,
     • nachhaltige Selbstlernkonzeption auslösen.
Fähigkeit, die
  bezeichnet die Koordinierungskapazität für beabsichtigtes Handeln.

Feedback, das

meint die zeitnahe Rückmeldung einer Wahrnehmung oder die Beurteilung von etwas nach einem allen Beteiligten verfügbaren Maßstab. Das Feedback ermöglicht, den Unterschied von „Soll" und „Ist" zu erkennen und daraus Folgerungen für Entwicklung und Veränderung abzuleiten.

Feedbacksystematik, die

ist der Rückmeldemaßstab für Wahrgenommenes in einem Kontext.

Feldkompetenz, die

umfasst nach der www.hamburger-schule.com die Verfügbarkeit über reflektierte branchen- und themenspezifische sowie kulturelle Erfahrungen in einem Kontext.

Fertigkeit, die

bezeichnet eine antrainierbare, erlernte, konkrete Verhaltensweise.

Fremdführung, die

bezieht sich auf eine oder mehrere Personen im hierarchischen Gebilde der Organisationsstruktur der Unternehmung in unterschiedlichen thematischen Kontexten. Fremdführung bezogen auf Einzelpersonen oder mehrere Personen ist ein abgeleiteter Begriff von Führung.

Folgefehler, der

Im Coaching meint Folgefehler, wenn eine Intervention falsch im Sinne der Wirkungserwartungen des Prozesses gewählt wurde und die nachfolgenden Interventionen auf dem Resultat aufbauen.

Freiheit, die

bezeichnet die Befähigung und die Verpflichtung, aus Alternativen nach bestimmten individuellen Selektionskriterien zu wählen.

Freiwilligkeit, die

bedeutet absichtliches und/oder spontanes Handeln.

Führung, die

meint absichtsvolles Beeinflussen von menschlichem Verhalten oder Organisationsstrukturen.

Führungsbetrachtungen, die

beziehen sich auf Beeinflussungen der eigenen Person (Selbstführung), einer Gruppe durch sich (Eigenführung) und das Beeinflussen einer anderen Person (Fremdführung).

Führungsstil, der

ist ein wiederkehrendes Verhaltensmuster in unterschiedlichen thematischen Kontexten (Leitwert-Orientierung).

Führungsverhalten, das

> ist ein konkret-situatives, wertegeleitetes Verhalten in einem thematischen Kontext.

Futur 1

> Die Handlung liegt in der Zukunft und bezeichnet einen Verlauf.
>
> *Beispiel: Ich werde am Montag vom Zehn-Meter-Turm springen.*

Futur 2

> Die Handlung wird in der Zukunft schon abgeschlossen sein, das heißt, sie ist zu dem Zeitpunkt in der Zukunft schon Vergangenheit. Man nennt das auch „vollendete Zukunft".
>
> *Beispiel: Ich werde am Montag vom Zehn-Meter-Turm gesprungen sein.*

G

Gefühl, das

> ist eine körperlich empfundene Bewertung einer Wahrnehmung.

Gemenge, das

> wird verstanden als Gemisch von einzeln erkennbaren und aussortierbaren Teilen. Gemenge und Gemisch sind faktisch 100%ige Synonyme.

geschlossene Frage, die

> bezeichnet die Art einer Frage mit der Absicht, eine Entscheidung auszulösen.

Gruppe, die

> Im Managementcoaching spricht man dann von einer Gruppe, wenn deren Mitglieder im selben thematischen Kontext arbeiten.

H

Hamburger Schule, die

> Der Begriff „Hamburger Schule" ist eine Wortschöpfung von Teilnehmern der in Hamburg durchgeführten Coachausbildung zum Systemischen Management Coach auf der Grundlage der Theorie vom Selbstorganisierten Coaching.

Handlungsalternative, die

> ist im Coaching als ein konkretes Tun/Handeln/Agieren zu verstehen, das für die Zielerreichung durch den Coachee realisiert wird. Dieses Tun steht im Gegensatz (Alternative) zu seinem bisherigen Handeln.

Handlungskompetenz, die

> meint, persönliche Ressourcen selbstgesteuert in einem situativ-individuellen Handeln zu realisieren.

Handlungslernen, das
> *Lernen als bewusste Handlung:* Lernen wird als ein bewusster Prozess betrachtet, der vom Lernenden gesteuert wird. Auf der Grundlage von Informationen und Ressourcen (wie Erfahrung, Werte) legt sich der Lernende ein Konzept für das kommende Tun zurecht. Dieses Konzept schließt die Analyse der Ausgangssituation, das Handlungsziel sowie die verfügbaren Mittel ein. In einer nachfolgenden Orientierungsphase prüft er, ob das Konzept für ihn subjektiv ausreichend war. Ist dies nicht der Fall, werden weitere Informationen abgefragt und das Handlungskonzept überarbeitet. Hinsichtlich des ursprünglichen Handlungskonzeptes und der gesetzten Ziele wird die Realisierung des Tuns überprüft.

Handlungsplan, der
> bezeichnet eine Abfolge von Handlungen zur Zielerreichung.

Hypothese, die
> griech. hypothesis = Unterstellung, Vermutung; allgemeiner Begriff für eine unbewiesene (wissenschaftliche) Annahme, die wahrscheinlich ist, aber noch eines Beweises bedarf.

hypothetische Frage, die
> ist eine Frageart mit der Absicht, den Befragten in den Zustand einer Annahme zu bringen und unter dieser Prämisse etwas wahrzunehmen und zu bewerten.

Hypothesenbildung im (Selbstorganisierten) Coaching, die
> Im Selbstorganisierten Coaching verwendet der Coach zur Hypothesenbildung nur wissenschaftlich überprüfbare Modelle, Theorien und Axiome. Der Coach bildet die Hypothese, indem er ein ausgesprochenes Wort durch den Coachee mit dem identischen (nicht durch den Coach gedeuteten) Wort in einer Theorie, eines Modells oder eines Axioms verbindet. Die gesamte Theorie oder das gesamte Modell oder die Axiome werden dem Coachee in der Phase der Ressourcenidentifikation zur Reflexion auf Abstraktionsebene angeboten.
>
> *Beispiel: Der Coachee formuliert: „Durch die Reorganisation im Betrieb bin ich mir nicht mehr sicher, ob ich allen fachlichen Ansprüchen in der neuen Position gerecht werde."*
>
> Der Coach identifiziert das Wort „sicher" und kann es mit der Bedürfnispyramide von MASLOW „Sicherheitsbedürfnis" in Verbindung bringen. Daraus entsteht die Formulierung der Hypothese:
>
> „Kann es sein, dass Ihre Zielerreichung mit den folgenden fünf Begriffen im Zusammenhang steht?" Der eine Begriff „sicher" rechtfertigt das Angebot der zusätzlichen vier weiteren Begriffe aus dem Modell

von MASLOW: Grundbedürfnis, Kontaktbedürfnis, Anerkennungsbedürfnis und Selbstverwirklichung.

Eine andere Hypothese wäre denkbar: „Kann es sein, dass Ihre Zielerreichung mit folgenden zehn Begriffen in Zusammenhang steht?"

Das in der Hypothese angesprochene Modell, die Theorie oder Axiome muss/müssen immer in Gänze zur Reflexion angeboten werden, damit der Coachee die Freiheit hat, aus Alternativen (bei MASLOW sind es fünf, bei den Hygienefaktoren von HERZBERG sind es zehn Begriffe) auszuwählen. Dann kann der Coachee, die Gruppe oder das Team aus eigenem Vermögen „deduktiv" auf die vorteilhaften Ressourcen zur Zielerreichung schließen.

I

induktiv

bedeutet, aus dem Konkreten auf das Abstrakte schließend.

Intelligenz, die

ist eine individuelle, ererbte und gelernte strukturelle, neuronale Ressource, die in einem Kontext die Qualität kognitiver, emotionaler oder psychomotorischer Entscheidungen beeinflusst.

Intervention, die

lat. intervenire = dazwischentreten, sich einschalten; der Begriff bedeutet den direkten Eingriff in das Geschehen. Die Intention einer Intervention ist anlassbezogen. Sie kann assoziierten oder dissoziierten Charakter aus der Sicht des „Interventionsgebers" haben.

intuitiv

meint die Fähigkeit, impulsiv und unbewusst zu entscheiden und zu handeln.

K

Kepner-Tregoe-Methode, die

Die Methode von CHARLES KEPNER und BENJAMIN TREGOE, 1958 aufgestellt, dient der Rationalisierung von Denkprozessen und ist Basis der Arbeitsmethodik. Sie besteht in der Abfolge aus folgenden vier Bearbeitungsfeldern:

1. Problemanalyse (in der komplexe Situationen zergliedert und Prioritäten festgelegt werden),
2. Situations-/Ursachenanalyse (in der die wahre Ursache eines Problems zu finden ist),
3. Entscheidungsanalyse (in der Alternativlösungen entwickelt und bewertet werden),
4. Analyse potenzieller Probleme (in der potenzielle Probleme erkannt und Gegen- bzw. Ersatzmaßnahmen festgelegt werden).

Kommunikationskontext, der
ist ein vereinbarter Rahmen für Kommunikation, der die Interessen aller Beteiligten berücksichtigt. Er ist Ergebnis der selbstgesteuerten
Auseinandersetzung mit Motiven, Werten und Intelligenzen der eigenen Person und anderer Personen.

Kompetenz, die
ist die Bezeichnung für Fähigkeiten und Fertigkeiten zum Erkennen
und Bewältigen von Aufgaben oder Lösen von Problemen.

Kompetenzmodell, das
1. Das Kompetenzmodell der www.hamburger-schule.com ist in erster Linie ein allgemein gültiges Modell. Es beschreibt abstrakt die
Fähigkeiten und Fertigkeiten, die ein Mensch in einem bestimmten
Kontext entwickelt haben muss, um in diesem Kontext situativ erfolgreich zu sein (-> Handlungskompetenz).
2. Das Kompetenz-Modell, das auch für den Kontext „Coaching" gilt,
besteht aus fünf einzeln zu betrachtenden, aber in der Situation interagierenden, thematischen Bereichen:
 • persönliche Kompetenz,
 • fachlich-methodische Kompetenz,
 • sozio-kommunikative Kompetenz,
 • Feldkompetenz und
 • Handlungskompetenz.
Die Handlungskompetenz entsteht aus der Organisation der Ressourcen aus den anderen vier Kompetenzbereichen.

Konflikt, der
Konflikte sind Situationen, in denen voneinander abhängige Parteien
versuchen, „unvereinbare" Interessen oder Ziele zu erreichen oder
Handlungspläne zu verwirklichen. Kennzeichen des Konflikts ist eine
emotionale Spannung.

Konfliktlösungsmuster, das
biologische Konfliktlösungsmuster:
1. Anpassen,
2. Erstarren,
3. Flucht,
4. Kampf,
5. Unterordnung,
6. Verstecken.
kulturelle Konfliktlösungsmuster:
1. Delegation an andere,
2. Kompromiss,
3. Konsens.

Konfrontation, die
ist die Gegenüberstellung einer anderen Deutung oder Faktenlage.

Konnotation, die
bezeichnet die Bedeutungszuschreibung für einen Begriff durch den Begriffsverwender. Dies bedeutet im Sinne des Konstruktivismus: Der Sprecher bestimmt die Bedeutung des Gesagten und der Hörer bestimmt die Bedeutung des Gehörten.

Konstruktivismus, der
ist ein Begriff in verschiedenen (wissenschaftlichen) Fachbereichen und Disziplinen. Grundsätzlich ist er Ausdruck für eine wissenschaftliche Denk- und Erkenntnishaltung, die davon ausgeht, dass Wissen, Erkenntnisse, Vorstellungen und andere Inhalte nicht naturgegeben (objektiv) sind, sondern vom Menschen als erkennendes Subjekt konstruiert (gedeutet) werden. Diese Erkenntnis ist philosophischer Natur, geprägt durch SOKRATES und IMMANUEL KANT. Sie eroberte die Psychologie durch JEAN PIAGET, ERNST VON GLASERSFELD, die Naturwissenschaften wie durch HUMBERTO MATURANA, die Neurowissenschaft durch GERHARD ROTH, die Sprache durch PAUL WATZLAWICK, die Pädagogik/Andragogik durch HORST SIEBERT.

konstruktivistisch
ist das Adjektiv von Konstruktivismus und meint ein Denken und Handeln im Sinne des Konstruktivismus.

konstruktivistische Taxonomiestufen, die
sind vier Stufungen der Handlungskompetenz: faktisch richtiges Wissen, kontextbezogenes Anwenden von Wissen, Reflexion systemischen Agierens und konstruktivistischer Kontexttransfer.

Kontext, der
steht im Coaching für eine komplexitätsreduzierte Bezugswahrnehmung des Coachees, der Gruppe oder des Teams und bezieht sich grundsätzlich auf ein Thema/einen Inhalt.

kontextbezogenes Faktenwissen, das
bezieht sich auf alle konkret wahrnehmbaren Fakten eines Kontextes. Dazu zählen z.B. die Arbeitszeit genauso wie der Arbeitsvertrag, die Betriebsvereinbarungen, das Gesellschaftsrecht, das Handelsrecht, die DIN-Normen usw.

Konzept, das
ist die konkrete Anforderungsbeschreibung an das Ziel-Strategie-System eines Themas in seinem Kontext mit festem Absichtscharakter zum Handeln; vergleichbar mit Aktionsplan oder Rezept.

Konzeption, die
> ist die umfassende Beschreibung eines Ziel-, Struktur- und Handlungssystems eines Themas in seinem Kontext als flexibel gehaltenes Realisierungsvorhaben (grundsätzliche Bearbeitungsstruktur mit erlaubten Freiheitsgraden in den konkreten Handlungssituationen).

Kreativität, die
> ist ein allgemeiner Begriff für ein schöpferisches Vermögen, das sich im menschlichen Verhalten und Denken verwirklicht; sie ist das schöpferische Potenzial des Menschen, die Fähigkeit, von gewohnten Denkschemata (analytisches Denken) abzuweichen, aus der Norm fallende Ideen (kognitiver Faktor) zu entwickeln.

Kritische Erfolgsfaktoren, die
> Die Kritischen Erfolgsfaktoren sind in ihrer Gesamtmenge inhaltlich definierte Begriffe als Orientierung für notwendiges Verhalten und Handeln als Coach im Kontext Coaching.

L

Logik, die
> ist die Folgerichtigkeit des Denkens im Sinne von begründbar und nachvollziehbar aus dem Ausgangspunkt.

M

Maßnahme, die
> ist die aktive Umsetzung der langfristig geplanten Anstrebung der eigenen Bedürfnisbefriedigung.

Management, das
> ist ein deutungsabhängiger englischer Begriff für Führungskräfte, Impulsgeber (Leader) oder Verwalter in einem Hierarchiesegment der Unternehmung.

Manager, der
> Deutungsabhängiger englischer Begriff für Führungskraft. Impulsgeber (Leader), aber auch Verwalter.

Menschenbild, das
> ist ein in der philosophischen Anthropologie gebräuchlicher Begriff für die Vorstellung, das Bild, das jemand vom Wesen des Menschen hat. Insofern der Mensch Teil der Welt ist, ist das Menschenbild auch Teil des Weltbildes. Menschenbild wie Weltbild sind immer in eine bestimmte Überzeugung oder Lehre eingebunden, die jemand vertritt.

Mentale Probe, die
> In der mentalen Probe wird die zukünftige Handlungsalternative in einem spezifischen Kontext (Bezug zum ZEM) kognitiv und emotional „im Kopf" (mental) geübt, ausprobiert und auf Wirksamkeit überprüft.

Methode, die
> ist ein themenspezifisches Analyse- und Lösungsmuster, das ein „richtiges" Ablaufverfahren im Kontext definiert. Die Methode ist aufgrund ihres Ablaufcharakters zeitlich messbar.

Methodik, die
> bezeichnet die Gesamtheit wissenschaftlicher Methoden; den Gegensatz bildet intuitives und spontanes Handeln.

Mission, die
> beschreibt Werte und Normen, die das Verhalten Einzelner, von Gruppen oder Teams in einem spezifischen Themenkontext leiten und nach spezifischem Verhalten und Handeln verlangen.

Modell, das
> ist die komplexitätsreduzierende und abstrakte Darstellung von Wirklichkeit.

Moral, die
> lat. mos = Sitte, bezeichnet die Gesamtheit normativer Regeln, Werte, Tugenden, Ziele und Zwecke, die für ein Individuum, eine soziale Gruppe oder Gemeinschaft oder die Menschheit überhaupt faktisch gelten oder gelten sollen (Kontext: Gesellschaft).

Motiv, das
> ist ein unspezifischer Beweggrund für ein Verhalten.

Motivation, die
> Motivation in der Psychologie meint die Energiemenge, die für ein allgemeines und spezifisches Verhalten und Handeln in einem thematischen Kontext eingesetzt werden kann.

MVWK-Modell, das
> beschreibt den Zusammenhang zwischen Motiven, Werten und deren Einfluss auf das Verhalten in einem Kontext. Es kann zur Analyse, zum Verständnis und zur Ableitung von Reflexionsangeboten im Coaching genutzt werden.

N

Nachhaltige Selbstorganisation, die
> Nach dem Verständnis des Selbstorganisierten Coachings (www.hamburger-schule.com) kann der Coachee durch den gelernten Coachingprozess und seine Kontextbedingungen in Kongruenz zu

seinem Veränderungsziel selbstständig seine Veränderungen initiieren und sein Verhalten durch seine Selbstreflexion auch in sich wandelnden, aber thematisch vergleichbaren Kontexten in der Zukunft organisieren und realisieren (Selbstcoaching).

Nachhaltigkeit, die
ist im Coaching ein Synonym für das Verständnis „Autopoiesis" des Menschen: die Fähigkeit, aus sich selbst heraus einen thematischen Kontext zu gestalten.

O

Orientierung, die
meint die Bestandsaufnahme eigener Bedürfnisse.

Ontologie, die
meint, dass man sich mit dem Wesen der Existenz oder des Seins beschäftigt – Lehre vom Wesen des Seins.

P

Persönliche Kompetenz, die
bedeutet in einem Kontext eigene Motive, Werte und Intelligenzen identifiziert zu haben und sich selbst in seinem Verhalten einschätzen zu können.

Perspektivwechsel, der
ist die Einnahme der Sichtweise eines anderen im thematischen Kontext.

Perturbation, die
lat. perturbare = durcheinanderwirbeln, verstören.

Potenzial, das
ist das Ausmaß der Wirkungsmöglichkeit von (eigenen) Ressourcen, um in thematischen Kontextbereichen Handlungskompetenz zu entwickeln.

pragmatisch
bedeutet, Aufgaben und Dinge praktisch und unkompliziert anzugehen.

Priming, das
ist der initiale Deutungskontext, der die weitere Deutung beeinflusst.

Prozess, der
ist ein Ablauf, Verlauf oder eine Entwicklung. Prozesse können unterschiedlich definiert und in unterschiedlichen Kontexten als Wirkfaktoren eingesetzt werden. Im Verständnis des Selbstorganisierten Coachings ist der Prozess ein festgelegter und nicht abänderbarer Ablauf von Interventionen (Methode).

R

Rat/Ratschlag, der
Aufforderung/Angebot zu einem/für ein Verhalten, das der betreffenden Person Hilfe verspricht.

Reflexion, die
ist ein philosophischer Begriff für ein prüfendes und vergleichendes Nachdenken. Pädagogischer Begriff für das Nachdenken über eine vergangene Lernsituation.
Im Coaching ist die Reflexion ein deduktives Angebot für die Ableitung von kontextbezogenen Erkenntnissen.

Reflexionsangebot auf Abstraktionsebene, das
will dem Coachee in der Phase der Ressourcenidentifikation (3.3) die Möglichkeit zur Ressourcenfindung geben.
Das Reflexionsangebot entsteht aus der Hypothesenbildung bis Ende der Phase 2 des Coachingprozesses. Nicht zu verwechseln mit der strukturellen Ressource, die einen Deutungszusammenhang zu einem Thema anbietet und in der Phase 3.6 angeboten wird.

Ressource, die
bedeutet natürliche Vorkommnisse und Mittel wie ...
1. ökologisch – z.B.: Luft, Wind, Wasser, Erde, Feuer, Leben oder alle Rohstoffe,
2. ökonomisch – z.B.: Arbeit, Boden, Umwelt, Kapital,
3. psychologisch – z.B.: Fähigkeiten, Charaktereigenschaften usw.,
4. soziologisch – z.B.: Bildung, Gesundheit, Prestige usw.,
5. kontextueller Bezug oder Mittel.
Ressourcenarten werden durch vier Segmente im Kompetenzmodell gekennzeichnet.

Ressource, die strukturelle
ist ein Reflexionsangebot als Deutungsgesamtheit einer Menge thematisch gleichartiger Alternativen, verbunden durch einen thematischen Oberbegriff. Gilt als Feedbacksystematik (Orientierung) für die Entwicklung von eher fachlich orientierten Handlungsalternativen und deren emotionaler Akzeptanz.

Ressourcenverfügung, die
ist der autonome (unbeeinflussbare) Zugriff auf Mittel zur Zielerreichung.

Rubikon-Modell der allgemeinen Handlungsphasen, das
Um motivationspsychologisch lange unbeachtete Willensprozesse integrieren zu können, unterscheidet HECKHAUSEN im Rubikon-Modell vier deutlich voneinander abgegrenzte Handlungsphasen: Die erste

und letzte sind motivationale, die beiden mittleren *willengestützte* (volitionale) Phasen.

- Die anfängliche „prädezisionale" Motivationsphase (vor der Entscheidung) charakterisiert HECKHAUSEN als Phase des Wünschens und Wägens – und Wählens: Da man nicht alle erlebten Wünsche realisieren kann oder mag, muss man genau abwägen, welche Wünsche überhaupt wichtig sind. Dies geschieht hinsichtlich der Erwartung (Realisierbarkeit: Sind Zeit, Mittel etc. vorhanden?) und dem Wert (Wünschbarkeit: Sind Folgen, Kosten und Mühen lohnenswert?). Da man nie alle Zusammenhänge überschauen kann, sorgt die „Fazit-Tendenz" für eine Entscheidung. Sie beugt endlosen Abwägungen vor, indem sie etwas ab einem bestimmten Punkt als realisierbar und wünschenswert definiert: An diesem „Rubikon" sind die Würfel buchstäblich gefallen, man hat gewählt und für den Handelnden gibt es kein Zurück mehr. In dieser motivationalen Anfangsphase ist auch das erweiterte kognitive Motivationsmodell einzuordnen. (Mit dem Begriff „Rubikon-Modell" formulierte HECKHAUSEN in bewusster Anlehnung an JULIUS CÄSARS historisches Überschreiten des Rubikons im Jahre 49 v.Chr. einen der berühmtesten Begriffe der Motivationspsychologie.)
- Die entscheidende Zielwahl ist gefallen, man ist motiviert, die handlungsaktivierende Zielbindung definiert. Nur kann man oft nicht sofort loslegen: Wann kann man handeln? Und wie? In der zweiten „präaktionalen" Phase (vor der Handlung) werden nun für die Zielerreichung wichtige und genaue Pläne und Vorsätze bestimmt: Wie lange, wo, wann, unter welchen Anfangsbedingungen etc. gehandelt werden soll. Da es – ähnlich dem Abwägen – lange dauern kann, die „richtigen" Durchführungsvorsätze zu bilden, entscheidet die „Fiat-Tendenz", wann Vorsätze verbindlich sind.
- An dieser Stelle beginnt mit der dritten „aktionalen" Phase die eigentliche Handlung: Nun will man sein Ziel „wirklich" aktiv handelnd erreichen. Wie sehr man sich dabei anstrengt, hängt direkt vom jeweiligen Willen und der volitionalen Intensität ab. Je größer die Volition, desto größer die Energie, mit der man sein Ziel verfolgt – wobei die aufgebrachte Volitionsenergie von der motivationalen Stärke und Zielbindung abhängt. Diese Phase endet mit der Zielerreichung.
- In der abschließenden „postaktionalen" oder Nachhandlungs-Phase werden das eigene Tun bewertet und Konsequenzen für zukünftige Vorhaben ermittelt.

S

Selbstachtung, die
auch der Eigenwert, der Selbstwert, das Selbstwertgefühl, das Selbst-
konzept; psychologischer Begriff für den Eindruck oder die Bewertung, die man von sich selbst hat. Der Eindruck bezieht sich auf das
äußere und das innere Bild mitsamt seiner Kompetenzen in jedem
Kontext; Gegensatz ist die Fremdachtung.

Selbstbewertung, die
bezeichnet die Fähigkeit, einen verfügbaren Maßstab zu nutzen und
daraus selbstgesteuert Verhaltensänderungen abzuleiten.

Selbstführung, die
Der Begriff Selbstführung bezieht sich auf die eigene Person in unterschiedlichen thematischen Kontexten. Selbstführung bezogen auf die
eigene Person ist ein abgeleiteter Begriff von Führung.

Selbstorganisation, die
ist die Fähigkeit, aus sich selbst heraus Lösungen und Strukturen mittels Ressourcen zu generieren.

Selbststeuerung, die
meint, dass der Coachee in der Lage ist, Veränderungsanforderungen
selbst zu erkennen und selbst zu realisieren.

Selbstwahrnehmungserweiterung, die
ist die Fähigkeit, das eigene Selbstbild unter unterschiedlichen Kontextanforderungen zu deuten.

Selbstwirksamkeit, die
beschreibt das Ausmaß eigenen Zutrauens bei der Verwendung eigener Ressourcen im konkret eigenen Handeln.

Sitte, die
oder die Sitten sind die auf geschichtlicher Tradition, Brauch und Gewohnheit beruhenden, für eine kulturelle oder soziale Gemeinschaft
faktisch als normativ geltenden Normen und Regeln, Werte und Tu-
genden, Ziele und Zwecke (in einem Kontext).

skalierende Frage, die
ist eine Frageart mit der Absicht, emotionale Unterschiede wahrnehmbar zu machen.

Somatische Marker, die
Der Begriff Somatische Marker ist vom Neurologen DAMÁSIO geprägt
worden. Er fand heraus, dass alle Erlebnisse im Körper emotional gespeichert und damit erinnert werden können. Aktuelle Situationen –
im Coaching hauptsächlich Entscheidungssituationen – werden den

emotionalen Erinnerungen an vergleichbare Situationen der Vergangenheit gegenübergestellt.

sozio-kommunikative Kompetenz, die
bedeutet, sich in einer Situation selbstgesteuert mit Motiven, Werten und Intelligenzen der eigenen Person und anderer Personen auseinander setzen zu können, um einen sozialen Kontext zu vereinbaren.

Strategie, die
beschreibt eine optimale grundsätzliche Vorgehensweise in einem thematischen Wertekontext zur Zielerreichung.

System, das
zusammengesetztes Ganzes aus mehreren Teilen.

systemisches Coaching, das
berücksichtigt die komplexe Lebenswelt des Coachees in der Analyse des konkreten Kontextes durch den Coachee.
Systemisches Coaching hat als Betrachtungs- und Deutungsbezug immer die Einzelfallsituation des Coachees, seiner Person und seiner Veränderungsthematik im Fokus. Daher akzeptiert und bearbeitet systemisches Coaching grundsätzlich individuelle Anforderungen und Deutungen der thematischen Bezüge eines Menschen unter dem Aspekt des Konstruktivismus (gefühlte Objektivität des Subjekts).

systemische Frage, die
ist ein Sammelbegriff für Fragen im Coaching, die den systemischen Gedanken in der Reflexion anstoßen und beachten.

T

Team, das
Eine Gruppe wird zu einem Team, wenn die Gruppenmitglieder durch einen verbindlichen Arbeitsablauf oder voneinander abhängigen Qualifikationen für ein definiertes Ergebnis gebunden sind.

Theorie, die
ist ein Gedankenmodell zum Erklären von Erscheinungen oder zur Konstruktion neuer Welten.

Therapeut, der
bewertet durch ihn beobachtbares Verhalten auf der Basis subjektiver Deutung von vorgegebenen Diagnoserastern und schließt auf eine Ursache und die daraus aus seiner Sicht lösungsadäquten Interventionen.

Transfer, der
Mit dem Begriff Transfer kann man viele Phänomene in der Pädagogik beschreiben. Eigentlich müsste er eine zentrale Rolle spielen.

Übersetzt man Transfer mit „Übertragen" (lat. transferre) von etwas, dann ist *Lehren* und *Unterrichten* im Wesentlichen nichts anderes als „übertragen" von vorhandenen Erkenntnissen durch ein Medium (Lehrer) auf Lernende (Schüler), also von Wissenden auf Nichtwissende, mit dem Ziel, den Zustand des Nichtwissens in einen Zustand des Wissens zu überführen. In der pädagogischen Literatur wird dieser Vorgang häufig undifferenziert als Lehr-/Lernprozess bezeichnet. Es ist ein Verdienst der Kybernetischen Pädagogik, diese Vorgänge strikt zu trennen, denn Lernen folgt eigenen Gesetzen. Wie die Praxis zeigt, wird nicht alles Gelehrte auch gelernt oder nicht so gelernt wie gelehrt. Nur im Idealfall wird das Ergebnis identisch sein.

In der Pädagogik werden mit dem Begriff Transfer „nur" jene Phänomene bezeichnet, die beim Lehren und Lernen eines Inhalts A auch Einfluss auf den Inhalt B haben.

Es muss also eine Beziehung zwischen beiden Lehrinhalten bestehen. Sie müssen entweder identisch (oder teilweise identisch) oder ähnlich sein. Überwiegend wird unter Transfer der Einfluss eines vorher gelehrten bzw. gelernten Inhalts auf den nachfolgenden Inhalt verstanden. Die Richtung des Transfers spielt eine wichtige Rolle, weil sachlogisch die Inhalte nicht einfach vertauscht gelehrt und gelernt (also B vor A) werden können.

In der Wirkung des Transfers wird vor allem zwischen einem positiven (förderlichen, erleichternden) und einem negativen (störenden, hemmenden, erschwerenden) Einfluss unterschieden.

Für die Pädagogik macht es vor allem Sinn, sich mit dem positiven Transfer, also dem das Lehren und Lernen befördernden Einfluss, auseinanderzusetzen.

Welche Transfertheorien gibt es?

In der Transferforschung hat es nicht an Versuchen gefehlt, das Transferphänomen theoretisch zu beschreiben und zu erklären und die Wirkungen zu prognostizieren.

Wichtige Transfertheorien sind u.a. die „Formalbildungstheorie", die „Theorie der identischen Elemente" (THORNDIKE et al. 1901), die „Generalisierungstheorie" (JUDD, 1908) und die „kybernetisch-pädagogische Transfertheorie" (FRANK, 1980; WELTNER, 1970).

Die „Formalbildungstheorie" war bis zur Jahrhundertwende „das Kleinod der Schulpädagogik" (FLAMMER, 1970). Man nahm an, dass „die Übung jeder *geistigen Fähigkeit* sich auf alle anderen auswirkt" (DORSCH, TRAXEL, 1963). Unterstellt wird dabei die Existenz eines „allgemeinen (und meistens sehr hohen) Transfers" (FLAMMER, 1970) und die Förderung globaler Fähigkeiten wie z.b. logisches Denken oder die „Ausbildung des Gedächtnisses und des Willens" (Lexikon der Psychologie, 1972) und „die Mathematik und das Latein stehen vorzugsweise in dem Rufe" (ZIETZ, 1959), besonders formalbildend zu sein. Diese Argumentation wird noch heute in den Schulen verwendet, obwohl derartige Wirkungen empirisch nicht bestätigt werden konnten.

Dies widerlegte THORNDIKE (1901) und entwickelte eine „Theorie der identischen Elemente" (THORNDIKE, WOODWORTH, 1901). Demnach findet Transfer nur dann statt, wenn in beiden Inhalten gemeinsame, genau identische Wahrnehmungs- und Verhaltenselemente vorhanden sind. Die Theorie wurde von CHARLES E. OSGOOD (1949) weiterentwickelt, der Transfereffekte vom Grad der Ähnlichkeit der Elemente in zwei Lernsituationen abhängig machte. Wie viele Kritiker sah auch THORNDIKE selbst seine Theorie nicht als alleinige Erklärung für Transfereffekte an, zumal er auch den Begriff „identische Elemente" sehr großzügig interpretierte.

Zu diesen Kritikern gehört u.a JUDD (1908), der in seiner „Generalisierungstheorie" erklärt, dass es erst zu Transfereffekten kommt, wenn es einer Persönlichkeit gelingt, durch Verallgemeinerung spezifische Erfahrungen auch für verschiedene Situationen nutzbar zu machen.

Im Gegensatz zu diesen behavioristisch orientierten Erklärungsversuchen nutzt die „kybernetisch-pädagogische Transfertheorie" den informationspsychologischen Modellansatz von HELMAR FRANK (1959), der Transfereffekte über informationstheoretische Größen interpretiert und definiert. Der positive Transfer eines Lehrstoffes A auf den Lehrstoff B kann sich auswirken auf eine höhere Kompetenz zu einem bestimmten Zeitpunkt beim Lernen des Lehrstoffs B, oder auf eine verringerte Lernzeit bei festgelegter Kompetenz. Positive Transferformen sind der manifeste Transfer, der zu Lernerleichterungen durch Vorinformation von Inhalten führt und der latente Transfer, der solche Erleichterungen aufgrund von Vorinformation über das Funktionieren von Strukturen bewirkt. Diese Theorie ermöglicht, über das Informationsmaß auch quantitative Aussagen über Transferwirkungen zu machen.

Praktischer Nutzen für das Lehren und Lernen?

Den behavioristisch orientierten Theorien ist es nur bedingt gelungen, die Transferwirkungen in einer allgemeinen Theorie zu beschreiben und zu erklären. Dies liegt an der Vielzahl von Einflussfaktoren beim Lehren und Lernen, sodass es selten oder nur ansatzweise gelingt, eindeutig die Effekte empirisch den Ursachen zuzuordnen. Außerdem bewirkt eine objektive Ähnlichkeit von Lehrinhalten nicht immer ein solches Erkennen beim Lerner.

Trotzdem sind in der Praxis solche Wirkungen festzustellen. Nicht immer sind sie so eindeutig wie der Einfluss von mathematischen Inhalten auf Inhalte der Physik oder Chemie. Selbst beim Lernen der verwandten europäischen Sprachen bieten sich viele Transfermöglichkeiten.

Grundsätzlich kann Transfer bei vielen Lehrinhalten unterschiedlicher Komplexität eine Rolle spielen, die bei den Fakten beginnen und bei Regeln, Methoden, Verfahren und Verhaltensweisen enden. Es fehlt bisher eine Analyse und Beschreibung solcher Effekte, die im praktischen Einsatz eine sinnvolle Erleichterung des Lehrens und Lernens bewirken können.

Eine allgemein gültige Aussage und Beschreibung von Transfereffekten ist deshalb so schwierig, weil eine praktikable Definition der Ähnlichkeit von Inhalten fehlt und das Erkennen dieser Ähnlichkeiten auch noch vom internen Zustand des Lerners abhängt.

Tugend, die

Der Begriff der Tugend ist etymologisch abgeleitet vom Begriff der Tauglichkeit. Unter Tugend wird traditionell eine Charaktereigenschaft, eine habituelle Disposition verstanden, welche den Tugendhaften dazu disponiert, in tauglicher Weise wahrzunehmen, zu denken, zu fühlen und besonders sich zu verhalten und zu handeln, um ein bestimmtes normatives Ziel zu erreichen bzw. einen normativen Zweck zu erfüllen (Zweck des Kontextes oder Sinn).

V

Veränderung, die

ist der (Über-)Lebenswille und/oder das Bedürfnis nach dem Besseren.

Verantwortung, die

beschreibt die Pflicht, für die Folgen eigenen Handelns einzustehen.

Verhaltensalternative, die

ist im Coaching eine Verhaltensalternative, eine neue/veränderte Vorgehensweise zur Entstehung einer Entscheidung durch den Coachee. Die Entscheidung wird sichtbar im Handeln.

Verschmelzung, die

beschreibt den Zusammenschluss von Einzelteilen, die dann in einen neuen Zustand übergehen und im neuen Zustand als Einzelteil nicht mehr erkennbar sind. Verschmelzung, Fusion und Konversion sind 100%ige Synonyme.

Vision, die

ist ein Begriff für Erwartung einer maximalen Befriedigung der eigenen Bedürfnisse in einer unbestimmten Zukunft.

visuelle Aufstellung, die

ist ein Begriff für die Visualisierung aller Zusammenhänge (des erkannten Kontextes) und deren Deutungen in Bezug auf das Veränderungsthema durch den Coachee.

Volition, die

wird in der Psychologie als Wille definiert, der Absichten, Wünsche und Ziele durch definierte Handlungen in Resultate verwandelt.

Vorsatz, der

ist das Bedürfnis, einen Handlungsplan zu verwirklichen.

W

Wahrnehmung, die

ist die Deutung aufgenommener Reize.

Wahrnehmungserweiterung, die

beschreibt die Vorgehensweise, bekannte Ereignisse, Thematiken oder Erkenntnisse unter Berücksichtigung neuer Merkmale zu erkennen.

Werkzeug, das

ist eine funktionale Einzelmaßnahme.

Wert, der

bezeichnet die Orientierung für attraktives Verhalten.

Wille, der

ist das unverhandelbare Bedürfnis, einen Handlungsplan zu verwirklichen.

Wirkungserwartung, die

bezeichnet das erhoffte Ergebnis eines Tuns oder einer Beeinflussung.

Wirksamkeit, die

bezieht sich im Coaching auf das Eintreten der Folgen der selbstgewählten Veränderung.

Wirkung, die

bezieht sich im Coaching auf die eingetretenen systemischen Folgen einer Denkleistung und/oder eines konkreten Vorgehens.

Wirkungserwartung, die
> bezieht sich im Coaching auf die erwarteten systemischen Folgen ei-
> ner Denkleistung und/oder eines konkreten Vorgehens.

Wirkungserwartung des Coachingprozesses, die
> besteht in der situativen Selbstorganisation des Coachees zu seinem
> Veränderungsthema im zukünftigen Realisierungskontext.

Wirkungserwartung der Prozessphasen, die
> Phase 1 – Vereinbarung des Coachingansatzes
> Phase 2 – Wille zur konkreten Selbstveränderung und bewusste Ak-
>   zeptanz von selbsterkannten Folgen
> Phase 3 – Ressourcenidentifikation und Reflexion der bisherigen
>   Selbstorganisation
> Phase 4 – Handlungskompetenz im systemischen Realisierungskon-
>   text festlegen
> Phase 5 – Sicherung der nachhaltigen Handlungskompetenz

Z

ZEM, das
> ist die Abkürzung für Zielerreichungsmerkmal. Es ist ein vom Coa-
> chee, der Gruppe oder dem Team kreierter Begriff für ein Bedeu-
> tungscluster in der visuellen Aufstellung. Das Bedeutungscluster wird
> nach der Zielformulierung zu einem Merkmal, das Handlungen nach
> der Zielerreichung durch den Coachee, die Gruppe oder das Team
> beschreiben kann.

Ziel, das
> meint die bewusst angestrebte Befriedigung der eigenen Bedürfnisse
> zu einem bestimmten Zeitpunkt.

Zielerreichungsmerkmale, die
> lösen über Perspektivwechsel eine systemische Reflexion in Bezug
> auf das Ziel aus, die die Wahrnehmungserweiterung und die Ent-
> scheidungsfähigkeit fördert. Gleichzeitig schafft ein Erreichungsmerk-
> mal eine konkrete Orientierung für den Coachee zur späteren Selbst-
> organisation seiner Ressourcen. Erreichungsmerkmale erfassen alle
> Bestandteile des in der visuellen Aufstellung dargestellten Systems
> des Coachees.

zirkuläre Frage, die
> ist eine Frageart mit der Absicht, einen Perspektivwechsel auszulösen.

11 Abstracts

Nachfolgend finden Sie aus fünf entscheidenden Wissensgebieten deren fachliche Grundlagen und Zusammenfassungen für das Verständnis von Coaching.

11.1 Die Theorie vom Selbstorganisierten Coaching
von Dr. Rolf Meier

„Wer sich für Qualitätssicherung und Weiterbildung im Coaching einsetzt, sollte über eine differenzierte Komplexität von Beeinflussungsstrategien verfügen. Diese Komplexität bietet eine Theorie, da sie nicht nur isoliert einen Coachingsprozess darstellt oder undifferenziert von schulübergreifenden Inhalten spricht oder einzelne Schulen in den Mittelpunkt stellt, ohne deren Legitimation zu kennen. Die Theorie vom Selbstorganisierten Coaching beschreibt alle coachingrelevanten Wirkmechanismen. Erst diese Geschlossenheit ermöglicht es, Qualität zu entwickeln und zu überprüfen.

Aktuelle Marktsituation

Qualitätsstandards oder Qualitätsvorstellungen von Coaching und Coachausbildung sind konkret nicht systematisiert. Übereinkünfte und gemeinsames Verständnis bestehen lediglich auf hoher Abstraktionsebene. Dazu zählen die nachfolgenden drei werthaltigen Aussagen:

A Coaching ist Hilfe zur Selbsthilfe.
  (Die konkrete Hilfe und typische Vorgehensweisen werden nicht hinreichend definiert.)
B Die Prozessverantwortung liegt beim Coach.
  Der Coachee trägt die Lösungsentwicklungs- und Ergebnisverantwortung.
  (Die Prozessstruktur ist nicht legitimiert, die methodische Generierung von Handlungsalternativen ist nicht beschrieben und die Strukturmerkmale der Ergebnisverantwortung sind nicht festgelegt.)
C Coaching ist keine Psychotherapie
  (im Sinne der Behandlung seelisch Kranker).

(Diese Übereinkunft wird nicht eingehalten, da Lösungsangebote auf der Handlungsebene im Sinne therapeutischer Beratung gegeben werden.)

Die nachfolgend beschriebene Theorie vom Selbstorganisierten Coaching dient ...

- den Ausbildern von Coachs als Grundlage zur Gestaltung und Legitimierung ihres curricularen Ausbildungsangebotes;
- praktizierenden und zukünftigen Coachs zur Selbstbewertung ihres Coachingansatzes (Coachingverständnisses und ihres praktischen Handelns) und zur Entwicklung eigener Vorgehensweisen, basierend auf der Theorie vom Selbstorganisierten Coaching;
- der wissenschaftlichen Welt als mögliche Grundlage, Coaching zu bewerten und Anstöße zur Weiterentwicklung zu geben.

A. Theorieverständnis

Eine Theorie ist ein Gedankenmodell, das zur Erklärung von Erscheinungen oder zur Konstruktion von neuen Welten herangezogen werden kann. Sie kann auch als die Gesamtheit eines gedanklich konstruierten Bildes – im Gegensatz zur Praxis – verstanden werden. Danach ist eine Theorie ein vereinfachtes Bild eines Ausschnittes der Realität.

Aufgrund von Modellvorstellungen (Theoriekonstrukt) zu einem gegebenen Thema sollen theoriegeleitete bzw. -gestützte Prognosen und Handlungsempfehlungen ausgesprochen werden.

Eine Theorie muss den Vorschriften der Logik und Grammatik entsprechen und dabei widerspruchsfrei und überprüfbar sein. Verwendete Begriffe müssen genau definiert und empirisch verankert sein. Die Verträglichkeit mit bestehenden Theorien, die Lieferung eines Erklärungswertes, ohne dabei ein spezielles thematisches Erkenntnismodell darzustellen, sowie die Möglichkeit zur Erstellung von (eintreffenden) Prognosen runden die Anforderungen an eine Theorie sinnvoll ab.

Theorien dienen als Erklärungskonstrukt einer thematischen Wirklichkeit, die Erkenntnis bzw. Erkenntniserweiterung betreffend. Hinsichtlich ihrer Entstehungsweise herrscht kein Einvernehmen, jedoch wird im Allgemeinen zwischen folgenden methodischen Konstrukten unterschieden:

1. Induktive Theorien entstehen durch die Erarbeitung, Strukturierung und Bewertung von Datenmaterialien im empirischen Prozess.
2. Deduktive Theorien entstehen durch die Aufstellung sinnvoller Annahmen, welche in der Praxis (erfolgreich) überprüft werden können.
3. Aduktive Theorien entstehen eher spontan, wenn eine erklärende Hypothese für ein eingetretenes (überraschendes) Ereignis aufgestellt werden muss/kann. Der Wahrheitswert ist somit nicht gesichert.

Jede Theorie basiert auf Axiomen. In der Literatur ist kein eindeutiger Hinweis zu finden, aus welchen Elementen und dazugehörigen Interaktionen eine beliebige Theorie bestehen muss oder welches logische Strukturkonstrukt notwendig ist, um als Theoriekonstrukt im wissenschaftlichen Sinne anerkannt zu werden.

Die von uns gewählten Merkmale und Strukturverläufe entsprechen unserem Verständnis nach einer deduktiven Theorie. Somit gilt: Die Theorie vom Selbstorganisierten Coaching ist eine deduktive Theorie. Unser Bemühen ist – durch die vorliegende detaillierte Untersuchung des Faches Coaching – das Wissen darüber zu fokussieren und zu seiner reflektierten Betrachtung anzuregen.

B. Definition und Begriffe

Definition
Die Theorie vom Selbstorganisierten Coaching beschreibt auf der Basis eines wertegeleiteten empathisch-dramaturgischen Kontextes und mittels eines strukturierten Ablaufes, wie durch kreatives Selbst-Lernen die individuelle Entscheidungsfähigkeit als nachhaltige Selbstorganisation ausgelöst und gefördert wird.

Allgemeine Grundbegriffe

Freiheit
bezeichnet die Befähigung und die Verpflichtung, aus Alternativen nach bestimmten individuellen Selektionskriterien zu wählen.

Freiwilligkeit
bedeutet absichtliches und/oder spontanes Handeln.
Ressourcenverfügung
bedeutet uneingeschränkter Zugriff auf innere und äußere Mittel.
Selbststeuerung
ist die Fähigkeit, eigene Ziele und Handlungen zu bilden und sie gegen innere und äußere Widerstände umzusetzen.
Selbstwahrnehmungserweiterung
ist die Fähigkeit, das eigene Selbstbild in unterschiedlichen Kontextanforderungen zu deuten.
Handlungsalternativen
sind unterschiedliche, vom menschlichen Willen gesteuerte Verhalten.
Entscheidungsfähigkeit
bezeichnet das Potenzial, aus Alternativen zu wählen.

C. Axiome

Im Sprachgebrauch ist ein Axiom eine unbeweisbare, aber in sich einsichtige, grundlegende Aussage, die als Ausgangspunkt einer ableitbaren Theorie dient. Nachfolgend die 20 Axiome, die wir als Grundlage der Theorie vom Selbstorganisierten Coaching setzen.

Coaching vollzieht sich unter den verschiedensten Rahmenbedingungen; entscheidend ist die Beachtung folgender Werte:

- Freiheit – in der Bedeutung: Die Freiheit als Coachee, als Gruppe oder als Team die nachhaltige Selbstorganisation selbst festzulegen.
- Freiwilligkeit – in der Bedeutung: Die Freiwilligkeit als Coachee, als Gruppe oder als Team, über die Veränderungsthematik und den Zeitpunkt der Veränderung selbst entscheiden zu können.
- Ressourcenverfügung – in der Bedeutung: Der Coachee, die Gruppe oder das Team haben selbstständigen Zugriff auf die Ressourcen, die zur Selbstorganisation und Veränderungsrealisierung benötigt werden.
- Selbststeuerung – in der Bedeutung: Der Coachee, die Gruppe oder das Team sind in der Lage, Veränderungsanforderungen selbst zu erkennen und selbst zu realisieren.

- Coaching muss der Komplexität der Lebens- und Erfahrungswelt des Coachees, der Gruppe oder des Teams gerecht werden. In diesem Sinne ist Coaching immer „systemisch".
- Coaching führt den Coachee, die Gruppe oder das Team vom linearen zum vernetzten Denken und Handeln. Es geht darum, Freiheitsgrade für eigenes Verhalten innerhalb eines „Bezugskontextes" zu identifizieren und zu „Vergleichbarem" zu erweitern.
- Coaching basiert auf Modellen von wissenschaftlicher Erkenntnis.
- Coaching definiert sich über eine wertegeleitete Arbeitshaltung und operationalisierbares Handwerk (Einhalten der Prozessstruktur).
- Die Lösung liegt im Coachee, in der Gruppe oder im Team.
- Erfahrungen bilden die Grundlage jeder individuellen und kollektiven Wirklichkeitskonstruktion.
- Systemisches Denken und konstruktivistisches Denken und Handeln sind nicht identisch, ergänzen sich aber.
- Motivgeleitete Interessen und Erkenntnisse bilden einen Zusammenhang.
- Menschen orientieren sich innerhalb individuell definierter und gedeuteter Kontexte an Werten.
- Ein Kontext (Konstrukt oder auch Handlungssystem) ist dem Individuum, der Gruppe oder dem Team dann bewusst, wenn er/sie/es ihn kognitiv erschließen kann.
- Körper, Gehirn, Geist und Emotionen bilden eine unzertrennbare Einheit.
- Entscheidungen für ein Verhalten/eine Handlung werden durch Motive und Bedürfnisse innerhalb von durch Werte gedeuteten Kontexten beeinflusst.
- Menschen handeln, da sie für sich einen persönlichen Vorteil im Sinne der Erfüllung von Motiven, Bedürfnissen und Werten erwarten. Dies gilt auch für Gruppen und Teams.
- Werte entstehen durch wiederholtes, individuell erfolgreiches Handeln/Verhalten in einem spezifischen Kontext.
- Grundsätzliche Verhaltensmuster ergeben sich aus Werten, die für das Individuum, die Gruppe oder das Team kontextübergreifend gelten.
- Werte, die handlungsleitend sind, aber hinsichtlich ihrer Bedeutung nicht reflektiert werden, führen zu Glaubenssätzen. Glaube ist ein Wertekontext, der nicht hinterfragt wird.

- Leitwerte sind Werte, die für das Individuum, die Gruppe oder das Team in allen konstruierten Kontexten gelten. Sie bilden die Schnittmenge aller Werte innerhalb dieser Kontexte.
- Werte bilden die Grundlagen für Entscheidungen. Der Beginn einer Entscheidung ist die gefühlsmäßige Wahrnehmung eines Wertes. Der Abschluss einer Entscheidung begründet einen Wert (subjektiv) rational.
- Wahrnehmung basiert auf der Wahrnehmung von Unterschieden.

D. Begründungen und Herleitungen

- Die Theorie vom Selbstorganisierten Coaching ist ein eigenständiger didaktisch-methodischer Ansatz zum Verständnis von Coaching und zur Entwicklung von Coachs.
- Prozess ist im Coaching die festgelegte Ablaufstruktur, die mithilfe von Reflexionsangeboten auf Abstraktionsebene die nachhaltige Selbstorganisation auslösen will.
- Die Ableitung von Reflexionsangeboten orientiert sich an Hypothesen, die aus wissenschaftlichen Modellen, wissenschaftlichen Theorien und der Axiomatik der hamburger-schule.com gebildet werden.
- Im Coaching geht es darum, Freiheitsgrade für eigenes Verhalten innerhalb eines „Bezugskontextes" zu identifizieren und zu erweitern.
- Hypothesen und Prognosen – Die Wirkungserwartung der Theorie vom Selbstorganisierten Coaching begründet sich in der Abhängigkeit, Interaktion und strukturierten Bearbeitung der Aussagen unter konsequenter Wahrung der Werte Freiheit, Freiwilligkeit, Ressourcenverfügung und Selbststeuerung:
  - Die Lösung liegt im Coachee.
  Der freiwillige Veränderungsprozess eines Menschen orientiert sich an seinen motivalen Zukunftsvorstellungen in einem Kontext. Durch die Bereitschaft zur Veränderung ist der Coachee bereit, seine eigenen Ressourcen neu zu bewerten, und er erkennt, welche ihm zur Lösung (Handlungsalternative) noch fehlen.
  - Vertraue auf den Prozess.
  Der formalisierte Coachingprozess als die zentrale Methode im Coaching stützt sich aus den Erkenntnissen der KEPPNER-TREGOE-Methode, dem Rubikon-Modell der allgemeinen Handlungspha-

sen, dem Handlungslernen und den Transfertheorien. Die methodische Struktur des Cochingprozesses besteht aus der Abfolge und Bearbeitung folgender Merkmale:

Die Struktur des systemisch-konstruktivistischen Coachingprozesses

Phase 1 – Kontakt und Kontrakt

1.1 Vorstellung und Erwartung der Beteiligten
1.2 Coachingablauf, Kommunikationskontext und Selbstorganisation vereinbaren
1.3 Thema und Veränderungswunsch skizzieren

Phase 2 – Systemische Themen- und Zielklärung

2.1 Thematischen Ist-Kontext systemisch visualisieren
2.2 Ziel festlegen und Folgen reflektieren

Phase 3 – Zielorientierte Ressourcenidentifikation und Reflexion

3.1 Motive, Werte und Intelligenzen zur Zielerreichung ermitteln
3.2 Werte des Kommunikationskontextes ermitteln
3.3 Hypothesengeleitet Ressourcen ermitteln
3.4 Ressourcen aus eigenen und fremden Quellen
3.5 Bisheriges Analyse- und Lösungsmuster der Selbstorganisation im thematischen Kontext
3.6 Feedbacksystematik und Somatische Marker etablieren

Phase 4 – Handlungskompetenz im systemischen Zielkontext festlegen

4.1 Entwicklung und Entscheidung der Handlungsalternativen
4.2 Handlungsabfolge festlegen (Handlungsplan)
4.3 Potenzielle Probleme bei der Realisierung des Handlungsplans analysieren
4.4 Ressourcen- und Handlungsplan aktualisieren
4.5 Controllingmerkmale des Handlungsplans festlegen
4.6 Nachhaltige Selbstorganisation sichern

Phase 5 – Controlling

5.1 Controlling des Handlungsplans
5.2 Controlling der nachhaltigen Selbstorganisation

E. Empirische Operationalisierung und Postulate

Messkonzepte der empirischen Prognosen und Hypothesen
- Im Coaching
  Eng verbunden mit allen Coachtätigkeiten und Coachingprozessen
  sind die Fragen nach der Wirksamkeit von Coaching und den damit einhergehenden Überprüfungen. Der Maßstab des Coaching-
  erfolgs wird vom Coachee, von der Gruppe, dem Team in seinem/
  ihrem/seinem Veränderungsziel und den Erreichungsmerkmalen,
  die der Coachee, die Gruppe, das Team freiwillig und in seiner/ih-
  rer/seiner Entscheidungsfreiheit erarbeitet hat, festgelegt. Der
  Coach trägt die Prozessverantwortung, das heißt, er verantwortet
  die grundsätzliche Ablaufstruktur und er leitet aus dem Veränderungsziel seines Coachees in Verbindung mit den vereinbarten Erreichungsmerkmalen eine logische Abfolge von Reflexionsangeboten ab. Der Coachee, die Gruppe, das Team trägt die Ergebnisverantwortung. Er/sie/es ist allein für die Festlegung und Erreichung
  seines/ihres beabsichtigten Veränderungsziels verantwortlich. Es
  können vom Coachee, der Gruppe, dem Team quantitative (mess-
  bare) und qualitative (beschreibbare) Kriterien (Erreichungsmerk-
  male) definiert werden. Daher handelt es sich bei der Evaluation
  von Coaching immer um ein Selbstcontrolling.
- Coachausbildung und Zertifizierung
  Durch die Zertifizierung von angehenden Coachs soll sichergestellt
  werden, dass Coachs über Kompetenz im Sinne der Theorie vom
  Selbstorganisierten Coaching verfügen.

Belege und Widersprüche für die Theorie
Um Systeme, in denen wir leben, in ihrer Komplexität allgemein hinreichend und zutreffend beschreiben zu können, bedarf es einer Berücksichtigung von unbestimmt vielen Parametern. Die Definitionen, Bedeutungen und Deutungen der Begriffe System oder systemisch sind aus den
Welten bekannter Wissenschaftsdisziplinen in die Welt des systemischen
und konstruktivistischen Coaching nicht übertragbar und/oder anwendbar. Die Wissenschaften, insbesondere die Soziologie, betrachten, analysieren und deuten ganze Systeme. Systeme in ihrer Gänze haben auch in
diesen Wissenschaftsdisziplinen unbestimmt viele Merkmale: offene Systeme, dynamisches Interagieren der Systemmerkmale oder der Beteiligten
bei Verhalten und Entscheidungen – auch durch den Charakter der Irrati-

onalität. Es sind sozusagen Wesensmerkmale von Systemen (im Sinne dieser Wissenschaftsdisziplinen). Insofern sind Erkenntnisse über diese System-Welten immer Einzelfall übergreifend abstrakt. Die daraus abgeleiteten Erkenntnisse lassen daher die Individualität der Einzelsituation im konstruktivistischen Coaching nicht zu. Systemisches Coaching hat als Betrachtungs- und Deutungsbezug immer die Einzelfallsituation des Coachees, seiner Person und seiner Veränderungsthematik. Daher akzeptiert und bearbeitet systemisches Coaching grundsätzlich individuelle Anforderungen und Deutungen der thematischen Bezüge eines Menschen unter dem Aspekt des Konstruktivismus (gefühlte Objektivität des Subjekts). Die Systeme des Coachees sind komplexitätsreduzierte Erklärungen seiner Bezugswahrnehmung (Kontext). Konkrete Wahrnehmungen und deren Beschreibungen von Bezügen, Kontexten oder Systemen sind nur mit einer überschaubaren Zahl von Parametern in ihrer konkreten Handlungswelt möglich. Insofern sind die Systeme des Coachees überschaubar. „Systemisch" im Coaching bedeutet die Akzeptanz der nicht wiederholbaren Einzigartigkeit von Personen, der thematischen Ausprägung und den damit verbundenen dynamischen Interaktionen und Integrationen in Kontexten.

Beeinflussende Parameter im Kontext und zwischen Kontexten (= systemisch):

- Geltende Werte und Normen
- Akzeptierte Werte und Normen
- Motive und Bedürfnisse
- Abhängigkeiten
- Interaktionen zwischen Menschen und zwischen Kontexten
- Deutungen, Bedeutungen und Bedeutungszusammenhänge
- Zeit
- Komplexität der Parameter
- Feedback-Systematiken

Lernen
- Bewusste und unbewusste Erfahrungen von Ausbildern und Lernenden sind systemisch-konstruktivistische Rahmenbedingungen für Lernen.
- Lernen ist ein systemisch-konstruktivistischer Prozess, der vom Lernenden bewusst gesteuert werden kann.

- Lernen erfolgt in Abhängigkeit von individuellen Gefühlen, Motiven, Bedürfnissen, Werten, Intellekt und Selbstwirksamkeitserwartungen innerhalb systemisch-konstruktivistisch gedeuteter Kontexte.
- Lernen ist im Ergebnis individuell pragmatisch und unvorhersehbar.
- Lernen löst Bewusstsein und Motivation für routinierte Lösungsstrategien innerhalb bekannter Kontexte aus.
- Lernen löst kreative und gewollte Lösungsstrategien für unbekannte Verhaltenskontexte aus.
- Ausbilder sind Organisatoren individuell authentischer, komplexer Lehr-, Lern- und Anwendungskontexte.
- Lernen erfordert Rückmeldungen über Unterschiede und Übungen aus dem Lehr-/Lernkontext zur individuellen Orientierung.
- Faktenwissen und Faktendeutungen von Ausbildern und Lernenden sind untereinander vernetzt und individuell in unterschiedliche Anwendungskontexte transferfähig.
- Lerner sind in der Regel kompetenter in ihren Anwendungskontexten als Ausbilder.

F. Praxiseinsatz

Konkrete Handlungsempfehlungen
- Praxisorientierung
  Um im Alltag bestehen zu können, muss die Ausbildung von Coachs praxisorientiert sein. Typische Coachingthemen, typische Coachingsituationen, typische Coachingkontexte, typische Coachingbeteiligte, typische Coachingverläufe in der Privat- und Berufswelt sind Inhalt und Gegenstand einer Coachausbildung.
- Pragmatisch
  Die Entwicklung der Kompetenzen eines Coachs orientieren sich am Pragmatismus: Das didaktisch-methodische Vorgehen eines Coachausbilders innerhalb einer Coachausbildung orientiert sich neben dem Konstruktivismus auch am praktischen Nutzen für den Coachee. Reflektierte, erlebte Coachingerfahrung im Arbeitsalltag, gekoppelt mit analytischem und erprobtem Vorgehen, ermöglicht wirksame Ergebnisse im Coaching. Gleichzeitig bedeutet es den Verzicht auf konstruierte Fallbeispiele und Rollenspiele, da eine individuelle, emotionale Bindung der Teilnehmer hier nicht herge-

stellt werden kann und somit kein Nutzen für die Kompetenzentwicklung für ihn ableitbar ist. Rollenspiele „entfernen" den Lernenden von seiner Identität.

• Abgrenzung
  Als eigenständiges Erklärungssystem von Coaching grenzt sich die
  Theorie vom Selbstorganisierten Coaching bewusst von anderen
  Erklärungssystemen von Coaching ab. Das bedeutet auch das bewusste Verwenden und das bewusste Ausgrenzen von Begriffen,
  die nicht der Axiomatik der Theorie vom Selbstorganisierten Coaching entsprechen. Begriffsdefinitionen, die in einem alltagssprach-
  lichen Verwendungsverständnis dieser Begriffe zu „Irritationen"
  führen, werden im Sinne eines Lehrdogmas nicht verwendet. Dazu
  zählen insbesondere die Begriffe: Rat, Ratschlag, raten, Beratung,
  beraten, vermitteln, Tipps, Rolle, Rolle ausfüllen, Rolle einnehmen
  und vergleichbare lösungvorwegnehmende (lösungantizipierende)
  Formulierungen. Begriffe aus der Methodik bestehender Ausbildungen wie z.B. TA und NLP werden im Sprachgebrauch der Theorie vom Selbstorganisierten Coaching nicht verwendet bzw. sollen, um „Übertragungen" auszuschließen, nicht verwendet werden.

• Vermittlung
  Das Verwenden und Anbieten von thematischem Struktur- oder
  Orientierungswissen (abstraktes Wissen) ist kein Training oder keine Ausbildung im Sinne von situativ angebotener Lösungskompe-
  tenz.

• Nachhaltige Selbstorganisation
  Durch den Coachingprozess kann der Coachee in Kongruenz zu
  seinem Veränderungsziel selbstständig Veränderungen initiieren
  und sein Verhalten durch Selbstreflexion auch in sich wandelnden
  Kontexten in der Zukunft stabilisieren.

Ethik
  Die Ethik setzt Normen für das Verhalten eines Coachs, der im Sinne
  der Theorie vom Selbstorganisierten Coaching handeln will. Verhal-
  tensgrundsätze im Sinne dieser Ethik reflektieren die Tätigkeit des
  Coachs und des Coachens. Dabei berücksichtigen sie insbesondere
  die Interessen der zu coachenden Person im Kontext von Coaching.
  Die Ethik beschreibt konkretes Verhalten zu den Merkmalen ...
  • Grundhaltungen eines professionellen Coachs,

- vertragliche Grundlage von Coaching,
- Verschwiegenheit und Datenschutz im Coaching,
- Darstellung/Transparenz der Kompetenz des Coachs und von Coaching und
- Verwendung von Referenzen durch den Coach.

Merkmale von Coachausbildungen
Coaching als bewusste Veränderungsarbeit basiert auf im Menschen vorhandenen und im Wechselspiel wirkenden Motiven, Werten, Bedürfnissen sowie Fakten und Wissen innerhalb individueller, dynamischer Kontexte sowie auf ...

- der konsequenten didaktisch-methodischen Ausrichtung auf Basis des Konstruktivismus, des Pragmatismus und fundierter systemischer Feldkompetenz;
- der konsequenten Unterscheidung von Modell, Methode und Werkzeug;
- der Betonung der Vermittlung von strukturellen Feldkompetenzen, die von Führungskräften innerhalb ihrer komplexen Anforderungen im Führungsalltag sonst nicht erlernt werden. Individueller Ausbau situativer Führungs- und Selbstführungskompetenz;
- der Betonung der situativen Handlungskompetenz durch Förderung von Innovation und Kreativität. Teilnehmer entwickeln Methoden aus Modellen. Eigenentwicklung und Bewährtes sind kombinierbar;
- der Betonung des „handwerklichen Aspektes" von Coaching im Sinne einer praktischen Kompetenzentwicklung;
- der Betonung der Bezüge zur Berufs- und Arbeitswelt, kompatibel zu allen marktgängigen Zertifizierungsverfahren.

Der Ausbilder trägt eine Mitverantwortung für die persönliche Lernkompetenz seiner Teilnehmer in deren praktischer Lernumsetzung.

Umsetzungsmodelle
- Kritische Erfolgsfaktoren
- Kompetenzentwicklungsmodell
- Kompetenzmodell
- Individuelle Werteentwicklung
- Zentrale Werte im Coaching
- MVWK-Modell mit sechs Kontextvarianten
- Coachingprozess

G. Kontextualisierung
(Bezüge zu anderen Theorien, Disziplinen und thematischen Sachgebieten)

Coaching benötigt dafür inhaltliche Anleihen aus bestehenden Wissenschaftsdisziplinen, sowohl in seinem grundsätzlichen Verständnis als auch in seinem vollziehenden Tun. In der Regel sind damit die allgemeinen Erkenntnisse der Wissenschaftsdisziplin sowie deren spezifische Teilgebiete gefragt:

- Erziehungswissenschaft
  (Andragogik, Curriculum, Handlungslernen, Lernen)
- Kommunikation
  (Führung, Kreativität, Linguistik, Semantik)
- Mathematik
  (Axiomatik, Entscheidungstheorie, Logik)
- Neurowissenschaften
- Philosophie
  (Glaube, Naturheilkunde, Werte, Wissenschaftstheorie)
- Psychologie
  (Motivation, NLP, Psychotherapie, Pädagogische Psychologie, TA)
- Rechtswissenschaft
  (Grundrechte, allgemeines Persönlichkeitsrecht, Zivilrecht, insbesondere Vertragsgestaltung und Haftung)
- Soziologie
  (Konstruktivismus, Systemtheorie)

Daneben bieten folgende Disziplinen weitere Erkenntnisse zum Verständnis und Gestalten von Coaching:

- Betriebswirtschaft,
- Marketing,
- Strategie,
- Visionen,
- Ziele und
- Transfertheorien." (1: S. 21-39)

11.2 Führungswissen für den Führungsalltag
von Dr. Rolf Meier

Die acht Grundeinsichten des Führens

Wie vieler Personen bedarf es, damit Sie von Führung reden?

Wenn ich in Diskussionen oder auch in Personalentwicklungsmaßnahmen diese Frage stelle, wird oftmals spontan die Antwort gegeben: zwei Menschen. Wenn wir zwei Personen haben, dann reden wir von Führung. Gemeint ist damit in aller Regel die Führungskraft und der Mitarbeiter. Das mag richtig sein. Das Thema Führung müssen wir aber wesentlich erweitern aufgrund unseres Verständnisses zeitgemäßer Führung, aber auch aufgrund der Bedingungen in unseren Organisationen. Traditionell ist es sicherlich so, dass die Führungskraft und mindestens ein Mitarbeiter da sein müssen, um von Führung zu sprechen. Diese Ausprägung nennen wir *Fremdführung*. Sie können den Begriff der Führung aber auch noch auf zwei andere Bereiche erweitern, indem Sie feststellen, Führung beginnt im Grunde bei einer Person, nämlich bei mir (bei Ihnen/Ihrer Person). Wenn Sie so Führung verstehen, dann handelt es sich um die *Selbstführung*.

Im Zuge der Veränderungsprozesse in unseren Unternehmen, aber auch im Verständnis von Führung, in dem Aufkommen von Projekten, Projektgruppen oder Teams haben wir aber auch zunehmend die Situation, dass Führung möglich wird oder aber auch gewollt ist, indem mindestens zwei oder mehrere Personen, Menschen, Mitarbeiter über Inhalte zu entscheiden haben und diese dann auch selbst realisieren. Wenn wir solche „teilautonomen" Gruppen haben, dann reden wir von der *Eigenführung*.

Führung als Überlaufsystem

Ich denke, dass es relativ eindeutig und klar ist, dass Sie von einer Führungskraft nur dann sprechen können, wenn sie denn auch Mitarbeiter hat. Aber wie entsteht nun diese Führung im Allgemeinen und möglicherweise auch in der konkreten Situation? Am besten können Sie sich diese Thematik verdeutlichen, wenn wir uns einmal ein Unternehmen ansehen, das gegründet wird. In aller Regel ist das eine Person, weil diese eine Person eine Idee, eine Fertigkeit oder Fähigkeit – also eine Kompetenz – hat, die sie vermarkten, die sie anbieten will. Wenn so ein Mensch anfängt etwas zu unternehmen, dann kann er in die Situation kommen, wenn es alles ganz gut läuft, dass er mehr Kunden findet, als er vielleicht Zeit hat, sie zu bedienen. Oder: Seine Zeit reicht nicht aus, um all' die Aktivitäten, die notwendig werden, um sein unternehmerisches Tun voranzutreiben, selbst zu realisieren. Also kommt er auf die ganz simple Idee, sich jemanden zu suchen, der ihn unterstützt. Er braucht auf einmal auch einen Teil seiner Zeit, um nämlich diesen neuen Mitarbeiter, diesen Assistenten oder wie man ihn auch immer bezeichnen mag in so einer Gründersituation, zu betreuen, zu führen, anzuleiten, zu beeinflussen und dergleichen mehr.

Führung entsteht als „Überlaufsystem", weil meine Zeit nicht mehr ausreicht, um alles selbst zu bewältigen. Nun kann man aber auch sagen, gut, er sucht sich jemanden, der ihm hilft, weil er einfach nicht so viel Zeit aufwenden will. Entscheidend ist aber dabei, er braucht eine Vorstellung und eine Strategie, wie er diesen Mitarbeiter beeinflusst, behandelt, führt. Dieser Mitarbeiter soll ja dann durch sein Tun und sein Verhalten und seine Arbeit auch Arbeitsergebnisse hervorbringen. Diese Arbeitsergebnisse sollen im Prinzip vielleicht aber auch zu 100% genau die gleiche Qualität haben, wie sie die Führungskraft selbst hervorbringen würde oder sich idealerweise vorstellt, wie sie hervorgebracht werden sollte.

Damit fängt Führung im Grunde an, und all die Dinge, die wir über Führung wissen, wird derjenige mehr oder weniger gut, mehr oder weniger bewusst auch anwenden, einsetzen oder sich darüber Gedanken machen.

Interessant ist jetzt eins: Je mehr solcher Mitarbeiter nun für diese Führungskraft da sind, desto größer wird der Arbeitsaufwand, der Zeitaufwand sein, den die Führungskraft diesen Mitarbeitern widmen muss, das heißt, er wird selbst nicht mehr so viele Dinge realisieren können, sondern er wird veranlassen, verursachen, auslösen, dass seine Mitarbeiter diese Arbeitsergebnisse erbringen.

Führung und Zeit

Wenn wir über Führung nachdenken, dann gibt es eine ganz spannende Frage zu beantworten, nämlich die: „Haben Sie sich schon einmal überlegt, wie viel Prozent Ihrer Arbeitszeit der einzelne Mitarbeiter von Ihnen als Führungskraft partizipieren kann?"

Um diese Frage zu beantworten, müssten Sie mal ehrlicherweise sagen und für sich offenlegen: Wie viele Stunden in der Woche arbeiten Sie denn eigentlich als Führungskraft? Es kann sein, dass Sie sagen: „Ich arbeite 50, 60 oder 30 Stunden." Sie können auch sagen: „Wissen Sie, ich bin immer in Gedanken dabei, mich um meine Führungsaufgaben zu kümmern und wenn Sie denn gerne möchten, dann können Sie das auch auf 24 Stunden auf 7 Tage in der Woche erweitern."

Aber ein interessantes Ergebnis wird herauskommen: Sie werden feststellen, dass keiner Ihrer Mitarbeiter die Chance hat, 100% Ihrer Zeit als Führungskraft in Anspruch zu nehmen, sondern der Anteil wird unter 5% Ihrer Zeit liegen.

Damit stellt sich aus Sicht der Führung eine ganz entscheidende Frage: „Was passiert eigentlich in der Zeit, in der Sie auf den Mitarbeiter nicht direkt einwirken können – was macht er da? Ist er tatsächlich selbstständig, ist er eigenverantwortlich, ist er initiativ, entwickelt er genau die Ideen und Aktivitäten, die sinnvoll und notwendig sind, um erfolgreich zu sein?"

Das ist also das Spannende, wenn man über Führung redet. Ich habe, selbst wenn ich ein sehr stark kontrollorientierter Mensch bin, oder wenn ich ganz gerne sozusagen „rumfummeln" will, gar nicht die Chance, jeden einzelnen 100%ig zu überwachen, zu kontrollieren, zu lenken, zu dirigieren, sondern ich muss mich einfach damit abfinden, dass der Mitarbeiter zu einem sehr großen Anteil seiner Arbeitszeit auf sich alleine gestellt ist.

Hier gilt es, aus Sicht von Führung die Frage zu beantworten: „Wie muss ich mich als Führungskraft einrichten, einstellen, verhalten? Was für ein Verständnis von Führung muss ich haben, dass dieser Mitarbeiter in der Zeit, in der er denn nicht von mir geführt wird, zum Erfolg durch Selbstführung kommt?"

Führung und Situation

Wenn Sie Führungskraft sind, haben Sie schon einmal nachgedacht, ob Ihre Mitarbeiter Sie eigentlich als Führungskraft haben wollten oder haben wollen? Durften Ihre Mitarbeiter darüber abstimmen, ob Sie die Führungskraft werden? Sicherlich nicht! Normalerweise wird man als Führungskraft eingesetzt, das ist sozusagen ein Verordnungsvorgang, man könnte aber auch sagen, Führung entsteht aus einer Zwangssituation, jedenfalls aus Sicht der Mitarbeiter. Damit ergeben sich natürlich viele Fragen für Sie als Führungskraft: „Wie steht es eigentlich mit meiner Akzeptanz? Wie viel Vertrauen haben die Mitarbeiter zu mir? Wie viel Glaubwürdigkeit habe ich?" Führung und Führungsstruktur wird auch über Zwang realisiert.

Im Gegensatz dazu gibt es aber auch Führung, die freiwillig entsteht. Freiwillige Führung wird immer dann entstehen, wenn Menschen zusammenkommen, die gleiche Interessenlagen haben. Diese Interessen wollen artikuliert, durchgesetzt und realisiert werden. Hier wird man bewusst oder unbewusst in Diskussionen herausfinden, wer von den Beteiligten einer Gruppe die Interessen am besten durchsetzen kann, wer die Initiative ergreift.

Nehmen Sie ein praktisches Beispiel aus dem Alltag: Sie sind auf der Straße und bedauerlicherweise knallt's, das heißt, da ist ein Autounfall. Wenn Sie der Erste sind, der die Initiative ergreift und sagt: Ruft die Polizei an, ruft die Feuerwehr an oder sagt: alles absperren und andere sehen das genauso und beugen sich sozusagen dieser Initiative, dann haben Sie in dieser Situation eine Führungsrolle übernommen. Ihre Führungsrolle wird solange anerkannt bleiben, wie Ihre Aktivitäten auf Akzeptanz stoßen und Führung in dieser Situation gebraucht oder gebildet wird. Ihre Führungsrolle werden Sie abgeben, wenn die Situation bereinigt ist, wenn sie beendet ist: wenn Polizei oder Feuerwehr eingetroffen sind, möglicherweise, wenn alle Dinge registriert sind, vielleicht auch Verletzte versorgt sind und der Verkehr wieder freigegeben wird. Dann löst sich die Situation auf und Sie haben dann Ihre Führungsrolle abgegeben, weil Sie nur für diese Situation galt.

Also: Führung entsteht auch freiwillig und situativ. Wenn wir über Führung reden, ist dies schon eine sehr wichtige Erkenntnis – auch für den

Coaching-Prozess: Inwieweit gelingt es, Akzeptanz auszulösen bei jemandem, den ich beeinflussen will oder der von mir beeinflusst werden will/sollte?

Führung und Zusammenhalt

Wenn Sie Führungskraft sind, haben Sie die Verantwortung für Mitarbeiter, also für Menschen. Mit diesen gemeinsam sollen und wollen Sie ja Erfolge erzielen, sollen Sie Arbeitsergebnisse erbringen, die gewollt und die auch akzeptiert sind. Insofern sind Sie Leiter einer Gruppe, egal ob Sie jetzt Vorstand, Geschäftsführer oder Abteilungsleiter sind. Es geht beim Führen in letzter Konsequenz immer darum, dass Sie mit einer Gruppe von Menschen, mit denen Sie zusammenarbeiten und damit also mitten unter ihnen sind, gemeinsam eine erfolgreiche Arbeit leisten wollen.

Sie brauchen hier Qualifikationen, um gewährleisten zu können, dass die Gruppe auch zusammenhält. Zwei wesentliche Merkmale sind es, die diesen Zusammenhalt garantieren. Erst wenn sowohl die Gesamtgruppe als auch die einzelnen Gruppenmitglieder eine Identifikation haben, sowohl mit den Arbeitsinhalten als auch mit den Arbeitsbedingungen und den Kollegen, den Menschen, mit der Führungskraft, mit denen sie zusammenarbeiten und wenn sie eine Zukunftshoffnung haben, das heißt, wenn der Einzelne und auch die Gruppe insgesamt der Meinung ist, dass man zusammenhalten kann und muss und gemeinsam in der Zukunft Erfolge haben wird. Erst wenn das gewährleistet ist, dann wird diese Gruppe auch einen Zusammenhalt haben.

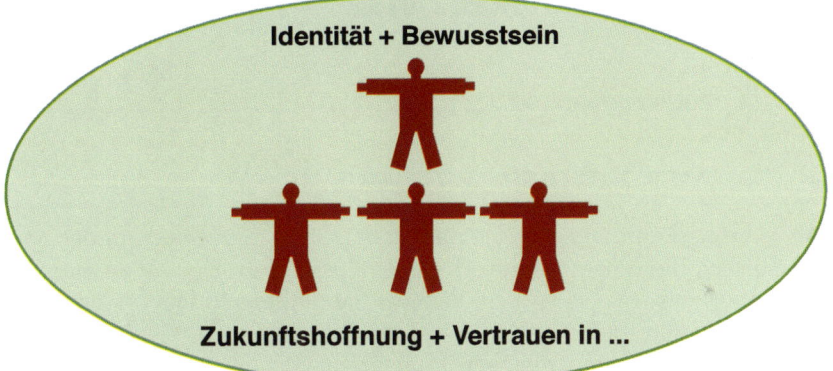

Als Führungskraft müssen Sie also dafür sorgen, dass diese Identifikation und Zukunftshoffnung sich immer wieder entwickelt, immer wieder stabilisiert, immer wieder neu auch weiterentwickelt wird, weil sich auch die Bedingungen des Arbeitens ändern. Diese Identifikation und Zukunftshoffnung wird im Grunde mit zwei wesentlichen Strategien erreicht. Entweder Sie als Führungskraft initiieren diese Identifikation und Zukunftshoffnung, sodass alle Gruppenmitglieder Kraft entwickeln, diesen Zusammenhalt zu wollen und auch zu leben – das wäre Ihre Priorität 1 – oder aber – und das wäre Ihre Priorität 2 – es wird durch einen sogenannten äußeren Feind diese Zukunftshoffnung und Identifikation ausgelöst, weil man dann in dieser Gemeinschaft diesen äußeren Feind, diese Bedrohung, vielleicht auch dieses Übel besser bewältigen kann.

Führung und Betriebswirtschaft

Haben Sie sich einmal gefragt – wenn Sie Führungskraft sind – was Sie eigentlich als Führungskraft auslösen sollen oder was man von Ihnen erwartet auszulösen? Vielleicht kann die Grafik das ganz gut verdeutlichen.

Kompetenz und Verantwortung der Führungskraft für Wertschöpfung

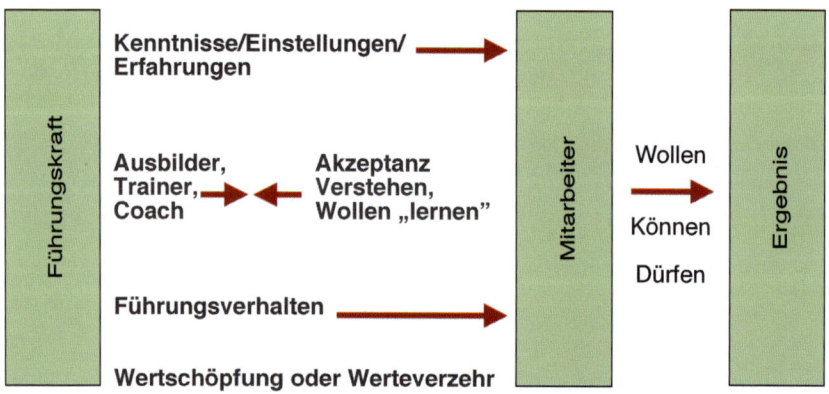

Als Führungskraft initiieren Sie permanent etwas. Sie gehen auf den Mitarbeiter zu, Sie reden mit ihm, Sie beeinflussen ihn, Sie wollen was von ihm. Aber, das was Sie wollen, das was Sie initiieren, muss bei dem Mitarbeiter auf Akzeptanz stoßen, muss bei ihm Lernprozesse auslösen, sodass er sagt, dass was meine Führungskraft von mir will, ist richtig, ist wertvoll, ist hilfreich für mein Tun. Erst wenn es Ihnen gelingt, diese Akzeptanz in konkretes Wollen und Tun umzusetzen, wird beim Mitarbeiter auch ein Ergebnis erzielt, das er und Sie wollen. Gelingt Ihnen dieses nicht, dann betreiben Sie in Wahrheit Werteverzehr.

Eine der wesentlichen Aufgaben einer Führungskraft ist es, Wertschöpfung auszulösen. Das heißt, erst wenn Sie den Nachweis erbringen, dass der Aufwand, der in Sie gesteckt wird – in Form von Gehalt und Personalnebenkosten – sich sozusagen rentiert, dann betreiben Sie Wertschöpfung.

Ich möchte Sie jetzt bitten, eine Übung zu machen, die ganz wertvoll ist zum eigenen Reflektieren der Thematik. Fragen Sie sich einmal auf der Basis Ihres Bruttogehaltes plus Personalnebenkosten: „Wie teuer bin ich eigentlich pro Stunde als Führungskraft?" Dann fragen Sie sich: „Wie viel Wertschöpfung betreibe ich eigentlich, wenn ich mit einem Mitarbeiter oder mit einer Mitarbeiter-Gruppe ein Gespräch führe oder wenn ich vor mich hin denke." Das heißt, Ihren Arbeitgeber kosten Sie permanent Geld – bzw. wenn Sie selbstständig sind, kosten SIE permanent Geld. Wie viel Wertschöpfung wird eigentlich durch Sie ausgelöst? Denn immer dann, wenn Sie der Meinung sind oder Sie dahinter kommen, dass Ihre Aktion nicht besonders erfolgreich war, dann haben Sie schlicht und einfach Wertverzehr betrieben. Das ist natürlich aus betriebswirtschaftlicher Sicht nicht nur fragwürdig, sondern auch sehr zu kritisieren.

Wenn Sie mal Ihre Mitarbeiter betrachten oder Sie fragen sich einmal, wie Ihre Mitarbeiter über Sie denken, ob denn nun diese Besprechung hilfreich war, dann kommen Sie auch relativ schnell dahinter, ob Sie Wertverzehr oder Wertschöpfung betreiben. Wertschöpfung heißt immer, dass Sie einen Zuwachs an Qualität, an Nutzen auslösen. Sonst könnte man auch das gesamte Geld, das man in Sie investiert – also Bruttogehalt plus Personalnebenkosten – zur Bank bringen. Diese übliche Verzinsung müssten Sie ja mindestens selbst erreichen. Das wäre doch bestimmt einmal spannend zu überlegen.

Denk- und Handlungsstrategien der Führungskraft

Wenn wir uns über Führung unterhalten und Sie sich damit auseinandersetzen, dann bedarf es einer gewissen Methodik des Denkens und Handelns, um als Führungskraft erfolgreich zu sein. Diese Denk- und Handlungsmethodik orientiert sich an dem nachfolgenden Schaubild:

Und das Ganze muss controllt werden. Ihr Autor verteht unter diesen Begriffen:

Vision

Leidenschaft für einen Zukunftsinhalt – Visionäre sind „Seher", die Traumbilder, Trugbilder, Eingebungen haben. Ein rundum emotionaler Zustand, durchdringend und beglückend. Ein Rausch ohne Rauschgifte. Sie/Er berauscht sich daran.

Mission

Werte, Normen, Einstellungen – gibt Antworten auf Fragen wie: „Wie tun wir es? Woran kann man uns messen? Was zeichnet unser Handeln aus?" Die Mission eines Unternehmens wird oft in „Leitsätzen" oder „Grundsätzen" beschrieben.

Ziel

Ein konkret beschreib- und überprüfbarer Zustand ist an einem konkreten Termin eingetreten. Ziele sind Leistungsziele (Ergebnis). Ziele lassen die Vision konkret werden.

Strategie

„Viele Wegen führen nach Rom", sagt das Sprichwort. Strategien sind Wege – also grundsätzliche Richtungsentscheidungen des Handelns.

Maßnahme

Ist eine Einzelaktivität in einer spezifischen Situation. Maßnahmen sind wie Mosaiksteinchen. Viele Mosaiksteine (strukturiert, sinnvoll vernetzt) ergeben das Bild der Strategie.

Politisch denken – systemisch handeln

Jeder, der in einem Unternehmen beschäftigt ist, steht mit vielfältigen Arbeitspartnern direkt und indirekt in Verbindung. Egal ob Sie Geschäftsführer oder Gruppenleiter sind, haben Sie aufgrund Ihres Arbeitsauftrages (Aufgabenprofil) den Grundauftrag, einem Thema oder mehreren Themen zum Erfolg zu verhelfen.

Dies werden Sie niemals alleine oder autonom realisieren können. Sie bedürfen der verschiedensten inner- und außerbetrieblichen Arbeitspartner, um Ihr Thema in den Erfolg zu bringen. Sie können dies nie gegen Ihre Umwelt, sondern nur mit Ihrer Umwelt tun.

Führung bedeutet in diesem Sinne politisch denken, also den Interessenausgleich ermöglichen. Systemisch handeln heißt, die vernetzten und konkurrierenden Geschäftsprozesse zu initiieren und zu versöhnen. Das nachfolgende Schaubild mag die Grundproblematik verdeutlichen.

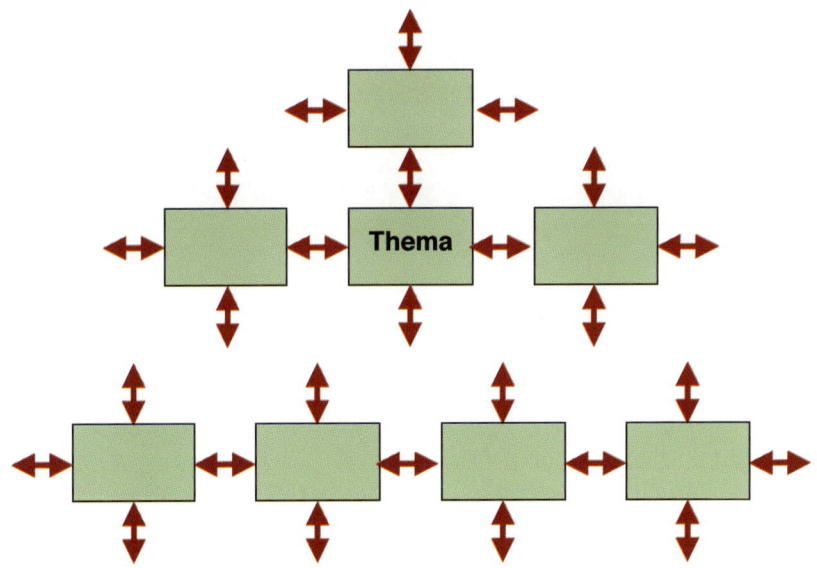

Wer politisch denkt und systemisch handelt, braucht dafür folgende Grundsystematik:

- Gesamtsituation erkennen und wertschätzen
- Komplexität der Themenanalyse strukturieren
- Ressourcen identifizieren
- Die beste aus mehreren Handlungsoptionen wählen
- Welche Störungen können bei der Umsetzung entstehen und wie sind sie überwindbar?

Die 14 Initiativpflichten der Führung

Nachfolgend erhalten Sie einen Text zum Lesen, zum Nachdenken und zum Reflektieren mit meiner Behauptung, dass Sie mit den 14 Initiativpflichten der Führung, die hier beschrieben werden, Ihr Verständnis von Führung gut und erfolgreich im Arbeitsalltag realisieren können.

1. *Auseinandersetzen mit der Zukunft*
   (oder: Es bleibt nicht wie es ist)
   Die Auseinandersetzung mit der Zukunft nennen wir in der Alltagssprache oft „Probleme". Positiv formuliert sollten Sie besser von *Chancen* oder *Herausforderungen* sprechen. Eine Herausforderung ist die Chance, den Unterschied vom *Ist* zum *Soll* auszugleichen. So gehen Sie erfolgreich in der Zukunftsbearbeitung vor (nach KEPNER-TREGOE):

Situationsanalyse	– sichern und erkennen
Problemanalyse	– Ursachen definieren
Entscheidungsanalyse	– Alternativen
Analyse potenzieller Probleme	– Störungen erkennen

2. *Motivation auslösen*
   (aus eigenem Antrieb etwas tun wollen)
   - Motivieren = Bestreben der Führungskraft, das *freiwillige* Engagement der Mitarbeiter für individuelle und/oder gemeinsame Ziele oder Aktivitäten zu gewinnen.
   - Mitarbeiter können sich motivieren, wenn die Zielerreichung oder Aktivität nicht nur den Interessen des Unternehmens, sondern auch ihren eigenen Interessen dient.
   - Motiv = Antrieb für ein Ergebnis (Ziel)
   - Motivation = Handlung zum Ergebnis (Energiefunktion)

3. *Arbeitsabläufe planen*
   (Geschäftsprozesse)
   Planung stellt eine *gedankliche* ...
   • Vorwegnahme von Handlungen
     – unter Unsicherheit
     – bei unvollkommener Information dar.
   Sie ...
   • beruht auf Prognosen über den zukünftigen Eintritt von Ereignissen und
   • dient der Ausrichtung aller Aktivitäten auf die Zielerreichung einer Organisation.
   Planung ist also immer eine Zeit-Abfolge von aufeinander aufbauenden und sich bedingenden Maßnahmen.

4. *Führen mit Zielen*
   (Was soll in meiner konkreten Zukunft erreicht sein?)
   • Wer nicht weiß, wohin er will, darf sich nicht wundern, wenn er ganz woanders ankommt.
   • Wer das Ziel nicht kennt, findet auch nicht die Wege und Maßnahmen, um es zu erreichen.
   Merkmale eines Zieles:
   • Menge
   • Güte
   • Ressourcen
   • Zeit
   • Adressat
   Zielvorgabe – insbesondere aber *Zielanweisung* – steht im krassen Gegensatz zur *Zielvereinbarung*. Zielvereinbarung ist wechselseitige Abstimmung der Zielvorstellungen zwischen Führungskraft und Mitarbeiter. Zielvereinbarung führt ...
   • zur Gemeinsamkeit der Zielvorstellung;
   • zur Integration der Ziele von Mitarbeiter, Führungskraft und Unternehmen;
   • zur Zielidentifikation aller Beteiligten.
   Ziele müssen so formuliert sein, dass ...
   • alle Beteiligten das Gleiche darunter verstehen,
   • die Zielerreichung gemessen werden kann.

5. *Entscheiden*
   (oder: das Erfolgreichste wählen)
   Aus realistischen Lösungsmöglichkeiten die beste auswählen. Unterscheiden Sie ...
   • Faktenentscheidungen und
   • Ermessensentscheidungen.

6. *Delegieren*
   (= übertragen)
   Was wird übertragen?
   1. Jede Aufgabe, die Mitarbeiter (besser) wahrnehmen können.
   2. Die zu dieser Aufgabe erforderlichen *Befugnisse/Kompetenzen*, die benötigt werden, damit die Mitarbeiter die Aufgabe auch selbstständig bewältigen können.
   3. Die der Aufgabe und Kompetenz entsprechende Verantwortung *(Ziehen Sie Konsequenzen!).*
   4. Unterscheiden Sie Aufgabenkompetenz und Verantwortungsdelegation!
   Warum wird delegiert?
   • Führungskräfte sollten keine Spezialisten (besser sein in jedem Bereich des Mitarbeiters), sondern eher Universalisten sein.
   • Sie sollten weitestgehend frei sein von Routine-, Detail- und Spezialistenaufgaben.
   • Soweit sinnvoll und möglich, sollte jeder Mitarbeiter sein eigenes, selbst zu verantwortendes Aufgabengebiet haben.
   Führungskräfte sind nicht gleichzusetzen mit Spezialisten im Sinne gewollter einseitig qualifizierter Mitarbeiter (Spezialfähigkeiten). Das in die Breite gehende fachliche Wissen der Führungskräfte ist ...
   • Grundsatzwissen   und – Können
   • Erfahrungswissen   und – Können
   • Methodenwissen   und – Können
   über die Tätigkeiten der Mitarbeiter. Auf dieser Grundlage wird es der Führungskraft ermöglicht ...
   • ihre Mitarbeiter richtig einzusetzen,
   • sie koordinierend zu unterstützen/entwickeln,
   • ihre Leistungen zu messen und zu bewerten.

7. *Koordinieren*
(zusammenbringen)
Koordinieren steht in einem engen Zusammenhang mit Delegieren und Organisieren unter dem Aspekt der Erreichung des gemeinsamen Zieles. Koordinieren in diesem Zusammenhang bedeutet also ...
* ein zielgerichtetes,
* aufeinander abgestimmtes Regeln
* von Sachprozessen und
* menschlichen Beziehungen in einer konkreten Situation! = Zeitpunktbetrachtung.

8. *Organisieren und verbinden*
(Mosaiksteine zum Bild entstehen lassen)
Die zentrale Aufgabe einer Führungskraft im Sinne von „organisieren" ist das *Management von Strukturen.* Sie besteht darin, die Organisationselemente ...
* Aufgaben,
* Informationen,
* Macht (formale Kompetenz)
gedanklich, in einem Organisationsgefüge, auf ...
* die Strukturträger Mensch und Arbeitsmittel zu verteilen (Differenzierung) und
* deren zielentsprechende Koordination sicherzustellen (Integration).
Im Zuge der Differenzierung sind folgende Aufgaben zu lösen:
* die Verteilung von Aufgaben   – *Aufgabenstruktur*
* die Verteilung von Informationen   – *Kommunikationsstruktur*
* die Verteilung von Macht   – *Autoritätsstruktur*
* die Gestaltung von Strukturen   – *Aufbauorganisation*
* die Gestaltung von Prozessen   – *Ablauforganisation*

9. *Informieren und kommunizieren*
(Reden schafft Nähe und Verständnis)
Ziel hierbei ist es, den Mitarbeitern das Wissen und Können in Gesprächen, Ausbildungen, Beratungen usw. zu vermitteln, das notwendig ist, um die vereinbarten Ziele zu erreichen.
Was benötigen die Mitarbeiter, um effektiv arbeiten zu können? Informationen über ...
* die Arbeit selbst,
* etwaige Zusammenhänge, die wichtig werden können, um die Aufgabe auch zielgerichtet erledigen zu können,

- das Arbeitsergebnis (die Qualität der Leistung)
- gedankliche und gefühlsmäßige Übungen, um die Aufgaben lösen zu können (Coaching).

10. *Fördern und entwickeln*
(wer nichts kann, bleibt sitzen)
Die Schwerpunktziele sind ...
- regelmäßige Gespräche zwischen Führungskraft und Mitarbeiter, um zu einem gemeinsamen effektiven und effizienten Arbeitsverständnis (Aufgaben- und Ergebnispotenzial) für die beiderseitigen Probleme zu gelangen und somit die Zusammenarbeit zu fördern;
- sinnvolle Förderung des Mitarbeiters, wobei seine Interessen und die des Unternehmens zu berücksichtigen sind;
- Bereitstellen von Nachwuchskräften;
- der richtige Mann/die richtige Frau am entsprechenden Platz.

11. *Mitarbeiter-Auswahl und Einsatz*
(nur aus Rohdiamanten können Sie etwas machen)
- Qualifizierte Mitarbeiter (Fähigkeitsprofile) sind ausschlaggebend, wenn Ziele erfolgreich erreicht werden sollen.
- Dabei ist es wichtig, dass die konkreten Anforderungen eines Tätigkeitsfeldes erfasst worden sind (Anforderungsprofil). Grundlagen dafür sind gut strukturierte Aufgabenprofile.

12. *Mitarbeiter-Schutz*
(Vermeidung von körperlichen und psychischen Schäden = Fürsorgepflicht)
- Mobbing erkennen und vermeiden
- Arbeitsbedingungen und Arbeitsatmosphäre darf nicht zu körperlichen und seelischen Schäden (Krankheiten) führen
- Zeitmanagement: meins und meiner Mitarbeiter
- Haben meine Mitarbeiter und ich im Tageszeitplan sinnvolle Entspannungszeiten?
- Ernährungs- und Essgewohnheiten?
- Machen meine Mitarbeiter und ich ausreichend und richtig Urlaub?
- Ist mein Privatleben wie ein sicherer Hafen?
- Habe ich ein alternatives Hobby?

13. *Selbstentwicklung*
(nur wer orientiert ist, kann Orientierung geben)
• Tue ich das Richtige? – *Effektivität*
• Tue ich das Richtige gut? – *Effizienz*
• Bin ich aufgeschlossen?
• Lerne ich?
• Bin ich neugierig auf Veränderung?
• Lasse ich mich „infrage stellen"?
• Reflektiere ich mein Handeln?
• Kann ich mich „steuern"?

14. *Messen und Bewerten*
(schaffen Sie Erfolgsnachweise)
Es galt ...
• kein Ziel ohne Ergebnismessung
und es gilt
• keine Ergebnismessung ohne Ziel.
Jede Ergebnismessung der Arbeit des Mitarbeiters muss auf ...
• einem (vereinbarten) Ziel,
• Arbeitsanweisungen,
• Arbeitsabläufen usw.
beruhen.
Was wird bewertet?
1. Wird der Mitarbeiter den Anforderungen gerecht, die seine Arbeit an ihn stellt?
2. Was leistet der Mitarbeiter qualitativ und quantitativ?
3. Wie arbeitet der Mitarbeiter mit Kollegen und Kunden zusammen?
4. Wie arbeitet der Mitarbeiter als Führungskraft mit seinen Mitarbeitern zusammen?" (2: S. 354-363)

11.3 Entscheidungsfindung aus neurowissenschaftlicher Sicht
von Prof. Dr. Holger Schulze und Dr. Simone Kurt

Einleitung

Die Frage, wie der Mensch Entscheidungen trifft, beschäftigt Philosophen schon seit dem Altertum. Psychologen versuchen seit einigen Jahrzehnten, sich dem Problem experimentell zu nähern. Aus den Überlegungen und Untersuchungen der Philosophen und Psychologen wissen wir, dass die Entscheidungsfindung ein außerordentlich komplexer Vorgang ist, der durch eine Vielzahl von Faktoren beeinflusst wird. Dazu gehören Persönlichkeit und Charakter des Menschen, Erfahrungen und Vorwissen und vor allem auch: Emotionen. Diese Erkenntnisse führten dazu, dass insbesondere die Psychologie eine Fülle verschiedener Modelle zur Entscheidungsfindung vorgelegt hat, die meist empirisch gut belegt sind, sich aber dennoch häufig gegenseitig widersprechen – je nachdem, welche Beobachtungen dem jeweiligen Modell zugrunde liegen: Während ältere Modelle den Menschen hier noch weitgehend als ein Wesen betrachten, das seine Entscheidungen (idealerweise) auf der Grundlage rationaler Abwägungen trifft, setzt sich seit den 70er-Jahren des vergangenen Jahrhunderts mehr und mehr die Erkenntnis durch, dass diese Rationalität nicht nur eingeschränkt, sondern am Ende noch nicht einmal ausschlaggebend für die final getroffene Entscheidung des Individuums ist: Menschliches Handeln unterliegt einer emotionalen Kontrolle, die im Zweifel alle rationalen Einsichten überstimmen kann.

Das Gehirn als Sitz unserer Persönlichkeit, unseres Bewusstseins, des „Ich", steuert all unsere Handlungen, verarbeitet und speichert Informationen, bewertet diese Informationen auf der Grundlage früherer Erfahrungen, Charaktereigenschaften, moralischer und sozialer Vorgaben sowie Emotionen. Aus diesem Grund beschäftigen sich die Neurowissenschaften seit etwa zwei Dekaden mit menschlicher Entscheidungsfindung – nämlich seit es durch moderne bildgebende Verfahren wie Positronenemissionstomographie (PET), funktionelle Kernspintomographie (fMRT) oder auch Elektro- bzw. Magnetoencephalographie (EEG und MEG) möglich geworden ist, neuronale Aktivitäten im menschlichen Gehirn nichtinvasiv sichtbar zu machen. Gleichwohl existieren bereits seit den 60er-Jahren des letzten Jahrhunderts Befunde zu Entscheidungsfindung im Tiermodell, die zumindest teilweise auf den Menschen übertragbar sind.

Die Neurowissenschaften versuchen dabei, die neuronalen Mechanismen aufzuklären, die Entscheidungsprozessen im Gehirn zugrunde liegen. Dabei steht also nicht nur die von der Psychologie bearbeitete Frage, welche Faktoren Entscheidungen wie beeinflussen, im Mittelpunkt, sondern es wird konkret untersucht, wie das Gehirn diese Prozesse realisiert, wie also die der Entscheidungsfindung zugrunde liegende Neurophysiologie funktioniert. Typische Fragestellungen dabei sind:

- Welche Hirnstrukturen sind an Entscheidungsprozessen beteiligt?
- Wie werden Informationen, die der Entscheidungsfindung dienen, gespeichert, abgerufen, analysiert und bewertet?
- Welche Kapazität hat der „Speicher", das heißt, wie viel Information kann überhaupt zur Entscheidungsfindung herangezogen werden?
- Sind die Entscheidungen eher fakten- oder emotionsbasiert?
- Werden Entscheidungen bewusst oder unbewusst getroffen, rational oder intuitiv?
- Wie funktionieren die neuronalen Netzwerke in diesen Strukturen?
- Welche Transmittersysteme sind beteiligt?
- Welche äußeren und inneren Faktoren beeinflussen die Prozesse?
- Wie leistungsfähig ist das System?
- Wie fehleranfällig ist das System?
- Welche pathologischen Veränderungen dieser Prozesse gibt es?

Zur Beantwortung dieser Fragen erheben die Neurowissenschaften im Wesentlichen biochemische, neurophysiologische und Verhaltensdaten. Biochemische Untersuchungen geben zum Beispiel Aufschluss darüber, welche Transmittersysteme (Botenstoffe und Rezepturen in Synapsen) an den neuronalen Verarbeitungsprozessen, die Entscheidungsfindungen zugrunde liegen, beteiligt sind. Neurophysiologische Methoden messen direkt die Aktivität einzelner Nervenzellen oder auch größerer Neuronenverbände im Kontext der Entscheidungsfindung und können so die Kommunikationswege zwischen den beteiligten Nervenzellen darstellen. Verhaltensdaten schließlich geben darüber Auskunft, unter welchen Rahmenbedingungen Entscheidungen vom Gesamtorganismus wie getroffen werden.

Dabei sind die Neurowissenschaftler häufig auf Tiermodelle angewiesen, da viele Methoden aufgrund ihres invasiven Charakters nicht am Menschen durchgeführt werden können. Solche Studien am Tiermodell beziehen sich daher auch mehr auf grundlegende Mechanismen von Lernphänomenen, der Informationsverarbeitung und den daraus resultierenden Verhaltensreaktionen der Versuchstiere, die im Zusammenhang mit Entscheidungsphänomenen stehen. Zur Untersuchung höherer kognitiver Einflüsse auf den Entscheidungsprozess bedarf es der Experimente am Menschen. Hier können mit den zur Verfügung stehenden Methoden zwar keine Prozesse auf Nervenzellebene sichtbar gemacht werden, aber man kann in verschiedenen experimentell erzeugten Entscheidungssituationen messen, welche Hirnregionen an dem jeweiligen Prozess wie stark beteiligt sind.

Man könnte die genannten Wissenschaftsdisziplinen also wie folgt gegeneinander abgrenzen: Während die Psychologie die bei der Entscheidungsfindung relevanten Phänomene und deren Regeln zu beschreiben versucht, zielen die Neurowissenschaften auf ein Verständnis der diesen Phänomenen zugrunde liegenden neuronalen Mechanismen.

Dabei zerfällt der Prozess der Entscheidungsfindung in eine Reihe von Teilproblemen. Zentral dabei ist der Informationsbegriff. Entscheidungen werden auf der Grundlage von Informationen und deren Bewertung getroffen. Dazu müssen sie analysiert, gespeichert, mit früher erlerntem Wissen verglichen und schließlich emotional bewertet werden, bevor eine Entscheidung getroffen und die entsprechende Handlung ausgeführt werden kann. All diese Teilaufgaben werden im Gehirn bearbeitet und sind daher neurowissenschaftlichen Untersuchungsmethoden zugänglich. In den folgenden Abschnitten wollen wir uns nun den neurowissenschaftlichen Erkenntnissen zu diesen einzelnen Aspekten der Entscheidungsfindung zuwenden. Die Erkenntnisse stützen sich dabei sowohl auf Ergebnisse tierexperimenteller Studien als auch auf Untersuchungen am Menschen.

Analyse von Informationen

Alle Informationen, die das Gehirn über sich und seine Umwelt erfährt, erhält es über die Sinne. Dabei besitzt der Mensch weit mehr als die klassischen fünf Sinne, Sehen, Hören, Riechen, Schmecken und Fühlen: Hinzu kommen unser Gleichgewichtsorgan im Innenohr, Sinnesfasern in den Tiefen unserer Muskulatur, den Sehnen und Gelenken, die uns die aktuelle Körperhaltung mitteilen oder vor Überspannungen warnen, oder auch chemische Sonden an verschiedenen Stellen unseres Kreislaufsystems.

Betrachten wir einmal nur ein Auge, so ist die Datenmenge, die allein von dort an das Gehirn übermittelt wird, bereits enorm: Die etwa eine Million Nervenfasern pro Auge übertragen im Prinzip eine Million Bildpunkte, und das bis zu 30-mal in der Sekunde. Die Ohren übertragen ähnliche Datenmengen, zwar über weniger einzelne „Leitungen", dafür aber viel schneller.

Damit diese Flut an Informationen, die in jeder Sekunde das Gehirn erreicht, für unser bewusstes Selbst überhaupt handhabbar bleibt, filtert das Gehirn bzw. bereits die Sinnesorgane diese Informationen. Es analysiert dabei mittels so genannter sensorischer Filter bestimmte Eigenschaften, so genannte „features" der physikalischen Sinnesreize, wie Farbe, Form oder Helligkeit im visuellen System, Frequenz, Zeitstruktur oder Lautheit im auditorischen System usw. Aus derartigen „Rohdaten" können dann die uns umgebenden Objekte für unser Bewusstsein rekonstruiert werden, etwa geschriebene oder gesprochene Worte. Wichtig hierbei ist es zu verstehen, dass unser Gehirn unserem bewussten Selbst immer nur einen Bruchteil der von den Sinnessystemen aufgenommenen Informationen zur Verfügung stellt. Dieser uns bewusst werdende Teil der Sinneseindrücke stellt nach heutigem Kenntnisstand die Aktivierung von Nervenzellen in den sensorischen Teilen der Großhirnrinde (Cortex) dar. Zusätzlich sind die von den Sinnen wahrgenommenen Reize ebenfalls nur eine Auswahl der uns tatsächlich physikalisch umgebenden Welt.

Aus diesen gefilterten Informationen erstellt unser Gehirn dann ein Modell der Welt, das kein eins-zu-eins-Abbild der realen Welt sein kann. Da dieses interne Modell der Welt, wie wir im nächsten Abschnitt sehen werden, hochgradig individuell ist und sich auf persönliche Erfahrungen, Überzeugungen und Charaktereigenschaften des Einzelnen bezieht, nimmt jeder Mensch seine Umwelt auch ein bisschen anders wahr als andere. Dies ist auch der Grund, warum fünf verschiedene Zeugen sich von demselben Tathergang fünf verschiedene Aspekte gemerkt bzw. fünf verschiedene Aspekte bemerkt haben können und so zu Verwirrung vor Gericht führen.

Speichern von Informationen: Prägung und Lernen

Unsere bewusste, gegenwärtige Wahrnehmung spiegelt sich also, wie wir im vorigen Abschnitt gesehen haben, in den neuronalen Aktivitäten der sensorischen Cortices wider. Damit aus dem Menschen ein denkendes, und selbstbestimmt handelndes Wesen werden kann, genügt es aber nicht, aktuelle Informationen der Umwelt wahrzunehmen: Diese müssen auch mit früheren Erfahrungen verglichen und daraufhin bewertet werden können, um zu sinnvollen Handlungsentscheidungen zu kommen. Hierzu bedarf es der Abspeicherung von Erlebtem im Langzeitgedächtnis durch Lernen.

Als Prägung bezeichnen wir in diesem Zusammenhang besonders frühe Lernphänomene, die die Eigenschaft haben, nicht nur Fakten abzuspeichern, sondern dabei auch das sich entwickelnde Gehirn zu strukturieren. Dies kann bereits vorgeburtlich eine Rolle spielen: So kann sich zum Beispiel starker Stress der Mutter während der Schwangerschaft negativ auf die Entwicklung des limbischen Systems im Gehirn auswirken, welches emotionale Zustände steuert, und damit die Persönlichkeitsausbildung und den Charakter des Kindes negativ beeinflussen. Unterschiedliche Persönlichkeitsprofile wiederum zeigen unterschiedliche Entscheidungsmuster: Ein Narzisst neigt eher zu Selbstüberschätzung und wird mitunter große Risiken in Kauf nehmen, während Personen mit unterentwickeltem Selbstbewusstsein Risiken eher meiden werden.

Kurz nach der Geburt und in den ersten Lebensjahren beeinflussen Sinneseindrücke die Reifung unserer Sinnessysteme, also die Art und Weise, wie die im vorherigen Abschnitt angesprochenen sensorischen Filter ausgebildet werden. Prägungsvorgänge haben so also direkten Einfluss darauf, wie wir die Welt wahrnehmen.

Aber auch nach diesen frühen Entwicklungsphasen sammelt das Gehirn beständig Informationen und speichert diese ab, assoziiert Zusammengehöriges, verallgemeinert und bildet so abstrakte Konzepte. Dazu müssen die aktuell aufgenommenen Informationen vom Arbeitsgedächtnis, welches sich im dorsolateralen präfrontalen Cortex (dlPFC) – einem Bereich des Stirnhirns – befindet, in den Langzeitspeicher, welcher in den Cortexbereichen liegt, die die entsprechende Information primär verarbeitet haben, überführt werden. Diese Aufgabe übernimmt der ebenfalls zum limbischen System gehörende Hippocampus, er organisiert sozusagen das Langzeitgedächtnis. Beidseitige Schädigungen des Hippocampus führen denn auch zu vollständiger anterograder Amnesie bei gleichzeitigem Erhalt des Gedächtnisses, das heißt, diese Patienten können sich an alle vor der Schädigung erlernten und erlebten Dinge erinnern, aber nichts Neues hinzulernen – ihr Leben bleibt quasi am Tag der Schädigung stehen.

Im Normalfall aber bildet dieses über die Jahre gesammelte Wissen – Fakten, Emotionen, Erlebnisse – unser internes Referenzsystem, nach dem wir alle neuen Informationen einer Bewertung unterziehen können. Dabei können wir rationale, intuitive und emotionale Bewertungen unterscheiden, an denen jeweils unterschiedliche Hirnstrukturen beteiligt sind.

Rationale Bewertungen von Informationen und Arbeitsgedächtnis

Rationale Bewertungen nehmen wir vor, indem wir uns verschiedene Fakten bewusst machen und miteinander vergleichen. Dies erfolgt im Arbeitsgedächtnis: im dlPFC. Dieser Abschnitt des Cortex ist daher auch von zentraler Bedeutung für Verstandesleistungen, für das, was wir gemeinhin als Intelligenz bezeichnen. Das Hauptproblem dieser rationalen Entscheidungsstrategie liegt nun darin, dass der Arbeitsspeicher des menschlichen Gehirns eine außerordentlich geringe Kapazität hat: Nur etwa drei bis fünf Fakten können wir uns gleichzeitig bewusst machen und miteinander in Beziehung setzen. Aus diesem Grunde wird es normalerweise immer schwerer, sich zu entscheiden, je länger man Fakten sammelt. Ist die Menge an Fakten zu groß, wird sie für unser Arbeitsgedächtnis zu groß und ist damit nicht mehr gleichzeitig zu verarbeiten. Wir empfinden dies dann als Unsicherheit und sind unter Umständen gar nicht mehr in der Lage, eine Entscheidung zu treffen. Naturgemäß steigt diese Gefahr an, je komplexer das Problem ist, das es zu entscheiden gilt: Während also bei einfachen Problemen das bewusste, rationale Entscheiden meist noch gut funktioniert, führt diese Strategie bei komplexeren Problemen selten zu guten Entscheidungen. Das Gehirn hat daher noch weitere Lösungsstrategien entwickelt, um auch bei komplexen Problemstellungen zu vernünftigen – wenn auch nicht unbedingt optimalen – Entscheidungen zu kommen.

Intuitive Bewertung von Informationen und Langzeitgedächtnis

Bei diesen zusätzlichen Problemlösungsstrategien kommt zunächst das Langzeitgedächtnis ins Spiel. Dieses besitzt eine im Vergleich zum Arbeitsspeicher nahezu unbegrenzte Kapazität. Zusätzlich werden im Langzeitgedächtnis nicht einfach nur einzelne Fakten abgelegt: Das Gehirn erstellt aus diesen Fakten Konzepte, verallgemeinert, bildet Kategorien und schließlich Wertesysteme. Fakten im Langzeitgedächtnis sind also nicht einfach nur Fakten, sondern sie sind eingebettet in einen Kontext aus Erfahrungen und verknüpft mit den Folgen und Ergebnissen früher getroffener Entscheidungen. Die Fakten sind also bereits „bewertet". Auf der Grundlage dieses reichen Fundus an Wissen und Erfahrungen in unserem Langzeitgedächtnis sind wir in der Lage, quasi vorbewusst Entscheidungen zu treffen, ohne dass uns im Einzelnen bewusst wird, auf der Grundlage welcher Fakten diese Entscheidung erfolgte. Wir empfinden solche Entscheidungen dann als intuitive „Bauchentscheidungen" (die im Übrigen abzugrenzen sind von eher emotional geprägten, spontan-affektiven Entscheidungen). Solche intuitiven Entscheidungen sind oft nah an der optimalen Lösung eines Problems, eben weil sie – im Gegensatz zu bewusst-rationalen Abwägungen – auf einen so großen Erfahrungsschatz zurückgreifen können. Und das Ganze völlig unbewusst!

Derartige intuitive Entscheidungen lassen sich auch gezielt herbeiführen, wenn man es mit komplexen Problemen zu tun hat, zu denen einem nicht sofort intuitiv „aus dem Bauch heraus", eine Lösung einfällt. Dazu sammelt man Fakten und lässt das Problem dann erst mal eine Weile ruhen, um dem Vorbewussten Zeit zu geben, die neuen Daten auf der Grundlage des im Langzeitgedächtnis gespeicherten Wissens zu bewerten. Die Lösung fällt einem dann oft scheinbar spontan ein.

Diese Strategie funktioniert freilich nur, wenn man auch die nötige Zeit für die Entscheidung zur Verfügung hat. Besonders schlechte Entscheidungen werden daher auch meist bei komplexen Problemen unter Zeitdruck getroffen.

Aber wie auch immer das Gehirn zu einer Bewertung der Fakten kommt, am Ende einer jeden Entscheidung steht als letzte Instanz, quasi mit Veto-Recht, die emotionale Bewertung.

Emotionale Bewertung von Informationen

Bei dieser emotionalen Bewertung möglicher Lösungen eines Problems spielt das limbische System die zentrale Rolle. Dabei untergliedert sich auch diese emotionale Bewertung wieder in einen unbewussten und einen bewussten Teil.

Zum unbewusst arbeitenden Teil des limbischen Systems gehören Bereiche wie die Amygdala, die vorwiegend für negative Emotionen und Angst zuständig ist, die ventrale tegmentale Area (VTA), die Teil des internen Belohnungssystems des Gehirns ist, sowie der Nucleus accumbens. Hier werden zum Beispiel negative wie positive Ereignisse mit den eigenen Erwartungshaltungen abgeglichen. So kann eine Belohnung von € 100,00 durchaus zu negativen Gefühlen führen, wenn man eigentlich € 1.000,00 für seine Leistung erwartet hatte. Bewusst werden uns diese emotionalen Bewertungen erst dadurch, dass sie von den genannten Zentren an corticale Bereiche des Stirnhirns übermittelt werden: Der cinguläre Cortex hat dabei die Rolle der bewussten Abschätzung von Risiken, während der orbitofrontale Cortex zusammen mit dem ventromedialen präfrontalen Cortex (vmPFC) eher soziale, moralisch-ethische oder „vernunftbasierte" Einschätzungen vornimmt.

An dieser Aufgabenteilung der verschiedenen Hirnareale können wir erkennen, dass Vernunft (-> vmPFC) und Verstand (-> dlPFC) nicht in denselben Bereichen repräsentiert sind und sich daher widersprechen können. So können rationale Einschätzungen dennoch als unvernünftig erscheinen, zum Beispiel wenn eine ökonomisch sinnvolle Investition als moralisch verwerflich erscheint.

Entscheidung und Handlung

Ganz unabhängig davon wie aber all diese bewussten und unbewussten Bewertungen ausgehen, am Ende wird keine Entscheidung *ausgeführt*, ohne dass es dafür ein emotionales „OK" gäbe: Denn schließlich muss jeder persönlich mit seinen eigenen Entscheidungen leben können, und das geht eben nur, *wenn man mit sich, seinen Überzeugungen, Gefühlen und eben diesen Entscheidungen im Reinen ist.*

Dieses emotionale OK besteht darin, dass die Handlungen, die aufgrund einer Entscheidung ausgeführt werden sollen, vom limbischen System nochmals freigeschaltet werden müssen. Dies ist also die Instanz, die das Veto-Recht ausüben kann. Kommt dieses OK nicht, so wird selbst eine fertig geplante Handlung nicht ausgeführt.

Zusammenfassung und Schlussfolgerungen

In der Summe stellen sich die Mechanismen der Entscheidungsfindung aus neurowissenschaftlicher Sicht wie folgt dar:

Entscheidungen werden von Organismen nie rein rational getroffen. Emotionen haben immer das „letzte Wort". Kritisch ist die Menge an bewusst verarbeitbarer Information, die zur Entscheidungsfindung herangezogen wird: Das Arbeitsgedächtnis ist nur in der Lage, eine sehr geringe Informationsmenge (drei bis fünf Fakten) parallel bewusst zu machen. Riesig hingegen ist das Langzeitgedächtnis, der „Erfahrungsschatz". Soll dieser bewusst abgerufen werden, muss er aber wieder durch das Nadelöhr des Arbeitsspeichers.

Aus diesem Grunde werden Entscheidungen immer schlechter, je länger man Fakten sammelt. Ist die Menge zu groß, wird am Ende gar keine oder eine schlechte Entscheidung getroffen. Besser ist es, einige Fakten zu sammeln und das Problem dann für eine Weile nicht weiter bewusst zu bearbeiten („drüber schlafen"). In dieser Zeit findet die unbewusste Problemlösung statt, bei der das Gehirn auf den riesigen Erfahrungsschatz zugreifen und mit den neuen Fakten abgleichen kann, ohne dass es dem Entscheider im Detail bewusst wird. Das Nadelöhr Arbeitsspeicher ist hier also kein limitierender Faktor mehr. Das Ergebnis dieser Analyse wird einem dann „spontan" bewusst („man wacht morgens auf und hat *plötzlich* die Lösung für das Problem").

Offensichtlich ist diese gute Problemlösungsstrategie aber zeitkritisch. Und weiterhin behalten auch hier Emotionen das letzte Wort: Selbst bei einer rational guten Entscheidung können sie ein „Veto" einlegen, wenn man sich emotional mit der Entscheidung nicht wohlfühlt, zum Beispiel aufgrund moralischer, sozialer oder ethischer Bedenken.

Die wesentlichen neurobiologischen Faktoren, die die Entscheidungsfindung beeinflussen, sind also Wissen (Fakten und Erfahrungen), Zeit und Emotionen. Äußere Rahmenbedingungen wie materielle Voraussetzungen und Ressourcen spielen freilich auch eine Rolle, gehören aber neurobiologisch betrachtet zu den zu bewertenden Fakten.

Grundlagenforschung

Coaching
Der Coach sollte die dargestellten Mechanismen klarmachen (nicht zu viele Fakten sammeln, Zeit lassen, etc.)
Neuroeconomics
Ein ganz neues Forschungsfeld, das versucht, neurobiologische Erkenntnisse zur Erklärung wirtschaftlicher Entscheidungsprozesse heranzuziehen. Die Notwendigkeit für ein solches Forschungsfeld ergab sich aus der Beobachtung, dass rein fakten-, rationalbasierte Modelle wirtschaftlicher Entscheidungsprozesse die Entscheidungen nicht modellieren konnten. Kunden etwa kaufen nicht zwingend das rational beste Produkt, kurzfristige geringere Gewinnaussichten werden von Menschen meist über langfristige höhere Gewinnaussichten gestellt, selbst bei null Risiko etc.

11.4 Motivationspsychologie – Motive und Motivation
von Dr. Susanne Steiner

Einleitung und wichtige Grundbegriffe

Egal ob im privaten oder beruflichen Umfeld, überall wird heute maximaler Einsatz und außergewöhnliches Engagement gefordert. Es ist Motivation gefragt. Doch was genau versteht man unter Motivation? Was kann man tun, um sich und andere maximal zu motivieren? Das weite Feld der Motivationspsychologie gibt Antworten auf diese Fragen und ist Thema dieses Übersichtskapitels.

Der Begriff *Motivation* kommt von dem lateinischen Wort für Bewegung oder Antrieb (movere). Auf diesem Konzept aufbauend definiert der deutsche Motivationspsychologe FALKO RHEINBERG (2008) Motivation als „aktivierende Ausrichtung des momentanen Lebensvollzugs auf einen positiv bewerteten Zielzustand (S. 16)." Ist jemand hoch motiviert, mobilisiert er oder sie alle vorhandenen Kräfte um das gewünschte Ziel zu erreichen, lässt sich durch nichts abbringen und ruht erst, wenn das Ziel erreicht ist.

Die heutige Motivationspsychologie betrachtet sowohl Merkmale der Person als auch der Situation. Aus deren Zusammenspiel ergibt sich die Stärke und Qualität der Motivation und das daraus resultierende Verhalten. Die Anreize einer Situation treffen auf so genannte Motive der Person. Eine thematische Passung von Anreizen und Motiven führt zu einer Anregung der Motive, der aktuellen Motivation. Diese hat eine positive Auswirkung auf die Intensität und Dauer des zielgerichteten Verhaltens. *Motive* sind definiert als relativ stabile Präferenzen für eine spezifische Klasse von Anreizen in der Situation. Sie können bewusst oder unbewusst sein.

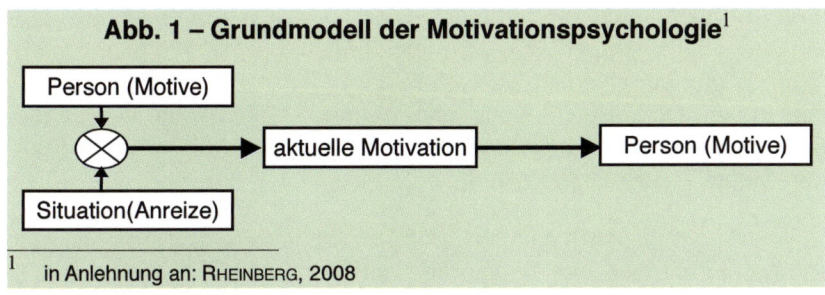

Abb. 1 – Grundmodell der Motivationspsychologie[1]

Person (Motive) → ⊗ ← Situation(Anreize) → aktuelle Motivation → Person (Motive)

[1] in Anlehnung an: RHEINBERG, 2008

Im Kern der Motive liegen Affekte, die durch die Anregung ausgelöst werden.

Die Stärke der Motive ist bei Personen unterschiedlich ausgeprägt. Entsprechend unterscheiden sie sich darin, wie attraktiv bestimmte Anreize der Situation auf sie wirken. Hat jemand beispielsweise ein hohes Leistungsmotiv, bedeutet dies, dass er oder sie Situationen bevorzugt, welche die Möglichkeit bieten, sich einer Herausforderung zu stellen. Bekommt ein leistungsmotivierter Bergsteiger entsprechend die Möglichkeit, eine neue Route zu testen, wird dieser sofort die Herausforderung in der Situation wahrnehmen und mit hoher Wahrscheinlichkeit motiviert den Berg besteigen. Eine praktische Möglichkeit, verhaltensbestimmende Motive zu erfassen, bietet die MotivationsPotenzialAnalyse. Sie unterstützt dabei, die eigene Motivstruktur umfassend zu ermitteln und somit Situationen zu erarbeiten, welche motivpassenden Anreize bieten und motiviertes Verhalten ermöglichen (http://www.motivation-analytics.eu/motivationspotenzialanalyse/).

Man unterscheidet zwischen intrinsischer und extrinsischer Motivation. Eine gängige Definition bezeichnet *intrinsische Motivation* als Motivation aufgrund von Anreizen, die innerhalb der Tätigkeit liegen. Jemand, der intrinsisch motiviert ist, hat Spaß an der Aufgabe an sich. *Extrinsische Motivation* bedeutet dagegen Motivation aufgrund von Anreizen, die außerhalb der Tätigkeit liegen. Jemand, der extrinsisch motiviert ist, hat gar kein Interesse an der eigentlichen Aufgabe. Er oder sie erledigt die Aufgabe stattdessen, um dem Chef einen Gefallen zu tun, mögliche Bestrafungen befürchtet oder eine Bezahlung erwartet. Viele Studien konnten die positive Wirkung von intrinsischer Motivation belegen. Intrinsisch motivierte Personen zeigten mehr Kreativität, machten mehr Überstunden oder zeigten bessere Leistungen bei komplexen Aufgaben als Personen, die nicht intrinsisch motiviert waren. Ist eine Person jedoch nicht motiviert, so ist Willenskraft erforderlich. Man muss sich anstrengen etwas zu tun und mögliche innere Barrieren überwinden. Hier spricht man von *Volition*. Es gibt verschiedene Strategien, die Willenskraft zu fördern, hierzu zählen beispielsweise Emotions- oder Aufmerksamkeitskontrolle. Auf diese volitionalen Handlungsstrategien wird später im Abschnitt des Rubikon-Modells näher eingegangen.

Viele Wissenschaftler haben sich der Aufgabe gestellt, zu verstehen, wie Motivation entsteht, was sie verstärkt und wann es nicht zu motiviertem

Verhalten kommt. Entsprechend existiert eine Vielzahl an Theorien hierzu. Doch betrachtet jede Theorie für sich nur begrenzte Aspekte der menschlichen Motivation. Ein Einblick in die Hauptaspekte all dieser Theorien ermöglicht ein besseres Verständnis des Phänomens Motivation als Ganzes.

Geschichte der Motivationspsychologie

Um zu verstehen, wohin sich das Feld der Motivation bewegt, ist es wichtig, sich anzuschauen, woher es kommt. Die frühesten Ansätze der Motivationspsychologie gehen auf die Zeit der griechischen Philosophen zurück. Sie betrachten das Konzept des *Hedonismus* als Ursprung allen Verhaltens. Der wohl bedeutendste Vertreter des Hedonismus und Wegbereiter der Motivationspsychologie war der Philosoph EPIKUR (341–270 v. Chr). Als dieser bei kleinen Kindern und Tieren beobachtete, wie diese immer wieder erneut danach strebten, den Zustand größtmöglicher Annehmlichkeiten zu erreichen, formulierte er seine vielzitierte Erkenntnis „Die Lust ist Ursprung und Ziel des glücklichen Lebens." Er ging davon aus, dass Lust und Unlust die einzigen Motive menschlichen Handels darstellen: Menschen streben danach, Glück zu erreichen und Schmerz zu vermeiden.

Dieses Lust-Unlust-Prinzip wurde erneut zur Zeit der Industriellen Revolution Anfang des 18. Jahrhunderts von dem englischen Philosophen JEREMY BENTHAM aufgegriffen. BENTHAM (1789) war der Ansicht, alle Menschen seien ausschließlich an der Maximierung ihres eigenen Nutzens interessiert und somit motiviert, Leid zu vermeiden und Freude anzustreben. In seinem System des Utilitarismus spricht er von einem hedonistischen Nutzenkalkül, welches Menschen erlaube, ihre umfassenden Empfindungen von Freude und Leid gegeneinander aufzurechnen und somit eine Gesamtbilanz ihres Glückes aufzustellen. Somit reduziert auch BENTHAM Motivation auf zwei grundlegende Komponenten jeden Handelns: Freude und Leid bzw. Belohnung und Bestrafung. Nach BENTHAMS vielzitiertem *„Carrot and Stick"*-Ansatz sind Menschen ausschließlich motiviert, wenn die Belohnung groß genug oder die Bestrafung ausreichend unangenehm ist. Entsprechend gehen Arbeiter nur motiviert ihren Aufgaben nach, wenn sie entweder eine zusätzliche Bezahlung, einen höheren Status oder Anerkennung für ihre Arbeit erwarten. Oder aber sie agieren aus Angst, Angst, den Job zu verlieren oder eine Abmahnung vom Vorgesetzten zu erhalten.

Gegen Ende des 19. Jh. fand das Feld der Motivation nun auch in der auf-
kommenden neuen Wissenschaft der Psychologie Beachtung. Man versuchte, die Gründe und Ursachen des Verhaltens weiter zu differenzieren
und mittels Trieben oder Instinkten zu erklären. Sowohl bei Instinkten als
auch bei Trieben wird eine angeborene biologische Grundlage als Ursache von Verhalten angenommen. Am wohl bekanntesten ist die *Triebtheo-
rie* von SIGMUND FREUD (1915). FREUD war der Ansicht, dass unbewusste
Triebe unser Handeln steuern. Triebe haben ihren Ursprung in einer körperlichen Triebquelle, welche im ES einen Reiz erzeugen und sich dann
als Impulse oder Bedürfnisse psychisch repräsentieren. FREUDS Motivationstheorie beschreibt sich als Triebreduktionsmodell: Der Organismus
strebt eine Homöostase an, er ist um so mehr im Gleichgewicht, je niedriger der angestaute Triebpegel ist. Triebe streben entsprechend eine Auf-
hebung des Reizzustandes an der Triebquelle an, sie folgen dem Lustprin-
zip. Nach FREUD steuern zwei antagonistische Triebe das menschliche
Verhalten: der Lebenstrieb (Eros) und der Todestrieb (Thanatos). Ersterer
vereint Sexual- und Selbsterhaltungstriebe, will das Leben erhalten und
sich fortpflanzen. Seine Triebenergie bezeichnet FREUD als Libido. Der
Todestrieb dagegen will Leben zerstören und äußert sich in Aggression.

In etwa zeitgleich zu FREUDS psychoanalytischen Ansätzen menschlicher
Motivation entstanden die *Instinkttheorien*. Ihre Vertreter gingen davon
aus, dass Verhalten durch Instinkte gesteuert wird. Instinkte sind ungelern-
te, erblich bedingte Verhaltensmuster, die als Reaktion auf bestimmte Auslöser der Umwelt auftreten. Bereits DARWIN (1859) sprach von diesen erblich bedingten Verhaltenssequenzen, welche der natürlichen Auslese folgen. Die Instinkte, die einen Anpassungsvorteil für das Lebewesen bieten,
setzen sich durch. Sie sind zielgerichtet und haben sowohl eine energeti-
sierende als auch steuernde Funktion. Unter dem Einfluss von DARWINS
Annahmen wurden verschiedene Listen von menschlichen Instinkten aufgestellt. Den größten Einfluss auf die spätere Motivationspsychologie hatte WILLIAM MCDOUGALL (1908). Seine Definition von Instinkten ist sehr
komplex und umfasst drei aufeinanderfolgende Prozesse. Nach ihm führt
ein *Instinkt* zu
   1. einer selektiven Wahrnehmung in Abhängigkeit von besonderen
      Zuständen des Organismus. Die so wahrgenommenen Objekte ru-
      fen
   2. entsprechende emotionale Reaktionen hervor, welche als Kern-
      stück des Instinktes gelten. Diese bewirken dann

3. entsprechende instrumentelle Aktivitäten zur Zielerreichung.

Eine hungrige Person bemerkt beispielsweise nach MCDOUGALL vermehrt essbare Objekte in ihrer Umgebung. Hat sie etwas Essbares entdeckt, erlebt sie Freude und greift zu, um ihren Hunger zu stillen.

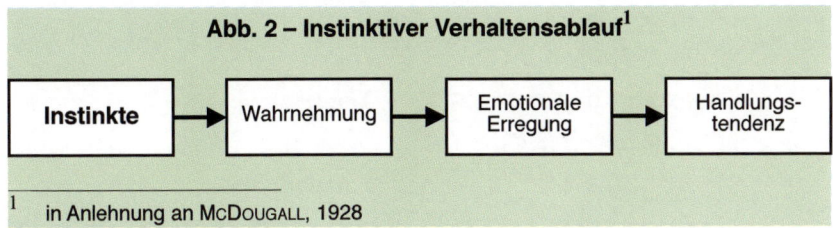

Abb. 2 – Instinktiver Verhaltensablauf[1]

| Instinkte | → | Wahrnehmung | → | Emotionale Erregung | → | Handlungs- tendenz |

[1] in Anlehnung an MCDOUGALL, 1928

MCDOUGALL veränderte seine Instinktliste immer wieder, seine letzte Instinktsammlung umfasste folgende 18 Instinkte: Nahrungssuche, Ekelimpuls, Sexualtrieb, Angst/Furcht, Neugier, Elterninstinkt, Geselligkeitsstreben, Selbstbehauptungsstreben, Unterordnungsbereitschaft, Ärger/Zorn, Hilfesuchen, Herstellungsbedürfnis, Besitzstreben, Drang zu lachen, Komfortbedürfnis, Ruhebedürfnis, Migrationsbedürfnis sowie einfache, körperliche Verhaltensäußerungen wie husten oder niesen.

Diese Liste wurde von HENRY MURRAY (1938) aufgegriffen und erweitert. Im Gegensatz zu MCDOUGALL sprach er nicht von Instinkten, sondern von 20 Bedürfnissen („needs"). Er betrachtete Personen als einen aktiven Organismus, welcher nicht nur passiv auf Auslöser in der Umwelt reagiert, sondern diese auch aktiv aufsucht und mitgestaltet. Er betont die Interaktion von Person und Situation: Auf Personenseite spricht er von dem „need", Bedürfnis, was sich das thematisch entsprechende Gegenstück in der Situation, dem „press", Druck, sucht. Unter „press" versteht MURRAY eine Situationsstruktur, die dem gewecktem Bedürfnis entspricht und diesem eine Verlockung oder Bedrohung in Aussicht stellt. MURRAY nahm an, dass die Wahrnehmung und Interpretation einer Situation systematisch von der aktuellen Bedürfnisstärke der Person abhängig ist. Auf diesen Annahmen aufbauend, entwickelte er den TAT (Thematischer Apperzeptionstest) zur Messung der Bedürfnisse und leistete hiermit einen großen Beitrag zur Motivationsforschung.

Ein Hauptproblem der Instinktlisten war neben dem mangelnden Konsens über die Anzahl von Instinkten und der ungenügenden empirischen Absi-

Abb. 3 – Murrays Katalog in Bedürfnissen (needs); n = need

	Englisch	Deutsche Übersetzung
1.	nAbasement (n Aba)	Erniedrigung
2.	nAchievement (n Ach)	Leistung
3.	nAffiliation (n Aff)	sozialer Anschluss
4.	nAggression (n Agg)	Aggression
5.	nAutonomy (n Auto)	Unabhängigkeit
6.	nCounteraction (n Cnt)	Widerständigkeit
7.	nDefence (n Def)	Unterwürfigkeit
8.	nDefendance (n Dfd)	Selbstgerechtigkeit
9.	nDominance (n Dom)	Machtausübung
10.	nExhibition (n Exh)	Selbstdarstellung
11.	nHarmavoidance (n Harm)	Leidvermeidung
12.	nInfavoidance (n Inf)	Misserfolgsmeidung
13.	nNurturance (n Nur)	Fürsorglichkeit
14.	nOrder (n Ord)	Ordnung
15.	nPlay (n Play)	Spiel
16.	nRejection (n Rej)	Zurückweisung
17.	nSentience (n Sen)	Sinnhaftigkeit
18.	nSex (n Sex)	Sexualität
19.	nSuccorance (n Suc)	Hilfesuchen (Abhängigkeit)
20.	nUnderstanding (n Und)	Verstehen (Einsicht)

cherung der so genannte Zirkularitätsschluss: Für jedes Verhalten wurde ein eigener Trieb postuliert. Dies diente jedoch nicht der beabsichtigten Erklärung des Verhaltens, sondern nur dessen Beschreibung. In Folge der zunehmenden Kritik wurden Instinkttheorien zunehmend durch *behavioristische Motivationstheorien* ersetzt, welche erlerntes Verhalten anhand von Bestrafungs- und Belohnungsmechanismen erklären. Der Behaviorismus beruft sich ausschließlich auf beobachtbare Daten, auf den Zusammenhang von objektiven Reizen und von außen sichtbaren Reaktionen. Sämtliche psychische Faktoren, wie die Motive, werden ignoriert. Der Organismus stellt eine Black-Box dar und es werden nur objektiv registrierbare Reiz-Reaktionsverbindungen betrachtet.

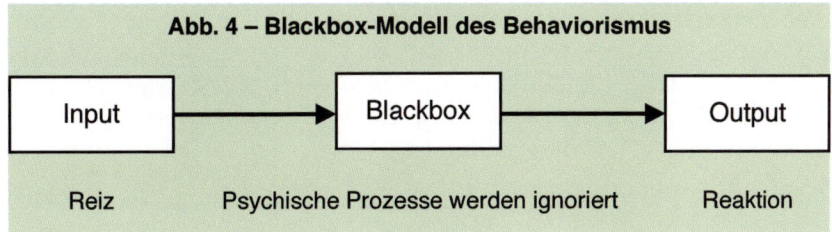

Abb. 4 – Blackbox-Modell des Behaviorismus

Input	Blackbox	Output

| Reiz | Psychische Prozesse werden ignoriert | Reaktion |

Einer der Gründerväter des Behaviorismus, BURHUS FREDERIC SKINNER, beschrieb das Konzept der operanten Konditionierung und rückte verschiedenen Arten der Verstärkung als Konsequenz für ein gezeigtes Verhalten in den Mittelpunkt seiner Betrachtung. Hiernach erlernen Menschen bestimmte Verhaltensweisen durch Prozesse der positiven und negativen Verstärkung in ihrem sozialen Umfeld. Ein weiterer relevanter behavioristischer Vertreter ist CLARK L. HULL. Als Ergebnis zahlreicher Rattenexperimente stellte er die allgemeine Gleichung „Verhaltenstendenz = Habit x Drive" auf. Diese besagt, dass die Stärke einer bestimmten Verhaltenstendenz von zwei Faktoren innerhalb des Organismus bedingt wird:

1. von der erlernten Gewohnheit (engl. habit), auf einen bestimmten Reiz mit einer bestimmten Reaktion zu antworten und
2. von dem Antrieb (engl. drive), das Verhalten auszuführen.

Dieser Antrieb wird bedingt und gleichzeitig operationalisiert durch die Anzahl der Gelegenheiten, bei denen in der gleichen Situation diese Reaktion in der Vergangenheit durch Belohnung verstärkt wurde. HULL erweiterte seine Gleichung später, indem er ebenfalls Qualitäten der äußeren Situation mit einbezog: „Verhaltenstendenz = Habit x Drive x Anreiz." Dem Trieb und der Habitstärke ebenbürtig, wurde nun die Quantität und Qualität des Anreizes, der Belohnungswert der Bekräftigung, eingeführt. Auch wenn dieses Modell die innerpsychischen kognitiven Aspekte ausblendet, ist es auch aus heutiger Sicht für die Motivationspsychologie interessant, da es sowohl personen- als auch anreizbezogene Aspekte betrachtet.

Anfang der 1950er-Jahre hielt das humanistische Menschenbild Einzug in die Motivationspsychologie. Berühmte Vertreter der Humanistischen Psychologie sind CARL ROGERS und ABRAHAM MASLOW. Es entstanden *Inhalts-theorien* der Motivation, welche von einer Klassifikation menschlicher Motive ausgehen. Sie beschäftigen sich mit dem Inhalt von Motiven und eruieren, welche Anreize bestimmtes Verhalten hervorrufen und aufrechterhalten. Bedeutsame Inhaltstheorien sind die Bedürfnishierarchie von ABRAHAM MASLOW, die Big Three von DAVID MCCLELLAND, die Theorie X und Y von DOUGLAS MCGREGOR sowie die Zwei-Faktoren-Theorie von FREDERICK HERZBERG. Auf diese wird im nachfolgenden Kapitel näher eingegangen.

In der Mitte der 1960er-Jahre etablierte sich ein neuer Ansatz der Motivationstheorien, die *Prozesstheorien* der Motivation. Diese fokussieren sich auf Prozesse, die der Motivation zugrunde liegen, und gehen auf das dynamische Zusammenspiel unterschiedlicher Faktoren ein, die Motivation hervorrufen. Es wurden überwiegend kognitive Motivationstheorien formuliert, welche kollektiv das Ziel verfolgten, den gesamten Prozess zu verstehen, den Menschen durchlaufen, wenn sie motiviert ans Werk gehen. Relevante Prozesstheorien, auf welche ebenfalls detailliert im nachfolgenden Kapitel eingegangen werden soll, sind die Erwartungs-x-Wert-Theorie von VICTOR HARALD VROOM (1964), das Rückkopplungsmodell von LYMAN W. PORTER und EDWARD E. LAWLER (1968), das Rubikon-Modell von HEINZ HECKHAUSEN und PETER GOLLWITZER, die Equity-Theorie von JOHN STACY ADAMS (1963) sowie die Zielsetzungstheorie von EDWIN LOCKE und GARY LATHAM (1968).

Ende des zwanzigsten Jahrhunderts entstand eine neue Strömung in der Psychologie, die Positive Psychologie. Hier werden laut Gründer MARTIN SELIGMAN normativ positive Gegenstände der Psychologie wie Glück, Optimismus oder Solidarität behandelt. In diesem Zusammenhang beschäftigt sie sich ebenfalls mit motivationalen Aspekten. Ein wichtiger Vertreter der positiven Psychologie ist der in Ungarn geborene MIHALY CSIKSZENTMIHALYI (1990), welcher sich mit dem Zustand optimaler Motivation beschäftigt. Auf diesen Flow-Zustand wird im nachfolgenden Kapitel näher eingegangen. Ebenfalls wird am Ende des kommenden Kapitels ein neues Motivationsmodell vorgestellt, das ebenfalls auf den Zustand optimaler Motivation eingeht und Aspekte bisheriger Inhalts- und Prozesstheorien integriert: das 3-K-Modell der Motivation von HUGO M. KEHR (2004).

Übersicht ausgewählter Motivationstheorien

Bedürfnishierarchie von ABRAHAM MASLOW

MASLOW entwickelte eine eigene Klassifikation von Bedürfnissen. Er betrachtete nicht einzelne Bedürfnisse wie frühere Bedürfnislisten von MURRAY oder McDOUGALL, sondern grenzte ganze Bedürfnisgruppen voneinander ab. Diese Bedürfnisgruppen ordnete er hierarchisch hinsichtlich ihrer Rolle in der Persönlichkeitsentwicklung. Ein Bedürfnis kann erst aktiviert werden, wenn die in der Hierarchie weiter unten liegenden Bedürfnisse befriedigt wurden. Ist es aktiviert, dann beeinflusst es das Verhalten. Je niedriger das Bedürfnis in der Hierarchie, um so dringlicher ist dessen Befriedigung für das bloße Überleben. Die Befriedigung höherer Bedürfnisse kann leichter zurückgestellt werden, sie sind subjektiv weniger drängend. Jedoch bewirkt die Befriedigung höherer Bedürfnisse nach MASLOW mehr Glück und inneren Reichtum. Die fünf Bedürfnisgruppen, hierarchisch aufsteigend und beginnend bei der niedrigsten, sind:

1. Physiologische Bedürfnisse
   Dies sind alle Bedürfnisse, welche unmittelbar mit der Aufrechterhaltung überlebenswichtiger Körperfunktionen zusammenhängen. Hierzu zählen beispielsweise Hunger, Durst, Sexualität oder Schlaf.
2. Sicherheitsbedürfnisse
   Dies sind alle Bedürfnisse, welche mit der Vermeidung von Bedrohung und dem Streben nach Sicherheit und Stabilität zusammenhängen. Hierzu zählen beispielsweise das Bedürfnis nach Schutz vor Krankheit, Arbeits- oder Wohnungslosigkeit.
3. Soziale Bedürfnisse
   Dies sind alle Bedürfnisse, welche mit dem Drang nach sozialen Beziehungen zusammenhängen. Hierzu zählen beispielsweise das Bedürfnis nach Liebe, Geborgenheit und der Zugehörigkeit zu einer sozialen Gemeinschaft.
4. ICH-Bedürfnisse/ Selbstachtungsbedürfnisse
   Dies sind alle Bedürfnisse, welche mit dem Streben nach Anerkennung und Wertschätzung durch sich und andere zusammenhängen. Hierzu zählen beispielsweise das Bedürfnis nach Erfolg, Selbstvertrauen und dem Respekt von anderen.

5. *Selbstverwirklichungsbedürfnisse*
Dies sind alle Bedürfnisse, welche mit dem Streben nach der um-
fassenden Ausschöpfung der eigenen Talente zusammenhängen.
Hierzu zählen beispielsweise das Bedürfnis nach Unabhängigkeit,
Selbsterfüllung und der freien Entfaltung der eigenen Persönlich-
keit.

MASLOW spricht bei den ersten drei Bedürfnisgruppen von sogenannten
Defizitbedürfnissen. Verspürt man ein Defizit wie Hunger oder Durst,
müssen diese Bedürfnisse zwingend befriedigt werden und üben eine
große Motivationskraft aus. Nach ihrer Befriedigung verfügen sie jedoch
über kein Motivationspotenzial mehr. Die letzten beiden Bedürfnisgruppen, Bedürfnisse nach Selbstachtung und Selbstverwirklichung, bezeichnet MASLOW als so genannte *Wachstumsbedürfnisse*. Sie tragen zum stän-
digen Wachstum der Persönlichkeit bei, indem sie im Prinzip nie eine
wirkliche Befriedigung erreichen können. Komponiert ein Musiker aufgrund seines Strebens nach Selbstverwirklichung, so wird sein Bedürfnis
nach Kreativität nicht nach einer bestimmten Anzahl von Liedern befriedigt sein.

Abb. 5 – Bedürfnispyramide[1]

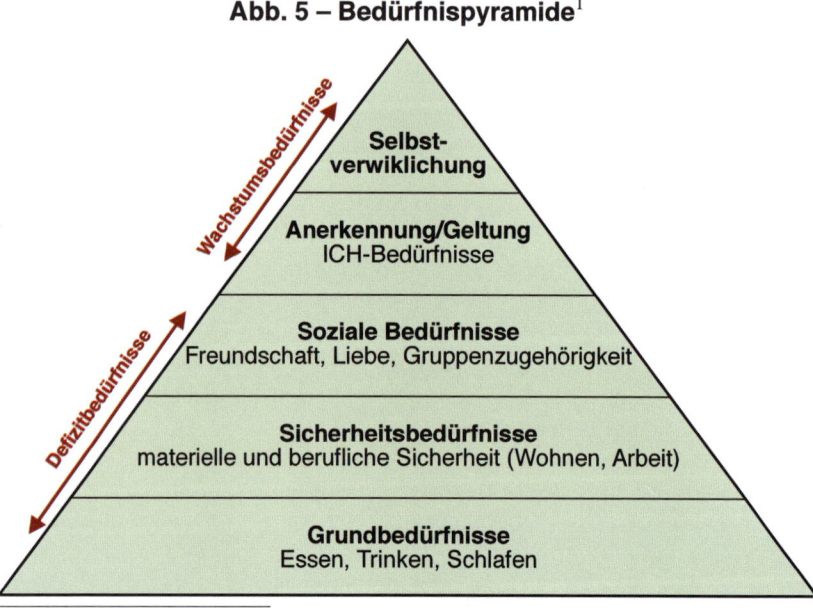

---
[1]   in Anlehnung an ABRAHAM MASLOW (1908-1970)

MASLOWS Ansatz der Bedürfnishierarchie fand immer wieder viele Anhänger, jedoch wurde nach und nach immer mehr Kritik angebracht. Neben den vagen Begrifflichkeiten wird vor allem die mangelnde empirische Validierung des Modells kritisiert. Weder konnte die fünf Faktoren bestätigt werden, noch wurde ein Zusammenhang zwischen der Nichterfüllung eines Bedürfnisses und dessen Wichtigkeit gezeigt.

Big Three von DAVID MCCLELLAND (1989)

MCCLELLAND präsentierte eine Motivationstheorie, welche auf den Ansätzen von MURRAYS „need"-Konzept basierte. Er ignorierte das Konzept der Hierarchie und konzentrierte sich stattdessen auf das Motivationspotenzial von drei dominierenden, eindeutig voneinander abgrenzbaren und definierten Bedürfnissen: Leistungs-, Anschluss- und Machtmotiv. Er definierte das Motiv als eine relativ stabile Präferenz für eine spezifische Klasse von Anreizen in der Situation. Da die Ausprägung dieser Motive von Person zu Person variiert, unterscheiden diese sich darin, wie attraktiv bestimmte Anreize im Arbeitsalltag auf sie wirken.

Personen mit einem hohen *Leistungsmotiv* streben nach der Erfüllung des eigenen Gütemaßstabes, der Lösung von komplexen Herausforderungen und der Optimierung eigener Fähigkeiten. Der Leistungsmotivierte empfindet Feedback, bei welchem er Rückschlüsse auf die Verbesserung der eigenen Leistung ziehen kann, als besonders motivierend und mag entsprechend anspruchsvolle und präzise Zielstellungen. Das Leistungsmotiv wird in Arbeitstätigkeiten mit hoher Eigenverantwortung, persönlichem Einfluss auf das Arbeitsergebnis und schnellem Feedback angeregt.

Personen mit einem hohen *Anschlussmotiv* streben nach der Etablierung und Aufrechterhaltung von positiven freundschaftlichen Beziehungen. Der Anschlussmotivierte schließt sich gern Gruppen an, kooperiert mit anderen Menschen und bevorzugt ein harmonisches Zusammenleben. Das Anschlussmotiv wird in einem weniger wettbewerbsorientierten, freundschaftlich geprägten Arbeitsumfeld, mit der Möglichkeit zu Teamwork und Kooperation angeregt.

Personen mit einem hohen *Machtmotiv* streben nach Kontrolle und Einfluss. Der Machtmotivierte liebt es, aus heftigen Debatten als Sieger herauszugehen und andere von seiner Meinung zu überzeugen. Auch steht das Machtmotiv in enger Verbindung mit dem Streben nach Prestige und Reputation. Entsprechend wird dieses durch die Möglichkeit, Statussymbole zu erlangen, Einfluss über andere zu gewinnen und für alle sichtbar in der Hierarchie aufzusteigen, angeregt.

McCLELLAND prägte zudem die Begriffe implizite und explizite Motive. Während *implizite Motive* unbewusste, emotionale Präferenzen für bestimmte Anreize darstellen, die durch frühkindliche Erfahrungen determiniert werden, sind *explizite Motive* bewusste Selbstbilder, die im Laufe des Spracherwerbs geprägt wurden. Im Kern impliziter Motive liegen spontane spezifische Affekte, welche durch motivthematische Handlungen ausgelöst werden: Die Anregung des impliziten Leistungsmotivs äußert sich in Freude oder Stolz bei der Steigerung der eigenen Kompetenz, die Anregung des impliziten Anschlussmotivs im positiven Affekt bei dem Aufbau sozialer Beziehungen und die Anregung des impliziten Machtmotivs im freudigen Dominanzerleben. Explizite Motive dagegen sind kognitiv repräsentiert und beruhen auf dem bewusstem Selbstbild sowie auf antizipierten Bewertungen anderer. Sie äußern sich in bewusst reflektiertem Verhalten.

Die beiden Motivkomponenten lassen sich durch unterschiedliche Messverfahren erheben. Die bewussten, verbalisierbaren expliziten Motive können durch Fragebögen zur Selbsteinschätzung erhoben werden. Implizite Motive werden dagegen mittels projektiver Testverfahren wie dem von MURRAY entwickelten und von McCLELLAND angepassten Thematischen Apperzeptionstest (TAT) erfasst. Hierbei werden mehrdeutige Bilder vorgelegt. Es wird davon ausgegangen, dass Personen mit einer hohen impliziten Motivausprägung auf motivthematische Anreize der dargestellten Situation reagieren und diese entsprechend ihrer vorhandenen Motivausprägung interpretieren.

Die Annahmen von McCLELLAND konnten vielfach empirisch gestützt werden. So lohnt es sich beispielsweise, als Führungskraft auf die individuell unterschiedliche Ausprägung der Motive seiner Mitarbeiter zu achten und diesen Aufgaben mit entsprechenden motivthematischen Anreizen zu stellen.

Theorie X und Y von DOUGLAS MCGREGOR (1960)

MCGREGOR stellte zwei kontrastierende Motivationstheorien auf, welche auf zwei sehr unterschiedlichen Menschenbildern basieren: Theorie X sieht den Menschen negativ, Theorie Y positiv. Das vertretene Menschenbild beeinflusst Führungsstil und -verhalten.

Theorie X nimmt an, dass der Durchschnittsmensch eine angeborene Abneigung gegen Arbeit hat, diese daher so gut es geht meidet und sich dagegen wehrt, Verantwortung zu übernehmen. Motivation erfolgt ausschließlich extrinsisch, durch Belohnung oder Bestrafung. Führungskräfte, die dieses Menschenbild vertreten, praktizieren einen Führungsstil, der auf Kontrolle und Autorität beruht.

Theorie Y geht dagegen davon aus, dass der Durchschnittsmensch organisationalen Zielen nicht passiv, sondern aktiv entgegensteht, er ehrgeizig ist, Verantwortung übernimmt und bereitwillig Selbstdisziplin zeigt. Der Mensch hat Freude an der Arbeit, er ist intrinsisch motiviert. Führungskräfte motivieren mittels vom Mitarbeiter selbstgesetzter Ziele und der Übergabe von Verantwortung.

MCGREGOR warnt vor einem Teufelskreis gemäß dem Prinzip der selbsterfüllenden Prophezeiung. Wer im Sinne der Theorie X davon ausgeht, dass seine Mitarbeiter von Natur aus faul sind, wird diese bewusst oder unbewusst auch wenig wertschätzend behandeln, ihnen nichts zutrauen, sie kontrollieren, kommandieren und kritisieren. Diese Mitarbeiter werden natürlich den Anweisungen Folge leisten, doch werden sie bald jede Eigeninitiative einstellen und nur noch Dienst nach Vorschrift machen. Geht man als Führungskraft demgegenüber vom positiven Menschenbild der Theorie Y aus, wird man seinen Mitarbeitern bewusst oder unbewusst Wertschätzung und Vertrauen entgegenbringen, sie in Entscheidungen mit einbeziehen und ihre Meinung berücksichtigen. Die Mitarbeiter werden dies positiv wahrnehmen und sich bemühen, die ihnen entgegengebrachten Erwartungen zu erfüllen.

Abb. 6 – Die verstärkende Wirkung der Theorie Y

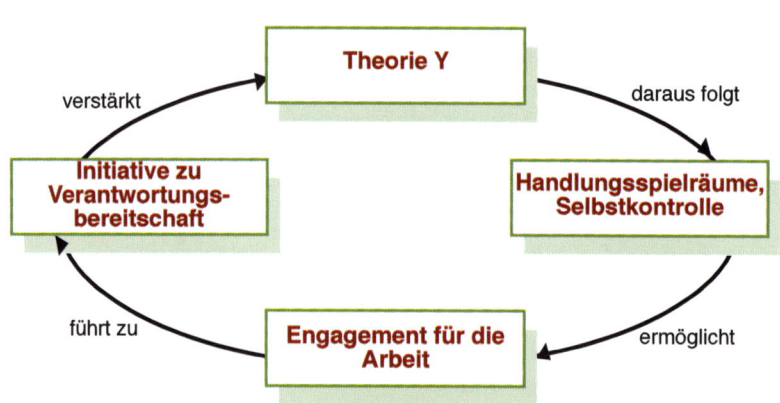

Zwei-Faktoren-Theorie von FREDERICK HERZBERG

Während MASLOW, MCCLELLAND und MCGREGOR sich auf die Rolle individueller Unterschiede in puncto Motivation konzentrierten, versuchte HERZBERG zu klassifizieren, inwiefern Arbeitsbedingungen Motivation beeinflussen können. Als Ergebnis einer Befragung von 200 Personen, welche Arbeitssituationen beschreiben sollten, in denen sie sich besonders gut oder besonders schlecht fühlten, schlossen HERZBERG und seine Kollegen auf zwei Einflussgrößen der Motivation von Mitarbeitern: Hygienefaktoren und Motivatoren.

Hygienefaktoren sind Faktoren, die auf den Kontext der Arbeit bezogen sind. Sie lösen Unzufriedenheit der Arbeiter aus, wenn sie nicht erfüllt sind, tragen aber nicht dazu bei, Zufriedenheit zu erzeugen. Hierzu gehören Merkmale der Arbeit, die außerhalb der Person selbst liegen, beispielsweise:

1. Führungsstil
2. Unternehmungspolitik und -verwaltung
3. Arbeitsbedingungen
4. Beziehungen zu Gleichgestellten
5. Beziehungen zu Unterstellten
6. Beziehungen zu Vorgesetzten
7. Status
8. Arbeitssicherheit

9. Gehalt

10. Persönliche berufsbezogene Lebensbedingungen

Diese Faktoren werden oft als selbstverständlich und erst bei Abwesenheit wahrgenommen. *Motivatoren* dagegen sind auf den Inhalt der Arbeitstätigkeit bezogen. Sie lösen Zufriedenheit der Arbeiter aus, wenn sie erfüllt sind, tragen aber nicht zwangsläufig zur Unzufriedenheit bei, wenn sie fehlen. Hierzu gehören beispielsweise Arbeitsinhalte, Erfolg, Anerkennung, Verantwortung und Möglichkeiten der persönlichen Weiterentwicklung.

Die Theorie gibt Erklärungsansätze dafür, warum finanzielle Anreize allein nur bedingt zur Arbeitszufriedenheit beitragen. Bezahlung ist ein Hygienefaktor, der meist als selbstverständlich angesehen wird. Wird die Bezahlung allerdings nicht als angemessen betrachtet, tritt schnell Unzufriedenheit ein. Für die Steigerung der Motivation von Mitarbeitern ist es dementsprechend wichtig, demotivierende Hygienefaktoren zu beseitigen und geeignete Motivatoren zu finden, die das Interesse an der Arbeit fördern.

Erwartungs x Wert-Theorie von VICTOR HARALD VROOM (1964)

Als Prozesstheorie betrachtet die Erwartungs x Wert-Theorie von VROOM Faktoren, welche Motivation beeinflussen. Sie basiert auf der ökonomischen Annahme, dass Menschen nur diejenigen Handlungsalternativen wählen, welche zur Maximierung ihres subjektiven Nutzens beitragen. Entsprechend ist das Ausmaß an Motivation, eine bestimmte Aufgabe auszuführen, das Produkt zweier Faktoren: (1) Die Erwartung, die Handlung bringe mit hoher Wahrscheinlichkeit wünschenswerte Konsequenzen mit sich, und (2) der subjektive Wert der erwarteten Belohnung. Ist einer dieser beiden Faktoren nicht gegeben, kann keine Motivation bewirkt werden.

Motivation = Erwartung x Wert

Möchte man beispielsweise seine Mitarbeiter motivieren, ist es der Theorie zufolge notwendig, die Bedürfnisse dieser zu identifizieren. So kann man Anreize schaffen, die diese Bedürfnisse befriedigen und entsprechend über einen hohen subjektiven Wert verfügen. Weiterhin sollte durch die Definition geeigneter Leistungsziele eine Transparenz zwischen Leistung und Konsequenzen geschaffen werden. Dies maximiert die Erwartung, dass das eigene Handeln mit hoher Wahrscheinlichkeit zu den gewünschten Ergebnissen führt. Die Arbeitsmotivation wird gesteigert.

Rückkopplungsmodell
von LYMAN W. PORTER und EDWARD E. LAWLER (1968)

PORTER und LAWLER erweiterten die Annahmen von VROOM und integrierten den Aspekt individueller Unterschiede sowie die Rollenwahrnehmung in ihr Modell. Weiterhin stellen sie sich der Frage, inwieweit Motivation, Leistung und Zufriedenheit zusammenhängen.

Abb. 7 – Das Rückkopplungsmodell[1]

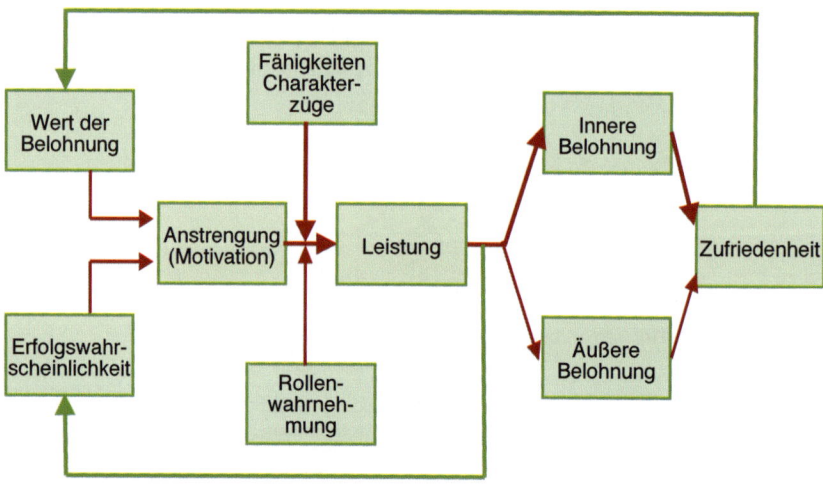

---

[1]   in Anlehnung an PORTER und LAWLER

Wie auch VROOM gehen sie davon aus, dass die Anstrengung, die eine Person zur Erfüllung einer Aufgabe aufwendet, ihre Motivation, vom Wert der Belohnung und der Erwartung, dass das Bemühen eine hohe Erfolgswahrscheinlichkeit bewirkt, abhängt. Je nach Fähigkeit und Rollenwahrnehmung, der Art und Weise, die eigene Rolle in spezifischen Arbeitssituationen wahrzunehmen, führt die Anstrengung zur beabsichtigten Leistung. Kommen zusätzlich intrinsische oder extrinsische Belohnungen als

Folge der gezeigten Leistung hinzu und werden diese als gerecht wahrgenommen, steigt die Zufriedenheit. Dies beeinflusst wiederum, im Sinne einer positiven Rückkopplung, die Motivation. Intrinsische Belohnungen sind an die Aufgabe gebunden. Hierzu zählen beispielsweise das Erfolgserlebnis als solches, die Kompetenzerweiterung durch herausfordernde Aufgaben oder das Gefühl, eine sinnvolle Arbeit zu leisten. Extrinsische Belohnungen erfolgen beispielsweise durch Bezahlung, Beförderung oder Gewinnbeteiligung. Hervorzuheben ist, dass PORTER und LAWLER Zufriedenheit nicht als Voraussetzung für Leistung, sondern im Gegenteil als deren Ergebnis betrachten. Dies konnte in zahlreichen Studien belegt werden.

Rubikon-Modell
von HEINZ HECKHAUSEN und PETER GOLLWITZER (1987)

Der Wunsch etwas zu erreichen, garantiert leider oft nicht, dass entsprechend gehandelt wird. Das Rubikon-Modell der Handlungsphasen von den deutschen Motivationspsychologen HEINZ HECKHAUSEN und PETER GOLLWITZER betrachtet den Prozess vom Wunsch zum tatsächlichen Handeln. Neben motivationalen Prozessen, welche ausschlaggebend bei der Wahl von Handlungszielen sind, werden die in der Motivationspsychologie lange vernachlässigten volitionalen Prozesse betrachtet. Hierbei werden mögliche Hindernisse der Zielerreichung betrachtet und hilfreiche volitionale Strategien angewendet. Die Autoren beschreiben vier Handlungsphasen:

1. die motivationale prädezisionale Phase,
2. die volitionale präaktionale Phase,
3. die volitionale aktionale und
4. die motivationale postaktionale Phase.

In der *prädezisionalen Phase* geht es um das Abwägen von Vor- und Nachteilen verschiedener Wünsche und damit verbundener Ziele. Welcher Wunsch gewählt wird, hängt von persönlichen Werten sowie der Erwartung ab, dass die Handlungsalternative zu dem gewünschten Erfolg führt. Am Ende der Phase ist die Entscheidung für die umzusetzende Alternative gefallen. Es wurde eine Intention gebildet, der Rubikon überschritten. So wie JULIUS CÄSAR im Jahr 49 v. Chr. mit den Worten „alea iacta est" (Die Würfel sind gefallen) den Fluss Rubikon überschritt, als er

nach langem Abwägen die endgültige Entscheidung traf, in Rom einzu-
marschieren.

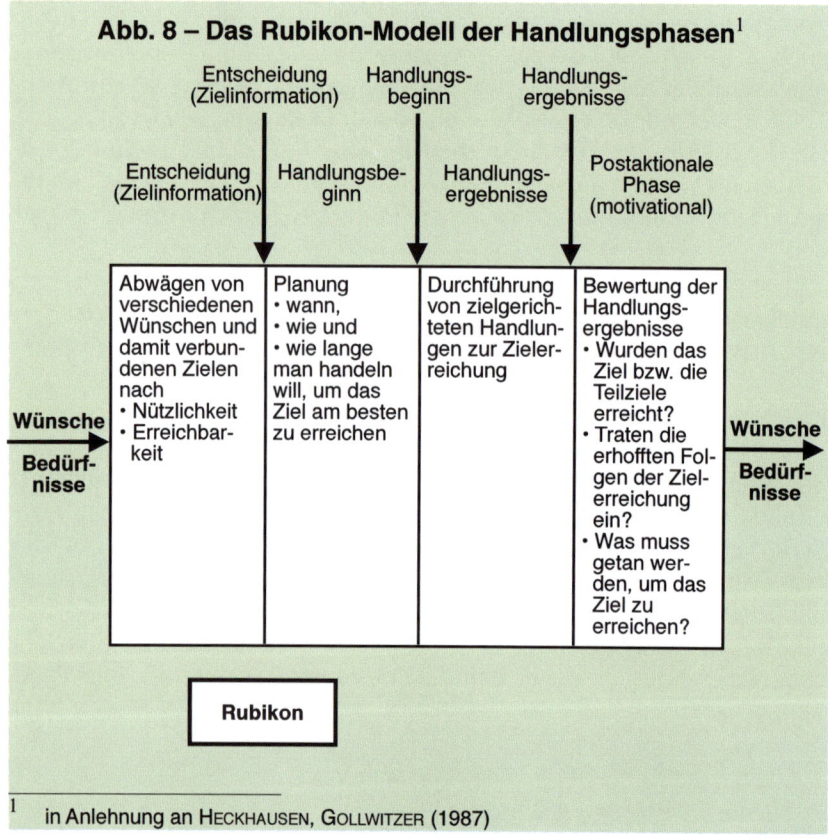

Abb. 8 – Das Rubikon-Modell der Handlungsphasen[1]

Entscheidung (Zielinformation)	Handlungsbeginn	Handlungsergebnisse	Postaktionale Phase (motivational)
Abwägen von verschiedenen Wünschen und damit verbundenen Zielen nach • Nützlichkeit • Erreichbarkeit	Planung • wann, • wie und • wie lange man handeln will, um das Ziel am besten zu erreichen	Durchführung von zielgerichteten Handlungen zur Zielerreichung	Bewertung der Handlungsergebnisse • Wurden das Ziel bzw. die Teilziele erreicht? • Traten die erhofften Folgen der Zielerreichung ein? • Was muss getan werden, um das Ziel zu erreichen?

Rubikon

[1] in Anlehnung an HECKHAUSEN, GOLLWITZER (1987)

Nachdem die Entscheidung getroffen wurde, ist man motiviert, die gewählte Handlung auszuführen. Es beginnt die *präaktionale Phase*, in welcher geplant wird, wann, wie und wie lange gehandelt werden soll, um
das gewünschte Ziel zu erreichen. Es werden von der Zielintention abgeleitete Absichten gebildet. Um mögliche Hindernisse der Zielerreichung
zu minimieren, ist es sinnvoll, so genannte *Wenn-Dann-Pläne* zu formulieren, das heißt, die Situation zu spezifizieren, bei deren Eintreten ein
bestimmtes Verhalten gezeigt werden soll. Wurde beispielsweise das Ziel
gesetzt, sich gesünder zu ernähren, dann ist folgender Wenn-Dann-Plan
hilfreich: „Wenn ich ins Restaurant gehe, dann bestelle ich einen Salat."

In der nun folgenden *aktionalen Phase* werden die geplanten Handlungen durchgeführt. Um die Handlung erfolgreich abzuschließen und das gewählte Ziel zu erreichen, ist es auch hier wichtig, auf mögliche Hindernisse reagieren zu können. Prozesse der Handlungskontrolle werden bedeutsam. Hierzu gehören beispielsweise *Aufmerksamkeitskontrolle* (d.h. Ausblenden ablenkender Informationen), *Emotionskontrolle* (d.h. Regulierung eigener Emotionen), *Motivationskontrolle* (d.h. gezielte Steigerung der eigenen Motivation), *Umweltkontrolle* (d.h. mögliche Ablenkungen in der Umwelt ausschalten) und *sparsame Informationsverarbeitung,* indem man sich gedanklich ausschließlich mit dem relevanten Thema beschäftigt.

Wurde nun das gewünschte Ziel erreicht und liegen Handlungsergebnisse vor, folgt die *postaktionale Phase.* Es werden die Ergebnisse der durchgeführten Handlungen bewertet und geprüft, ob das Ziel erreicht wurde oder ob hierfür noch weitere Handlungen notwendig sind. Diese Bewertung beeinflusst entsprechend zukünftige Entscheidungen. Zeigte sich eine gewählte Handlungsstrategie als erfolgreich für die Zielerreichung, wird sie mit hoher Wahrscheinlichkeit in Zukunft wieder gewählt.

Die im Rubikon-Modell postulierte Abfolge der Handlungsphasen ist eine idealtypische Vorstellung, die so nicht immer in der Realität stattfindet. Insbesondere kommen Gewohnheitshandlungen oft ohne Abwägen und Planen aus. Dennoch bietet das Modell sehr gute Ansatzpunkte, eigene Prozesse der Zielerreichung zu reflektieren. In der ersten Phase ist es wichtig, möglichst viele Informationen zu berücksichtigen, um eine endgültige Entscheidung treffen zu können. Denn diese ist anschließend nicht mehr verhandelbar. In der zweiten und dritten Phase zählt die Volition. Ohne ausreichend Willensstärke kann der „innere Schweinehund" oft nicht besiegt werden. Strategien der Handlungskontrolle helfen, Volition aufrechtzuerhalten.

Equity-Theorie von JOHN STACY ADAMS (1963)

Die Kernaussage der Theorie von ADAMS besagt, dass Motivation hauptsächlich durch wahrgenommene Gerechtigkeit bedingt wird. Menschen betrachten das Verhältnis von In- und Output und setzen dies subjektiv in Relation mit anderen Personen. Beispielsweise bewerten Mitarbeiter das Verhältnis ihrer eigenen Leistungen zu dem vom Unternehmen erhaltenen Output wie Bezahlung oder Anerkennung und vergleichen dieses mit Kollegen. Die Equity-Theorie besagt nun, dass ein als fair empfundener Vergleich keine motivationale Wirkung ausübt. Wird der Vergleich jedoch als unfair wahrgenommen, so entsteht eine Anspannung und die Motivation, diese Ungerechtigkeit zu reduzieren. Mögliche Reaktionen auf die Ungerechtigkeit können sein:

1. eine Absenkung des Inputs in Form von reduzierter Leistung,
2. eine Einwirkung auf den Arbeitgeber, um eine Erhöhung des Outputs zu bewirken,
3. der Wechsel der Vergleichsperson oder
4. der Ausstieg aus dem Unternehmen.

Menschen wollen gerecht behandelt werden. Die Equity-Theorie unterstreicht die Relevanz, für eine Ausgeglichenheit von Input und Output zu sorgen, da eine wahrgenommene Ungerechtigkeit demotiviert.

Zielsetzungstheorie von EDWIN LOCKE und GARY LATHAM (1990)

Die Zielsetzungstheorie von LOCKE und LATHAM geht davon aus, dass Verhalten durch bewusste Ziele und Absichten motiviert wird. *Ziele* lenken die Aufmerksamkeit in die intendierte Richtung, erhöhen die Ausdauer bei der Bearbeitung von Aufgaben und unterstützen die Entwicklung von Aufgabenstrategien. Sie dienen der Orientierung des Verhaltens und dienen als Führungs- und Kontrollinstrument. LOCKE und LATHAM beschäftigen sich mit der Frage, wie Ziele beschaffen sein müssen, damit das Handeln zu optimalen Leistungen führt.

In diversen Studien konnten die beiden Forscher zwei motivations- und leistungsförderliche Aspekte von Zielen identifizieren: *Schwierigkeit* und *Spezifität*. Sie fanden heraus, dass herausfordernde und präzise formulierte Ziele zu einer besseren Leistung führen, als leichte und allgemein formulierte Ziele. Basierend auf intensiven Forschungsarbeiten erweiterten LOCKE und LATHAM ihre Theorie um Moderatoren und Wirkmechanismen, welche die Beziehung von Zielen und Leistung ebenfalls beeinflussen. Mithilfe der *Wirkmechanismen* werden Ziele in Leistungshandeln umgesetzt. Ziele beeinflussen die Richtung, Intensität und Ausdauer des Handelns. Weiterhin fördern Ziele die Entwicklung aufgabenspezifischer Strategien, um die Ziele möglichst effektiv umzusetzen. *Moderatoren* beeinflussen den Zusammenhang zwischen Zielen und erbrachter Leistung. Hierunter fallen die Zielbindung, das hießt, Commitment zu den Zielen, die Selbstwirksamkeitserwartung, das Feedback über die Zielerreichung und die Aufgabenkomplexität.

Abb. 9 – Zielsetzungstheorie[1]

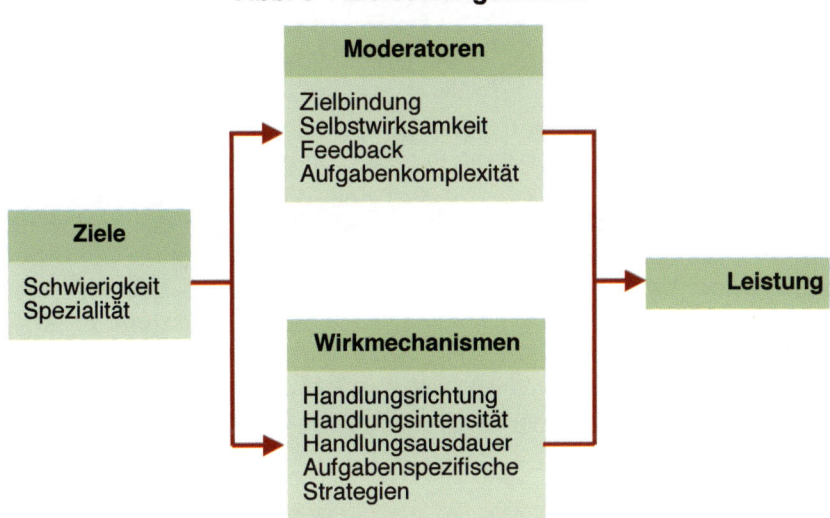

---
[1]   in Anlehnung an LOCKE und LATHAM

Die Annahmen der Zielsetzungstheorie lassen unmittelbare Handlungsanweisungen für das Setzen motivierender leistungsfördernder Ziele zu. Beispielsweise sollte bei Zielvereinbarungsgesprächen darauf geachtet werden, dass Ziele

1. möglichst konkret und herausfordernd formuliert sind,
2. zur Erhöhung der Zielbindung partizipativ vereinbart werden,
3. das Gefühl von Selbstwirksamkeit stärken und
4. die Aufgabenkomplexität minimieren. Weiterhin sollte
5. nach dem Zielvereinbarungsgespräch Rückmeldung über erreichte Zielfortschritte gegeben werden.

Flow-Erleben von MIHALY CSIKSZENTMIHALYI (1990)

Während CSIKSZENTMIHALYI längere Zeit Künstler bei ihrer Arbeit studierte, beobachtete er, dass einige Maler besonders vertieft an den Bildern arbeiteten. Sie schienen die Welt um sich herum vergessen zu haben und sich für nichts anderes als die Fertigstellung ihres Bildes zu interessieren. Diesen Zustand hat er später sehr treffend als Flow-Erleben bezeichnet, ein Zustand optimaler Motivation. Die Maler sind völlig in einer glatt laufenden Tätigkeit aufgegangen.

CSIKSZENTMIHALYI beschreibt das *Flow-Erleben* als das gänzliche Aufgehen in einer Tätigkeit, man ist mit der Aufgabe nahezu verschmolzen, hat das unbedingte Gefühl, alles im Griff zu haben, und ist hoch konzentriert. Man macht die Sache allein um ihrer selbst willen und stellt am Ende fest, dass die Zeit wie im Flug vergangen ist. Das Flow-Erleben wurde bereits in verschiedenen Bereichen des Lebens untersucht, beispielsweise bei Chirurgen während der Operation, Schachspielern, Tänzern, Felskletterern und Computerspielern. Bei einer Befragung von Büroangestellten benannten diese ebenfalls das Arbeiten an komplizierten und ungewöhnlichen Fällen, das Programmieren am PC oder das Erlernen neuer Dinge als flow-förderlich.

Zentrale Variablen des Flow-Konzeptes sind die wahrgenommenen Anforderungen der Aufgabe sowie die eigenen wahrgenommenen Fähigkeiten. CSIKSZENTMIHALYI nimmt an, dass Flow immer dann vorliegt, wenn eine optimale Passung von Anforderungen und Fähigkeiten auf hohem Niveau gegeben ist. In seinem *Quadranten-Modell des Flow-Erlebens* visualisiert er den Zusammenhang von jeweils hohen und niedrigen Anforderungen und Fähigkeiten. Wenn die Anforderungen die Fähigkeiten, überschreiten, entsteht ein Zustand der Angst. Unterschreiten die Anforderungen die Fähigkeiten entsteht Langeweile. Liegen die Anforderungen deutlich unter den Fähigkeiten liegt ein Zustand von Entspannung vor.

Neben der Passung von Anforderungen und Fähigkeiten auf hohem Niveau wurden weitere Bedingungsfaktoren für das Erleben von Flow untersucht. Flow tritt beispielsweise vermehrt auf, wenn die Tätigkeiten klar strukturiert sind und es ein konkretes Feedback über die Erreichung der Kriterien gibt. Auch gibt es autotelische Persönlichkeiten, welchen es leichter als anderen fällt, in einer Tätigkeit aufzugehen. Flow-förderlich

sind ebenfalls eine angenehme soziale Atmosphäre sowie die Abwesenheit von Ablenkungen und Zeitdruck.

Abb. 10 – Das Quadrantenmodell des Flow-Erlebens[1]

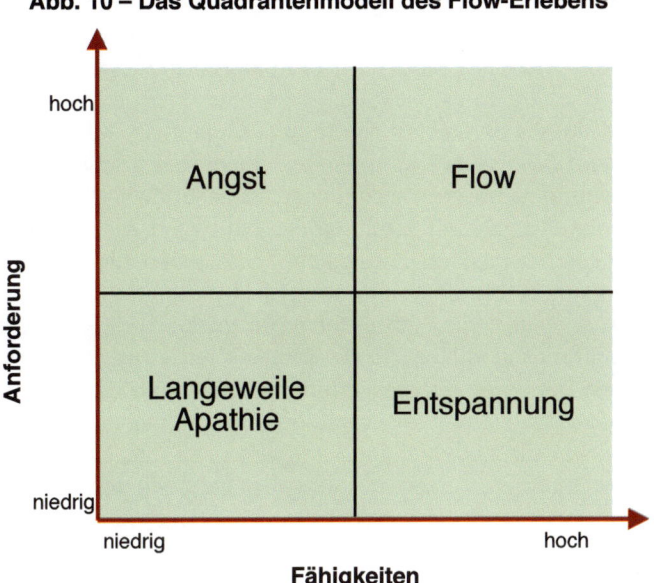

---

[1]   in Anlehnung an CSIKZENTMIHALYI, 1997

Möchte man demzufolge selbst Flow als Zustand optimaler Motivation erleben, in der Tätigkeit aufgehen und maximal konzentriert arbeiten, dann
sollte man sich

1. Herausforderungen stellen, die dem eigenen Können entsprechen,
2. eigene Fähigkeiten gegebenenfalls weiterentwickeln,
3. ein klares Ziel vor Augen haben und
4. eine angenehme Atmosphäre frei von Zeitdruck und Ablenkungen
   schaffen.

Die Passung aus Anforderungen und Fähigkeiten ist nach CSIKSZENTMIHALYI
zentrale Voraussetzung für Flow-Erleben. Neuerdings wird jedoch angenommen, dass neben dieser Passung auch Motive einen Einfluss auf das
Flow-Erleben haben.

3K-Modell der Motivation von HUGO M. KEHR (2004)

Das 3K-Modell integriert altbewährte Konzepte mit neuen Trends der Motivationspsychologie und macht diese für die Praxis anwendbar. Im Mittelpunkt des Modells stehen drei Komponenten der Motivation, die Namensgeber des Modells: explizite (selbsteingeschätzte) Motive, implizite (unbewusste) Motive und subjektive Fähigkeiten. Im Führungstraining und in der Coachingpraxis stehen hierfür die Metaphern Kopf, Bauch und Hand. *Explizite Motive*, der Kopf, stehen für unsere kognitiven Präferenzen. Sie bestimmen unsere persönlichen Ziele und die Wichtigkeit, die wir bestimmten Tätigkeiten zuschreiben. *Implizite Motive*, der Bauch, stehen für unsere affektiven Präferenzen. Sie stehen für Emotionen, die mit der Tätigkeit verbunden sind, sowohl Hoffnungen als auch Ängste. *Subjektive Fähigkeiten*, die Hand, stehen für unsere Fertigkeiten, das Wissen und die Erfahrung, die wir für die Tätigkeit mitbringen. Sind diese drei Komponenten bei einer Tätigkeit erfüllt, befindet sich die Person im Zustand optimaler Motivation: Sie empfindet die Tätigkeit als wichtig, macht sie gern und hat die notwendigen Fähigkeiten hierzu. Die Person ist im Flow, sie arbeitet hoch konzentriert und alles geht wie von selbst.

Sind bei einer Tätigkeit nicht alle drei Komponenten erfüllt, sind wir nicht optimal motiviert, fällt es uns schwer, unsere Ziele umzusetzen. Das 3K-Modell beschreibt unterschiedliche Ansätze, diese Demotivation zu kompensieren.

1. Liegt ein Motivationsdefizit aufgrund mangelnder subjektiver Fähigkeiten vor, kann das Fähigkeitsdefizit durch entsprechendes Training oder die Unterstützung von anderen Personen kompensiert werden. Stehen jedoch die expliziten oder impliziten Motive nicht hinter der Tätigkeit, ist Willenskraft notwendig, um das Motivationsdefizit zu kompensieren.

2. Bei einem Motivationsdefizit aufgrund mangelnder expliziter Motive unterstützt uns der Wille dabei, Aufgaben umzusetzen, die wir gerade als nicht so wichtig ansehen. Beispielsweise indem wir unsere Aufmerksamkeit auf für uns relevante Aspekte fokussieren.

3. Bei einem Motivationsdefizit aufgrund mangelnder impliziter Motive unterstützt uns der Wille dabei, Aufgaben umzusetzen, die mit großer Unlust oder unguten Bauchgefühlen verbunden sind. Beispielsweise, indem wir unsere Gefühle kontrollieren.

Abb. 11 – Das 3K-Modell der Motivation

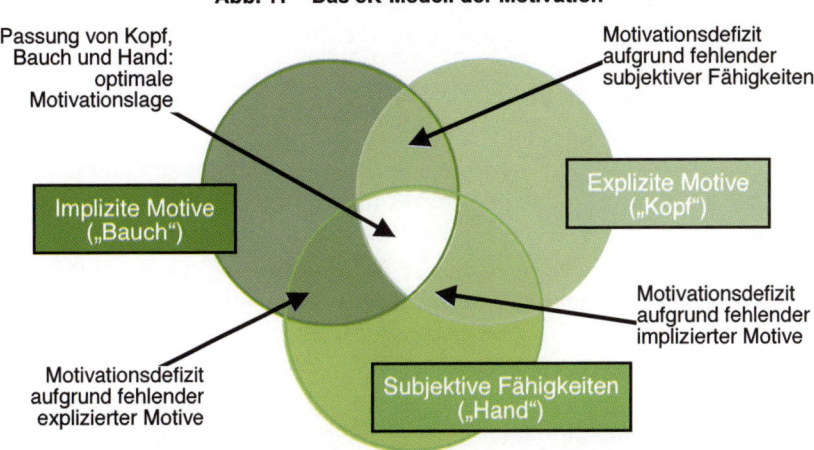

Das 3K-Modell bietet die Möglichkeit einer strukturierten Motivationsdiagnose. Diese sogenannte *3K-Prüfung* hat sich bereits vielfach praktisch im Führungs- und Coachingalltag bewährt. Es werden tätigkeitsbezogene Fragen nach den drei Komponenten der Motivation gestellt, welche dem Mitarbeiter oder Klienten helfen sollen, Motivations- und Fähigkeitsdefizite zu erkennen. Diese bilden eine hilfreiche Grundlage, gemeinsam mit der Führungskraft oder dem Coach Lösungsstrategien zu erarbeiten. Die Leitfrage für den Kopf lautet: „Finde ich diese Tätigkeit wichtig? Hilft sie mir bei meinen beruflichen und privaten Zielen?", für den Bauch: „Erledige ich diese Tätigkeit gerne? Habe ich ein ungutes Gefühl dabei?" und für die Hand: „Besitze ich die notwendigen Fähigkeiten und Kenntnisse für diese Tätigkeit?".

KEHR bietet in seinen Aufsätzen und Führungstrainings bereits mögliche Lösungsstrategien an, Motivationsdefizite anzugehen und den Zustand optimaler Motivation zu ermöglichen. Stehen Kopf und Bauch hinter der Tätigkeit, aber die Hand fehlt, empfiehlt er eine Stärkung der subjektiven Fähigkeiten durch Coaching, Weiterbildung oder Netzwerken. Stehen Kopf und Hand hinter der Tätigkeit, aber der Bauch fehlt, empfiehlt er eine Stärkung der impliziten Motive durch emotionale Unterstützung, das Setzen motiv-passender Anreize, Reframing der Aufgabe oder die Entwicklung einer motivierenden bildhaften Vision. Stehen Hand und Bauch hinter der Tätigkeit, aber der Kopf fehlt, empfiehlt er eine Stärkung der expliziten Motive durch das Überzeugen der Wichtigkeit für die eigenen

Ziele, das Setzen konkreter Ziele, das Lösen von Zielkonflikten oder das Setzen neuer extrinsischer Anreize, um die Zielbindung zu erhöhen.

Die grundlegenden Annahmen des 3K-Modells konnten bereits vielfach empirisch bestätigt werden. Nähere Informationen zur praktischen Anwendung des 3K-Modells sowie weiterführende Literatur sind auf der Homepage der Kehr Management Consulting GmbH (www.kehrmc.de) zu finden.

Typische Fragestellungen der Motivationspsychologie

Was kann man tun, um sich und andere zu motivieren?
Die Bandbreite an Motivationstheorien ist umfassend. Jede beleuchtet für sich genommen einen anderen spannenden Aspekt menschlicher Motivation. Entsprechend lassen sich unterschiedliche Strategien ableiten, uns und andere zu motivieren. Ein wichtiger Aspekt ist es, die Motivstruktur zu kennen und entsprechend motivpassende Anreize zu ermitteln, die motiviertes Verhalten auslösen. Es ist ebenfalls wichtig zu schauen, welche grundlegenden Faktoren erfüllt sein müssen, um Demotivation zu vermeiden. Hierzu zählen beispielsweise die Hygienefaktoren Bezahlung und Arbeitsplatzsicherheit. Auch können die subjektiven Fähigkeiten gestärkt werden, um somit die Erwartung zu erhöhen, dass mein Verhalten auch mit hoher Wahrscheinlichkeit zum gewünschten Ziel führt. Ein schönes Tool um Motivationsdefizite zu erfassen, bietet die 3K-Prüfung.
Wie kann man die Motivstruktur von Personen bestimmen?
Hier gibt es verschiedene Möglichkeiten, die sich vor allem bezüglich ihrer Praktikabilität unterscheiden. Zum einen lassen sich die oft unbewussten Motive durch die systematische Beobachtung des eigenen Verhaltens feststellen. Dies verlangt einen sehr hohen Grad der Fähigkeit der Selbstreflexion und gezielte situative und verhaltensbezogene Fragen. Zum anderen gibt es die Möglichkeit der Motivmessung durch etablierte Tests. Der Königsweg der Messung unbewusster Motive erfolgt durch projektive Messverfahren wie den Thematischen Apperzeptionstest. Bei diesem Test werden dem Klienten mehrdeutige Bilder vorgelegt, welcher hierzu Assoziationen bildet. Diese werden anhand eines sehr umfangreichen Schlüssels mit großem Aufwand motivthematisch ausgewertet. Einen ökonomischeren Ansatz der Motivmessung bietet die MotivationsPotenzialAnalyse, sie ermit-

telt den emotionalen Anregungsgehalt verschiedener Lebensbereiche und schließt somit auf ihr Motivationspotenzial. Die Auswertung erfolgt computergestützt und ist sehr ökonomisch. Für die Interpretation der Ergebnisse stehen zusätzlich zertifizierte MPA-Experten bereit. (http://www.motivation-analytics.eu/motivationsPotenzialanalyse/)

Wann ist es wichtig, Volition bzw. Willen zu zeigen?
Willenskraft ist dann erforderlich, wenn es an Motivation mangelt. Man muss sich anstrengen etwas zu tun und mögliche innere Barrieren überwinden. Um Ziele dennoch erfolgreich umsetzen zu können, gibt es verschiedene volitionale Strategien, die die Willenskraft fördern. Hierzu gehören beispielsweise Aufmerksamkeitskontrolle (d.h. Ausblenden ablenkender Informationen), Emotionskontrolle (d.h. Regulierung eigener Emotionen), Motivationskontrolle (d.h. gezielte Steigerung der eigenen Motivation), Umweltkontrolle (d.h. mögliche Ablenkungen in der Umwelt ausschalten) und sparsame Informationsverarbeitung indem man sich gedanklich ausschließlich mit dem relevanten Thema beschäftigt. Ohne ausreichend Willensstärke kann der „innere Schweinehund" oft nicht besiegt werden.

Was verleiht Zielen ihre Bedeutung für unser Handeln?
Wie sollten sie formuliert sein, damit sie motivieren?
Ziele lenken unsere Aufmerksamkeit in die intendierte Richtung und erhöhen die Ausdauer bei der Bearbeitung von Aufgaben. Ebenfalls ermöglichen sie uns die Erarbeitung von präzisen Lösungsstrategien. Die Zielsetzungstheorie von LOCKE und LATHAM besagt, dass motivierende Ziele

1. möglichst konkret und herausfordernd sind,
2. partizipativ vereinbart werden,
3. das Gefühl von Selbstwirksamkeit stärken,
4. die Aufgabenkomplexität minimieren und
5. eine zeitnahe Rückmeldung über erreichte Zielfortschritte ermöglichen.

In vielen Führungstrainings wird hieran angelehnt die sogenannte SMART-Formel gelehrt: Ziele sollen spezifisch, anspruchsvoll, realistisch und terminiert formuliert sein.

Schließen sich intrinsische und extrinsische Motivation aus?
Dieser Frage haben sich bereits über 100 Studien gewidmet. Sie kommen zu dem Konsens, dass extrinsische Belohnungen das Potenzial haben, vorhandene intrinsische Motivation zu zerstören. Man spricht vom sogenannten Korrumpierungseffekt. Extrinsische Belohnungen

verdrängen intrinsische Motivation vor allem dann, wenn sie materiell, erwartet und nicht an die Leistung gebunden sind. Doch ist jede Form von materieller Belohnung schädlich für die intrinsische Motivation, oder gibt es Möglichkeiten, Personen, die Spaß an ihren Aufgaben haben, zusätzlich extrinsisch zu belohnen? Dieser Frage habe ich mich im Rahmen meiner Dissertation gewidmet (STEINER, 2011). In drei experimentellen Studien konnte ich zeigen, dass materielle Belohnungen, die thematisch mit der Aufgabe zusammenhängen, vorhandene intrinsische Motivation nicht zerstören. Sie haben sogar das Potenzial, die intrinsische Motivation zu erhöhen. Beispielsweise können Personen, die beruflich viel reisen müssen, mit der Möglichkeit, die erste Klasse zu nehmen, belohnt werden. Personen, die beruflich viel am Computer sitzen und denen ihre Arbeit Freude macht, können als tätigkeitskongruente Belohnung ein neues Notebook erhalten. Sie werden im besten Fall noch mehr Freude an ihrer Arbeit haben.

Typische Anwendungsfelder der Motivationspsychologie

Motivation ist ein wesentlicher Bestandteil des täglichen Lebens. Entsprechend vielseitig sind die Anwendungsfelder der Motivationspsychologie. In folgenden Bereichen spielen motivationspsychologische Analysen eine wichtige Rolle:

- *Arbeits- und Organisationspsychologie*
  Motivieren gilt als eine bedeutsame Führungskompetenz und die Motivation der Mitarbeiter als ein zentraler Erfolgsfaktor des Unternehmens.
- *Pädagogische Psychologie*
  Die Motivation von Schülern hat einen großen Einfluss auf deren Lernerfolg. Entsprechend gilt auch hier Motivieren als bedeutsame Kompetenz des Lehrers.
- *Sportpsychologie*
  Nur ein motivierter Sportler kann Höchstleitung erbringen.
- *Konsumentenpsychologie*
  Hier stehen die Motive und Bedürfnisse des Konsumenten im Mittelpunkt.
- *Gesundheitspsychologie*
  Motivationale Faktoren haben Einfluss auf präventives Gesundheitsverhalten und auf die Compliance.

Bedeutung der Motivationspsychologie für das Coaching

Es gibt keinen guten Coachingprozess in welchem nicht das zentrale Thema der Motivation angesprochen wird. Eine fundierte Analyse der Bedürfnisse und Ziele des Klienten ist maßgeblich für eine erfolgreiche Ableitung geeigneter Maßnahmen. Nur so kann es gelingen, die intrinsische
Motivation des Klienten zu erhöhen und gegebenenfalls die Willenskraft
zu fördern.

11.5 Marketing und Markenmanagement
von Prof. Dr. Horst Seider

Ursprung und Anfänge des Marketing

Eine im Mittelalter beginnende Spezialisierung, bestimmte Produkte und Dienstleistungen besser produzieren zu können als andere Personen, förderte stark die Notwendigkeit, die erstellten Produkte/Dienstleistungen untereinander auszutauschen. Der Austausch erfolgte i.a.R. mittels Geld. Der Anbieter verkaufte sein Produkt nur dann, wenn der erzielbare Preis einen für ihn höheren Nutzen hatte als das Produkt selbst. Das gleiche Prinzip galt für den Käufer, auch er wollte durch den Einkauf einen höheren persönlichen Nutzen erzielen, als der herzugebende Geldbetrag = Preis für ihn hatte.

Die aktive Suche des Anbieters nach einem potenziellen Nachfrager für sein Angebot kann als Beginn von Marketing verstanden werden. Marketing sollte also von Beginn an den angestrebten Austauschprozess zum eigenen Vorteil = Erreichung der eigenen Ziele fördern und ermöglichen.

Entwicklung von Marketing

Waren es im Mittelalter zunächst noch Austauschprozesse zwischen Personen, die sich persönlich kannten, änderte sich mit Beginn der Industrialisierung der Charakter der Austauschbeziehungen. Produzenten von Massenartikeln, z.B. von Textilien, suchten jetzt viele anonyme Kunden für ihre Angebote. *Generell bestanden die Angebote aus realen Produkten, Dienstleistungen spielten eine untergeordnete Rolle.* Daher konzentrierte sich Marketing in dieser Phase auf die Produktion werthaltiger Produkte und deren Distribution zu den vielen Kunden. Kunden wurden primär über Produkte angesprochen = Dominanz der Produktion. *Ziel war, eine Transaktion „Produkt gegen Geld" zu fördern = Transaktionsmarketing. Es gab prinzipiell mehr Nachfrage als Produktangebote.* Diese Marketingphase dauerte in der Bundesrepublik Deutschland ca. bis in die Mitte der Sechziger Jahre des 20. Jahrhunderts.

Danach gab es prinzipiell mehr Angebot als Nachfrage.
Dienstleistungen wurden wichtiger.

Als Reaktion hierauf begann mit der Konsumentenorientierung eine neue Entwicklung im Marketing. Marketing erhielt jetzt die Aufgabe, die Konsumentenbedürfnisse und die Konsumentenwünsche zu erforschen und durch eine Marketingplanung im eigenen Unternehmen dazu beizutragen, dass das eigene Produktangebot möglichst gut die Kundenbedürfnisse befriedigte und den Nutzenerwartungen der Kunden entsprach (PHILIP KOTLER). Hierbei wurde zunehmend auf die dauerhafte Befriedigung der Kundenbedürfnisse abgestellt (HERIBERT MEFFERT). Intern wurde Marketing als Unternehmensfunktion wichtiger.

Mehr und mehr wurde nicht die Produktion, sondern die Vermarktung von Produkten bei zunehmendem Wettbewerb zum Engpassfaktor.

Dieser Tatbestand führte dazu, dass ca. ab 1980 der Marketingansatz um den Wettbewerbsaspekt erweitert werden musste. Die Unternehmen konzentrierten sich verstärkt auf engere Zielmärkte. Die Befriedigung der Kundenbedürfnisse sollte mit spezielleren Produkten *einschließlich produktbegleitender Dienstleistungen* und einem effektiveren Marketing erfolgen. *Die Erreichung von Wettbewerbsvorteilen wurde ein weiterer Teil des Marketingzielbündels (*PHILIP KOTLER*).*

Ab Mitte der Achtzigerjahre wurde der wettbewerbsorientierte Ansatz dahingehend erweitert, dass man Marketing als permanenten Prozess = Marketingmanagement = Management von Austauschbeziehungen auffasste, um so die Unternehmensziele besser erreichen zu können. Der zentrale Bereich dieses Marketingprozesses bestand zunächst in der Entwicklung und Führung von Marken. Marke ist ein in der Psyche verankertes unverwechselbares Vorstellungsbild von einem Produkt oder einer Dienstleistung (mehr hierzu siehe Markenstrategie im Absatz C). Ab Mitte der Neunzigerjahre bis heute wurde die Gestaltung von langfristigen Kundenbeziehungen und der Aufbau von Kundenbindung immer stärker betont und mit dem Markenmanagement verknüpft. Kundenbeziehungsmanagement = Customer Relationship Management (CRM) rückte in den Mittelpunkt von Marketing. Gleichzeitig wurde es darüber hinaus zur Marketingaufgabe, die Unternehmensziele fördernden Beziehungen zu

Lieferanten und weiteren Stakeholdern (z.B. Banken, eigenen Mitarbeitern, gesellschaftlichen Anspruchsgruppen wie Politikern und Journalisten) aufzubauen und zu pflegen = *Beziehungsmarketing*.

Customer Relationship Mangement blieb die zentrale Marketingaufgabe, wurde aber zunehmend eingeordnet gesehen in das externe Beziehungsmarketing. Ziel des externen Beziehungsmarketing ist es, ein Netzwerk zu allen Personen und Organisationen außerhalb des eigenen Unternehmens aufzubauen, die direkt oder indirekt Einfluss nehmen auf den Erfolg des Unternehmens. Beim internen Beziehungsmarketing geht es darum, dass alle Mitarbeiter und Abteilungen Marketing als die Leitphilosophie anerkennen und leben, also bei Aktivitäten, selbst wenn sie auf den ersten Blick kundenfern erscheinen, im Interesse der Kunden zu wirken und sie zufriedenzustellen.

Zusammengefasst zeigt sich, dass sich Marketing kontinuierlich auf immer mehr Aspekte des Marktgeschehens *und der Unternehmenspolitik* erweitert hat. Dies spiegelt sich in den heute vorherrschenden Definitionen von Marketing wider. Marketing wird heute verstanden als ein umfassender Prozess im Wirtschafts- und Sozialgefüge, durch den Einzelpersonen und Gruppen ihre Bedürfnisse und Wünsche befriedigen, indem sie Produkte und andere Austauschobjekte von Wert erzeugen, anbieten und miteinander tauschen. *In einem engeren Sinn gilt:* A marketing concept: that is, that companies achieve their profit and other objectives by satisfying customers by doing better than the competition.

Wichtige Theoreme im Marketing

Das Haupttheorem lautet:
- Unternehmensziele können dauerhaft nur erreicht werden, indem man besser als die Wettbewerber die Bedürfnisse seiner Kunden erfüllt.

Aus diesem Haupttheorem leiten sich speziellere Marketingtheoreme ab:
- Kundenbedürfnisse sind stets subjektiv. Die Bedürfnisse des Einzelnen ergeben sich aus vielen Einflussfaktoren, die sowohl in der einzelnen Person angelegt sind, als auch in einem erheblichen Ausmaß durch die Wertvorstellungen Dritter, wie Familienangehörige,

Freunde, Peergroups, sozialem Milieu, Gesellschaft als Ganzes, beeinflusst sind.
- Befriedigte Kundenbedürfnisse schaffen Kundenzufriedenheit, Kundenzufriedenheit schafft Kundenbindung.
- Kundenzufriedenheit muss stets erneut erarbeitet werden. Hierbei
spielen Innovationen eine wichtige Rolle, um sich erfolgreich an
sich im Zeitablauf ändernde Kundenbedürfnisse anzupassen.
- Kundenzufriedenheit kann nur durch einen integrierten Ansatz
dauerhaft erzielt werden. Das heißt, alle Mitarbeiter des Unternehmens müssen Kundenzufriedenheit auch als ihre eigene Aufgabe
ansehen, die nicht an die Marketingabteilung delegiert werden
kann = internes Marketing (GEORGE GRÖNROOS).
- Auf gesättigten Märkten ist Marketing die einzig erfolgversprechen-
de Unternehmensphilosophie = Marketing Driven Companies.

Fragestellungen und Strategien im Marketing

Grob lassen sich Fragestellungen drei großen Bereichen zuordnen.

Marketinganalyse = Analyse von Wertchancen

Welche Chancen gibt es für mich, um nachhaltig Gewinne zu erzielen
und so die Existenz des Unternehmens zu sichern? Im Einzelnen:

- Was sind meine Märkte unter geografischen Aspekten (regional,
national, international)?
- Was sind die Charakteristika meines Marketingumfeldes (Marktgrö-
ße, Marktstruktur, Marktwachstum)?
- Welche volkswirtschaftlichen, technologischen und politisch-recht-
lichen Aspekte sind für mein Unternehmen von Bedeutung?
- Wer sind meine Kunden und wie lässt sich ihr Kaufverhalten erfassen? Hierbei unterscheidet sich das Kaufverhalten von Privatperso-
nen (Consumer), Firmen (Business-to-Business), Händlern und der
öffentlichen Hand deutlich.
- Fragestellungen auf Konsumgütermärkten betreffen im Wesentlichen sozioökonomische Merkmale der Kunden, Kaufobjekte, Kauf-
prozesse und Kaufstättenwahl.
- Wer sind meine Hauptwettbewerber und welche Markenpolitik
verfolgen sie?

Alle Fragen zur Marktanalyse sollten nicht nur die Gegenwart betreffen (= Ist-Analyse), sondern sich auch auf die erwartete Zukunft beziehen (= Prognose). Die Marktforschung liefert die erforderlichen Instrumente zur Marktanalyse.

Fragestellungen zur Marketingstrategie

- Zielt mein Angebot auf den Gesamtmarkt oder biete ich differenzierte Produkte in ausgewählten Marktsegmenten an? Differenzierungsstrategien sind heute der Normalfall.
- Wie wähle ich aus dem Gesamtmarkt die für mein Unternehmen Erfolg versprechenden Teilmärkte aus (= Segmentierung)? Hierbei ist das wichtigste Segmentierungskriterium die Kundengruppe.
- Wie gestalte ich innerhalb des Marktsegmentes die Wahrnehmung meines Angebots durch die Zielgruppe (= Positionierung)?
- Wie grenze ich mich positiv gegen Wettbewerbsangebote ab (Differential Advantage)?
- Wähle ich eine Präferenz- oder eine Niedrigpreisstrategie?

Der heute dominierende Ansatz einer Präferenzstrategie ist die Markenstrategie. Wesentliche Merkmale einer Markenstrategie sind Langfristigkeit, Schaffung von Präferenzen über eine hohe Produkt- und Servicequalität, Innovationskraft, hoher Kommunikationsaufwand insbesondere durch Werbung, hoher Preis.

- Was soll meine Marke unverwechselbar machen (engerer und weiterer Markenkern = Nutzenversprechen, Markenname, Markenzeichen)?
- Wie erhalte ich meinen Markenkern im Zeitablauf bei sich verändernden Märkten (= Markenführung)?

Fragestellungen zum operativen Marketingstrategie

Das operative Marketing besteht aus einer Vielzahl von Aktivitäten/Maßnahmen, die so zu gestalten sind, dass die strategischen Marketingziele gefördert werden. Die folgenden Ausführungen beziehen sich zunächst auf das Konsumgütermarketing. Es lassen sich vier Bereiche des operativen Marketings unterscheiden. Diese vier Bereiche werden als Marketing-

Mix bezeichnet, da die Marketingpolitik stets Entscheidungen aus allen vier Bereichen betrifft.

Der Marketing-Mix besteht aus den so genannten vier Ps :

product	=	Produktpolitik
price	=	Preispolitik
promotion	=	Kommunikationspolitik
place	=	Distributionspolitik

Wichtige Entscheidungen zu *product*:

- Welche Produktmerkmale bei welchem Qualitätsniveau soll mein Produkt haben?
- Wie lang soll der geplante Produktlebenszyklus sein/wann kommt das Nachfolgeprodukt?
- Wie viele Produktvarianten soll es geben?
- Wie soll die Verpackung gestaltet werden?
- Wie viel Forschungs- und Entwicklungsaufwand sind nötig?

Markenprodukte haben i.a.R. eine hohe Qualität, sind stark differenziert = bieten verschiedene Zusatznutzen an, sind innovativ und benötigen einen hohen Kommunikationsaufwand.

Wichtige Entscheidungen zu *price*:

- Preishöhe, absolut und relativ zu den Preisen der Wettbewerber
- Preisdifferenzierung nach Teilmärkten (= Kundengruppen, Regionen, international)
- Preisaktionen/Rabatte, die nicht meine langfristige Preisposition aushöhlen
- Durchsetzung meiner Preisforderung, insbesondere bei hoher Einkaufsmacht meiner Kunden (z.B. bei Lebensmittel- und Handelskonzernen)

Eine Niedrigpreisstrategie verlangt zusätzlich wichtige kostenrelevante Entscheidungen beim Einkauf (Global Sourcing) und der Produktion (Outsourcing).

Wichtige Entscheidungen zu *promotion*:

- Höhe und Mix des Promotionbudgets (Werbung, Verkaufsförde-rung, Direktmarketing/Internet, Public Relations, Sponsoring, Event)
- Gestaltungsentscheidungen zur Werbung (Inhalt, Form, Medien-wahl)
- Gestaltungsentscheidungen zur Verkaufsförderung (Dauer, Inhalt und Form, Einbindung des Vertriebs)
- Entscheidungen zur Art und Form des sonstigen Promotion-Mix

Wichtige Entscheidungen zu *place*:

- Direkter Vertrieb/Internet und/oder Distribution über Absatzmittler, insbesondere Handelsunternehmen
- intensive, selektive oder exklusive Distribution
- Management des Distributionskanals (Auswahl der Distributions-partner, Informationssysteme innerhalb des Distributionskanals)
- physische Distribution (eigene Logistikfunktion oder Outsourcing an Spezialisten, Wahl der Transportmittel, Kostenminimierung, Ein-satz von Informationssystemen)

Auf *Industriegütermärkten* (= Business-to-Business) gilt ebenfalls der Mar-keting-Mix, jedoch ändert sich im Detail die Bedeutung der vier Ps:

- Produktqualität und Innovation werden professionell beurteilt und gefordert, die Produkte sind kundenspezifischer und werden häufig in enger Kooperation mit den Kunden entwickelt.
- Die Preishöhe ist relativ weniger wichtig, im Anlagengeschäft sind Finanzierungsfragen häufig entscheidend (z.B. beim Export des deutschen Maschinen- und Anlagenbaus).
- Persönliche Kommunikation/Vertrauen sind im Rahmen von Dau-ergeschäftsbeziehungen sehr wichtig.
- Wenig Werbung und Verkaufsförderung mit Ausnahme von Indus-triemessen
- Große Bedeutung von einzuhaltenden Lieferfristen

Dienstleistungen sind, anders als reale Produkte, immateriell, ihre Erstel-lung und Nutzung erfolgt häufig „uno actu" und die Beteiligung des Kunden am „Produktionsprozess" ist häufig ein wichtiger Erfolgsfaktor = Integravität (z.B. gegebene Information seitens des Kunden), sie unterliegen Qualitätsschwankungen und sind schwierig/gar nicht zu standardisieren. Daher wurde im *Dienstleistungsmarketing* der Marketing-Mix (vier Ps) um drei weitere Ps ergänzt:

people
> Die meisten Dienstleistungen werden von Menschen erbracht. Die Qualität der Mitarbeiter entscheidet maßgeblich über die Qualität der Dienstleistung. Daher werden die Auswahl, Schulung und die Führung/Motivationssteuerung der Mitarbeiter zu wichtigen Marketinginstrumenten (= internes Marketing).

physical evidence
> Durch physische Signale versucht man die Dienstleistungsqualität zu demonstrieren (z.B. im Hotel durch Ausstattung, Sauberkeit, Kleidung der Mitarbeiter).

process
> Die Dienstleistung ist fast immer das Ergebnis von zu gestaltenden Prozessen. Dabei handelt es sich sowohl um interne, für den Kunden nicht sichtbare Prozesse als auch um externen Prozesse zwischen Mitarbeiter und Kunde (= interaktives Marketing).

Anwendungsfelder von Marketing

Marketingstrategie und Marketinginstrumente können überall dort angewendet werden, wo eine Leistung/Produkt Dritten = Kunden angeboten wird. Hierbei ist die Einsatzmöglichkeit universell gegeben, unabhängig von der Art des Angebotes (Produkt oder Dienstleistung), des Anbieters (Unternehmen, öffentliche oder private Institutionen) und des Kundentyps (Konsumenten, Unternehmen, öffentliche Institutionen). Die Universalität der Einsatzmöglichkeiten von Marketing ist heute weitgehend anerkannt und wesenbestimmend für Marketing geworden.

Kritik an Marketing

- Der typische Marketingansatz, den Kunden und seine Bedürfnisse zur Basis aller Unternehmensaktivitäten zu machen, ist ideologisch geworden und geht zulasten anderer Unternehmensanforderungen wie z.B. Mitarbeiterinteressen zu berücksichtigen oder gesellschaftlicher Verantwortung gerecht zu werden = Corporate social Responsibilty.

- Durch die Konzentration auf die individuelle Bedürfnisbefriedigung werden gesellschaftliche Interessen der Kunden ausgeblendet/nicht bedient. Der Mensch ist mehr als ein Konsument.
- Der professionelle Einsatz von Marketing führt zu immer ähnlicheren Produkten/Angeboten und somit letztlich zu mehr Langeweile (z.B. beim Warenangebot in Innenstadtlagen).
- Bahnbrechende Innovationen können nicht aus der Analyse aktueller Kundenbedürfnisse kommen, sondern nur aus der Wissenschaft, insbesondere der Grundlagenforschung." (2: 2. 449-454)

12 Grafiken, Schaubilder und Übersichten

Nachfolgend die Auflistung aller verwendeter Grafiken, Schaubilder und Übersichten im vorangegangenem Text. Die Grafiken, Schaubilder und Übersichten werden im Coaching als laminierte Karten im DIN-A4- oder die Einzelbegriffe in DIN-A7- bzw. DIN-A6-Format eingesetzt.

Seite

13 Literatur – Bücher

1   MEIER, ROLF (2013): *Theorie vom Selbstorganisierten Coaching*, Verlag Wissenschaft & Praxis, Dr. Brauner GmbH, Sternenfels
2   MEIER, ROLF/JANßEN, AXEL (2011): *CoachAusbildung – ein strategisches Curriculum*, 2. Aufl., Verlag Wissenschaft & Praxis, Dr. Brauner GmbH, Sternenfels
3   MEIER, ROLF (1995): *Führen mit Zielen*, Walhalla Verlag, Regensburg, Düsseldorf, Berlin
4   MEIER, ROLF (1996): *Teampower*, Walhalla Verlag, Regensburg, Düsseldorf, Berlin
5   MEIER, ROLF (2002): *Richtig kritisieren*, Walhalla Verlag, Regensburg, Bonn
6   MEIER, ROLF (2002): *Coaching*, Walhalla Verlag, Regensburg, Düsseldorf, Berlin
7   KÖNIG ECKHARD/GERDA VOLLMER, GERDA (2009): *Handbuch Systemisches Coaching*, Beltz Verlag, Weinheim
8   MATURANA, HUMBERTO (1996): Was ist erkennen?, Piper GmbH, München
9   RÜEGG-STÜRM, JOHANNES (2003): *Das neue St. Galler Management-Modell*, 2. Aufl., Haupt Verlag, Bern, Stuttgart, Wien
10 WITHMORE, JOHN (2009): *Coaching für die Praxis*, 2. Aufl., dt. Ausgabe, allesimfluss-Verlag und Shop AG, Staufen
11 SIEBERT, HORST (2008): *Konstruktivistisch lehren und lernen*, ZIEL, Augsburg
12 SCHEIN, EDGAR H. (2010): *Prozessberatung für die Organisation der Zukunft*, 3. Aufl., EHP Organisation, Bergisch Gladbach
13 LUFT, JOSEPH (1977): *Einführung in die Gruppendynamik*, Ernst Klett Verlag, Stuttgart
14 STAEHLE, WOLFGANG H. (1991): *Management*, 6. Aufl., Verlag Franz Vahlen, München
15 DE SHAZER, STEVE/DOLAN, YVONNE (2011): *Mehr als ein Wunder*, Carl-Auer-Systeme Verlag, Heidelberg

Literatur – Internetpräsenzen

www.hamburger-schule.com
www.management-coachausbildung.de
www.qg-smc.com
www.drmeier-coaching.de

14 Nachwort

Das Buch *Systemisch-konstruktivistisches Einzel- und Teamcoaching im Management* wollte Ihnen als am Thema *Coaching* Interessierten einen fundierten ersten Einblick in einen methodischen Rahmen zur Selbstveränderung geben.

Die Handhabung des Rahmens ist wesentlich davon abhängig, für wen der Rahmen gültig sein soll. Hier sind die Werte und der Bezug der Werte von entscheidender Bedeutung.

Im Mittelpunkt steht der Mensch in seiner Arbeitswelt, die von Bedingungen, Geboten, aber auch von Verboten geprägt ist. Die Wahrnehmung und Deutung dieser Fakten des Kontextes ist abhängig von Wahrnehmungspotenzialen, aber auch von Wahrnehmungsstrategien.

Das Verständnis des Selbstorganisierten Coachings ist kreiert worden für den Einzelnen, die Gruppe und das Team, um jedem die Möglichkeit und das Ausmaß der Inanspruchnahme von Freiheit als Erfahrungs- und Gestaltungsrahmen an die Hand zu geben.

Es steht für die Freiheit der Selbstentscheidung, für die Folgen des Handelns. Berufliche, positionsbezogene oder themenorientierte Identität des Einzelnen, seine überzeugte Selbstwirksamkeit gelingt dem Einzelnen nur durch Vertrauen zu sich selbst.

Die Selbstständigkeit des Managements mit seinen unterschiedlichen positionsrelevanten Führungskräften und deren Mitarbeitern entwickelt sich und gelingt nicht durch permanente Lenkung und Beeinflussung Dritter.

Führung, Beratung, Schulung, Training, Supervision u. dgl. sind Beeinflussungen Dritter – wie sinnvoll und berechtigt sie in spezifischen konzeptuellen Situationen auch sein mögen.

Der Grundgedanke der Freiheit beruht auf Freiwilligkeit und der Selbstorganisation für eigenes Handeln.

Ein Management, das den Bezug zur Freiheit und der Selbstorganisation des Handelns der Beteiligten verliert, verliert nicht nur sich selbst, sondern auch den Markterfolg.

Coaching ist ein Strategieelement zur Selbstbeeinflussung für Handeln in Kontexten.